U0602786

普通高等教育"十三五"规划教材

工程光学

陈　颖　韩　颖　编著
朱奇光　徐　伟

张　颖　审

国防工业出版社

·北京·

内 容 简 介

本书系统地介绍了工程光学的基本原理、方法和应用。全书共分为9章,前5章以几何光学为主,主要内容包括几何光学原理,典型光组的设计与计算,像差的基本概念及像质评价;第6章至第9章以波动光学为主,主要内容包括波动光学的基本原理,光的干涉,光的衍射,光的偏振理论及其应用等。以上两部分内容构成了经典光学的完整体系。

本书可作为高等院校测控技术与仪器、光学工程、电子信息、电子科学与技术、仪器仪表及精密计量与检测等专业的本科生及研究生专业基础课教材,也可以作为物理及光学专业的选修课教材,同时对于从事仪器仪表研发的工程技术人员也具有参考作用。

图书在版编目(CIP)数据

工程光学 / 陈颖等编著 . —北京:国防工业出版社,
2016. 6
 ISBN 978-7-118-10896-5

Ⅰ.①工⋯　Ⅱ.①陈⋯　Ⅲ.①工程光学　Ⅳ.①
TB133

中国版本图书馆 CIP 数据核字(2016)第 116368 号

※

国防工业出版社出版发行
(北京市海淀区紫竹院南路 23 号　邮政编码 100048)
腾飞印务有限公司印刷
新华书店经售
*
开本 787×1092　1/16　印张 16　字数 368 千字
2016 年 6 月第 1 版第 1 次印刷　印数 1—2500 册　定价 39.00 元

(本书如有印装错误,我社负责调换)

国防书店: (010)88540777　　　发行邮购: (010)88540776
发行传真: (010)88540755　　　发行业务: (010)88540717

前　言

　　光学是普通物理学的一个重要组成部分,是研究光的本性、光的传播和光与物质相互作用的基础学科。光学理论与技术如同电子学及电子计算机技术一样,是现代科学技术发展必不可少的重要领域之一。特别是 20 世纪 60 年代初激光问世以来,光学理论与技术发生了巨大的变化。许多新学科,诸如傅里叶光学、全息学、信息光学、纤维光学及非线性光学等的相继出现并迅速发展,标志着现代光学的形成。这些学科与工程技术结合,形成了一门理论性与实践性都很强的新学科——工程光学,从而使光学的研究进入一个崭新的阶段,成为现代科学技术前沿阵地之一。

　　为适应科学技术的发展和培养人才的需要,针对仪器仪表及计量技术等专业对光学的教学要求,我们编写了《工程光学》教材。在内容选择上,既考虑光学理论的系统性和完整性,又努力反映光学的最新理论与技术。在叙述上,力求做到由浅入深,概念清楚,文字简练。为了使基本概念和理论与实际结合,给出了计算或应用实例。希望读者能通过本书的学习学会应用所学理论解决工程技术中的具体问题。

　　本书是根据编者在燕山大学多年来为测控技术与仪器专业本科生开设"工程光学"必修课程的讲义,并参考国内外有关教材和书籍编写而成的。本书系统地介绍了工程光学的基本原理、方法和应用。全书共分为 9 章,前 5 章以几何光学为主,主要内容包括几何光学的基本原理,球面系统,平面系统,典型光组的设计与计算,光束限制,像差的基本概念和分类,光学系统像质评价方法等;第 6 章至第 9 章以波动光学为主,主要内容包括波动光学的基本原理,光的干涉,光的衍射,光的偏振理论及其应用,给出了各种常用的典型干涉、衍射和偏振系统,讨论了光的干涉、衍射和偏振的种类,提供了计算方法及应用实例。以上两部分内容构成了经典光学的完整体系。

　　为了便于学习使用,本书在内容安排、习题选择及表达方式等方面力求符合教学要求和学时安排,可作为高等院校测控技术与仪器、光学工程、电子信息、电子科学与技术、仪器仪表及精密计量与检测等专业的本科生及研究生专业基础课教材,也可以作为物理及光学专业的选修课教材。同时对于从事仪器仪表研发的工程技术人员也是一本有用的参考书。

　　本书由燕山大学陈颖教授主编,并编写了第 1、2 章和第 7、8 章,韩颖副教授编写了第 4、5 章,朱奇光副教授编写了第 3、6 章,徐伟讲师编写了第 9 章。在此基础上,由陈颖教授进行了统稿。张颖教授对全书进行了仔细的审阅,并提出了宝贵的修改意见。刘腾、罗佩、韩洋洋、赵志勇、田亚宁、曹会莹、石佳、董晶和刘晓飞等在本书的编写过程中做出了大量的编辑和校对工作,在此深表感谢。

　　由于编者水平所限,经验不足,书中缺点和错误在所难免,衷心希望读者和专家们批评指正。

编者

2015 年 11 月

目　　录

第1章 几何光学的基本定律及球面光学系统

研究光学离不开光学系统,其主要作用是传播光能和对研究的目标成像。在解释光学成像和设计光学系统时,通常采用几何光学的研究方法。所谓几何光学,就是在分析光学现象时,抛开光的波动本性,仅以光线为基础,用几何的方法研究光在介质中的传播规律和光学系统的成像特性。本章首先介绍几何光学的基本定律和物像的基本概念,进而对球面系统光学系统的成像特性进行分析。

1.1 几何光学的基本定律与成像的基本概念

1.1.1 几何光学的点、线、面

通常,能够辐射光能量的物体,称为发光体或光源。几何光学把光源和物体看作是由许多几何发光点组成,每个发光点向四周辐射光能量。通常将发光点发出的光抽象为许许多多携带能量并带有方向的几何线,即光线。光线的方向代表光的传播方向。发光点发出的光波向四周传播时,在某一时刻振动相位相同的点所构成的面称为波阵面,简称波面,也称波前。光的传播即为光波波阵面的传播。在各向同性介质中,波面上某点的法线即代表了该点处光的传播方向,即光沿着波面法线方向传播,因此,波面法线即为光线。与波面对应的所有光线的集合称为光束。光波在介质中沿着光线方向传播时,相位不断地改变,但在同一波面上所有点的相位是相同的。在各向同性介质中,光的传播方向总是和波面的法线方向重合。在许多实际情况中,人们经常考虑的只是光的传播方向问题,而不去考虑相位,这时波面就只是垂直于光线的几何平面或曲面。在这种极限情况下,实质上是把光线和波面都看做是抽象的数学概念。根据光波的特点,通常将波面分为平面波、球面波和任意球面波。平面波对应于平行光束,如图1-1(a)所示;球面波对应于同心光束,同心光束可分为发散光束和会聚光束,如图1-1(b)、(c)所示;而同心光束或平行光束经过实际光学系统后,由于像差的作用,将不再是同心光束,与之对应的光波则为非球面波。当光线既不相交于一点又不平行时,这种光束称为像散光束,如图1-2所示。

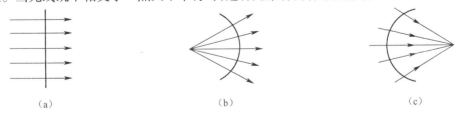

图1-1 波面与光束

(a)平面波与平行光束;(b)球面波与发散光束;(c)球面波与会聚光束。

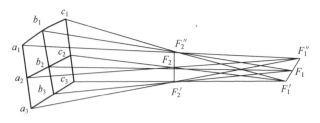

图 1-2 像散光束

1.1.2 几何光学的基本定律

几何光学把研究光经过介质的传播问题归结为几个基本定律,其决定了光线在通常情况下的传播方式,可以作为研究光学系统成像规律以及进行光学系统设计的理论依据。

1.1.2.1 光的直线传播定律

几何光学认为,在各向同性的均匀介质中,光是沿着直线方向传播的,这就是光的直线传播定律。影子的形成、日食、月食等现象都能很好地证明这一定律,"小孔成像"正是利用了光的直线传播定律。许多精密测量,如精密天文测量、大地测量、光学测量及相应光学仪器都是以这一定律为基础的。与此同时,值得注意的是,光的直线传播定律忽略了光波的衍射。

1.1.2.2 光的独立传播定律

不同光源发出的光在空间某点相遇时,各光线的传播不会受其他光线的影响,这就是光的独立传播定律。光束交会点上的强度是各光束强度的简单叠加,离开交会点后,各光束仍按各自原来的方向传播。

这一定律忽略了光波的干涉,即当两束光从光源的同一点发出,经不同传播路径在空间某点交会时,交会点处的光强可能不再是各光束光强简单的叠加,而是根据两束光所走过的光程不同,可能加强,也可能减弱。

1.1.2.3 光的折射、反射和全反射

光的直线传播定律与光的独立传播定律概括了光在同一均匀介质中传播的规律。而光的折射定律、反射定律以及全反射规律则是研究光传播到两种均匀介质分界面时的现象和规律。

当一束光线由折射率为 n 的介质射向折射率为 n' 的介质时,在两种均匀介质的分界面上,一部分光线被反射回原来介质中,这种光被称为反射光;另一部分光将"透过"分界面,进入第二种介质,称为折射光。与反射光和折射光相对应,原投射到光滑表面发生折射和反射之前的光叫入射光。反射光和折射光的传播方向遵循反射定律和折射定律。

如图 1-3 所示,入射光线 AO 入射到两种介质的分界

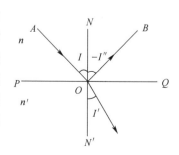

图 1-3 光线的折射和反射

2

面 PQ 上,在 O 点发生反射和折射。其中反射光线为 OB,折射光线为 OC,NN' 为界面上 O 点处的法线。入射光线、折射光线和反射光线与法线的夹角 I、I'、I'' 分别称为入射角、折射角和反射角,它们均以锐角度量,由光线转向法线,顺时针方向旋转形成的角度为正,反之为负。

1. 反射定律

反射定律指出入射光线、界面入射点的法线和反射光线三者共面,反射光和入射光位于法线两侧,且入射角 I 与反射角 I'' 的绝对值相等。即

$$I = -I'' \tag{1-1}$$

反射定律表明,反射光与入射光对称于法线两侧。

2. 折射定律

折射定律指出入射光线、界面入射点的法线和折射光线三者共面,入射角 I 和折射角 I' 之间满足下列关系式

$$n\sin I = n'\sin I' \tag{1-2}$$

对于任意两种介质分界面上的折射,$n\sin I$ 或 $n'\sin I'$ 为一常数,称为光学不变量。折射角的正弦与入射角的正弦之比与入射角的大小无关,仅由两种介质的性质决定。对于一定波长的入射光而言,在一定温度和压力下,该比值为一常数,等于入射光所在介质的折射率 n 与折射光所在介质的折射率 n' 之比,即

$$\frac{\sin I}{\sin I'} = \frac{n'}{n} \tag{1-3}$$

折射定律表明,光线折射后将发生偏转。当光从低折射率的介质射向高折射率的介质时,光线向靠近法线的方向偏转,即折射角小于入射角,反之则偏离法线。

折射率是表征透明介质光学性质的重要参数。各种波长的光在真空中的传播速度均为 c,而在不同介质中的传播速度 v 各不相同,都比在真空中的速度慢。介质的折射率正是用来描述介质中光速减慢程度的物理量,即

$$n = \frac{c}{v} \tag{1-4}$$

在式(1-2)中,若令 $n' = -n$,则有 $I' = -I$,此时折射定律可转化为反射定律。因此,可将反射定律看作折射定律的一个特例。根据这一特点,后面我们将看到,许多由折射定律得出的结论,只要令 $n' = -n$,就可以得出对应的反射定律的结论。

在图 1-3 中,若光线在折射率为 n' 的介质中沿 CO 方向入射,由折射定律可知,折射光线必沿 OA 方向出射。同样,如果光线在折射率为 n 的介质中沿 BO 方向入射,则由反射定律可知,反射光线也一定沿 OA 方向出射;由此可见,光线的传播是可逆的,这就是光路的可逆性。利用这一特性,不但可以确定物体经光学系统所成的像,也可以反过来确定其目标的位置。在光学系统的计算和设计中,经常利用光路的可逆性计算和设计光学系统,提高计算精度。

无论光线经过任意次反射、折射,也不管它通过什么样的介质,上述定理永远普遍成立。

3. 全反射

光线入射到两种介质的分界面时,通常都会发生折射与反射。但在一定条件下,入射

到介质上的光会全部反射回原来的介质中,而没有折射光产生,这种现象称为光的全反射现象。下面我们就来研究产生全反射的条件。

通常,把分界面两边折射率较高的介质称为光密介质,而把折射率较低的介质称为光疏介质。由式(1-4)可知,光在光密介质中的传播速度较慢,而在光疏介质中的传播速度较快。当光从光密介质向光疏介质传播,即 $n>n'$ 时,则由式(1-2)可得 $I'>I$,即折射角大于入射角,折射光线相对于入射光线而言更加偏离法线,如图1-4所示。当入射角逐渐增大到某一角度 I_c 时,光线的折射角增大至90°,光线经界面掠射,这时的入射角为临界入射角。

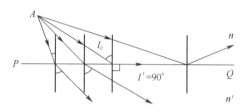

图 1-4　全反射现象

$$\sin I_c = n'\sin I'/n = n'\sin 90°/n = n'/n \tag{1-5}$$

$$I_c = \arcsin\frac{n}{n'} \tag{1-6}$$

若继续增大入射角,折射光线将大于90°是不可能的。因此,折射光线消失,所有光线将反射回原来的介质中,即发生了全发射。

由上述可知,发生全反射的条件可归结为:

(1)光线由光密介质射向光疏介质;

(2)入射角大于临界角。

全发射现象在工程实际中有着广泛的应用,下面以光纤的传光过程为例来说明全反射原理在光通信中的应用。

目前,光纤广泛应用于光通信和光传感中,其传光最基本的原理就是全反射原理。图1-5所示为光纤的基本结构,单根光纤由内层折射率较高的纤芯和外层折射率较低的包层组成,n_0,n_1,n_2 分别为空气、纤芯和包层的折射率。光线从光纤的一端以入射角 I_1 耦合到光纤的纤芯中,投射到纤芯与包层的分界面上,入射角大于临界角的那些光线在纤芯内连续发生全反射,直至传到光纤的另一端面出射。此时,全反射发生在光纤中包层和纤芯的界面处,于是有

$$n_1\sin I_1 = n_2\sin I_2 \tag{1-7}$$

$$n_1\sin I_c = n_2\sin 90° \tag{1-8}$$

$$I_c + I_1 = 90° \tag{1-9}$$

$$n_0 \cdot \sin I_0 = n_1\sin I_1 = n_1\cos I_c = \left(n_1^2 - n_2^2\right)^{1/2} \tag{1-10}$$

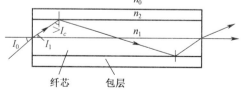

图 1-5　全反射光纤

光纤细且柔软,将许多根光纤按需排列形成光纤束,即光缆,用以传递图像和光能。在通信系统中光纤也替代了传统的电缆广泛应用于现代光通信中。

1.1.2.4 费马原理

费马原理用"光程"的概念对光的传播定律做了更简明的概括,涵盖了光的直线传播、反射定律,具有更普遍的意义。光本质上是一种电磁波,只是光波波长比普通无线电波的波长要短。波长在380~780nm之间的电磁波能为人眼所感知,称为可见光;波长大于780nm的为红外光;波长小于380nm的为紫外光。光波在真空中的传播速度 $c = 3 \times 10^8 \text{m/s}$,在介质中的传播速度小于 c,且随波长的不同而不同。根据物理学,光程是指光在介质中传播的几何路程 l 与所在介质的折射率 n 的乘积 s,即

$$s = nl \tag{1-11}$$

将式(1-4)及 $l = vt$ 代入上式,有

$$s = ct \tag{1-12}$$

由此可见,光在介质中的光程等于同一时间内光在真空中所走的几何路程。前面已经知道,在均匀介质中光是沿直线方向传播的。但是在非均匀介质中,光线将不再沿直线传播,若光的传播过程中经历了 k 个介质,走过的路径分别为 $l_1, l_2, \cdots, l_k$,则光线的光成为

$$s = \sum_{i=1}^{k} n_i l_i \tag{1-13}$$

若折射率 n 是空间的位置函数,其轨迹是一空间的曲线,如图1-6所示。此时,光从 A 点传播至 B 点,其光程由以下曲线积分来确定:

$$s = \int_A^B n \mathrm{d}l \tag{1-14}$$

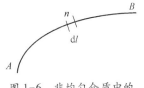

图1-6 非均匀介质中的光线与光程

费马原理指出,光从一点传播到另一点,其间无论经历多少次折射和反射,其光程仍为极值,即光沿光程为极大值、极小值或常量值的路径传播。因此,费马原理也叫光程极值定律。其数学表示的一阶变分为零,即

$$\delta s = \delta \int_A^B n \mathrm{d}l = 0 \tag{1-15}$$

其中,光程取极大值还是极小值,要取决于折射表面的曲率及两点之间的位置,大多数情况下是取极小值。费马本人最初提出的也是最短光程。

费马原理是描述光线传播的基本定律,可以用来证明光的直线传播、光的折射定律和反射定律。根据两点间直线距离最短这一几何定理,从费马原理可以直接推出光在均匀介质(或真空)中沿直线传播。下面利用费马原理对折射定律进行证明。

设两种均匀介质的分界面是平面,其折射率分别为 n_1 和 n_2。光线通过第一种介质中指定的 A 点后经过界面到达第二种介质中指定的 B 点。为了确定实际光线的路径,通过 A、B 两点作平面垂直于界面,如图1-7所示,OO' 是这个平面与界面的交线。接下来通过费马原理来证明折射定律。

首先根据费马原理,可以确定折射点 C 必在交线 OO' 上,这是因为如果有另一点 C'

位于线外,则对应于 C',必可在 OO' 线上找到它的垂足 C''。由于 $AC'>AC''$,$C'B>C''B$ 故光程 $s_{AC'B}$ 总是大于光程 $s_{AC''B}$ 而非极小值。这就证明了入射面和折射面在同一平面内。

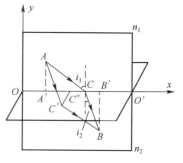

图 1-7 利用费马原理证明折射定律

其次,确定 C 点在 OO' 上的位置。在图 1-7 中,作 x、y 坐标轴。指定点 A、B 的坐标分别为 (x_1,y_1) 和 (x_2,y_2),未知点 C 的坐标为 $(x,0)$,C 点在 A'、B' 之间时的光程必小于 C 点在 $A'B'$ 以外的相应光程,即 $x_1<x<x_2$。于是光程 s_{ACB} 等于

$$n_1AC + n_2CB = n_1\sqrt{(x-x_1)^2+y_1^2} + n_2\sqrt{(x_2-x)^2+y_2^2} \tag{1-16}$$

根据费马原理,这个光程应取最小值,即上式对 x 的一阶导数应该等于零:

$$\frac{\mathrm{d}s_{ACB}}{\mathrm{d}x} = \frac{n_1(x-x_1)}{\sqrt{(x-x_1)^2+y_1^2}} - \frac{n_2(x_2-x)}{\sqrt{(x_2-x)^2+y_2^2}} = \frac{n_1A'C}{AC} - \frac{n_2CB'}{CB}$$
$$= n_1\sin i_1 - n_2\sin i_2 = 0 \tag{1-17}$$

由此可得

$$n_1\sin i_1 = n_2\sin i_2 \tag{1-18}$$

以上即为折射定律。不难发现,光通过两种不同介质的分界面时,所遵从的折射定律也是费马原理的必然结果。同理也可导出反射定律。

光在均匀介质中沿直线传播,在介质分界面上的反射和折射都是最短光程的例子。但若镜面 M 是一个旋转椭球面,如图 1-8(a)所示,通过一个焦点 P 的入射光线被椭球面上任一点 $A_i(i=1,2,3,\cdots)$ 反射后总是通过另一点 P',并且 $PA_i+A_iP' =$ 常量。因此,所有通过 P 和 P' 两点的实际光线是光程为恒定值的例子。在图 1-8(b)的情况中,光在镜面 M 上反射时只有 PA_1P' 是实际光线所经过的路程,其他方向的入射线如果通过 P 点就不能够在反射后通过 P' 点,因为从图中(A_2 在椭球面上)可得

$$PA_2' + A_2'P' > PA_2 + A_2P' = PA_1 + A_1P' \tag{1-19}$$

所以在这个例子中,实际光程是最短的。在图 1-8(c)的情况中光被镜面 M 反射,实际光程 $s_{PA_1P'}$ 取最大值,因为从图可见

$$PA_3' + A_3'P' < PA_3 + A_3P' = PA_1 + A_1P' \tag{1-20}$$

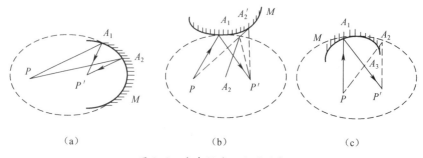

（a）　　　　　　　　（b）　　　　　　　　（c）

图 1-8 光在椭球面上的反射

1.1.2.5　马吕斯定律

在各向同性的均匀介质中,光线为光波的法线,光束则为波面的法线束。马吕斯定律描述了光经过任意多次折射、反射后,光束与波面、光线与光程之间的关系。

马吕斯定律指出,光线束在各向同性的均匀介质中传播时,始终保持着与波面的正交性,并且入射波面与出射波面对应点之间的光程均为定值。这种正交性表明,垂直于波面的光线束经过任意多次折射和反射后,无论折、反面如何,出射光束仍垂直于出射波面。

折射与反射定律、费马原理和马吕斯定律三者中任意一个均可视为几何光学的基本定律,而把另外两个视作其基本定律的推论。

1.1.3　光学系统的物像概念

光学系统的主要功能之一就是对目标物体成像,因此首先要了解光学系统的物像概念。光学系统对目标物体成像,目标发出的光线在射入光学系统之前都称为物方光线,物方光线的会聚点称为物,经过光学系统作用之后的光线称为像方光线,像方光线的会聚点称为像。物方光线实际相交的点为实物点;物方光线延长后才能相交的点为虚物点。同理,像方光线实际相交的点为实像点,延长后相交的点为虚像点。

任何具有一定面积或体积的物体,都可视为无数发光点的集合,每一个物点对应一个像点,物体上各点所对应的像点的集合就构成了该物体通过光学系统所成的像。此时,物所在的空间即为物空间,像所在的空间称为像空间。而光学系统第一个曲面以前的空间则为实物空间,第一个曲面以后的空间为虚物空间。同理,像空间也可做同样的划分。总之,物空间和像空间都是可以无限扩展的。

1.2　光路计算与近轴光学系统

大多数光学系统都是由折、反射球面或平面光学零件按照一定的方式组合,对物体发出的光逐面折射和反射,按照需要传播光线和对物体成像。平面可以看成是曲率半径 $r \to \infty$ 的特例,反射则是折射在 $n' = -n$ 时的特例。因此,单个折射球面折射的光路计算是理解光学系统成像规律的基础,由此过渡到整个光学系统。

1.2.1　基本概念和符号规则

光线的计算总是依照光路的正方向设定符号规则,光路的方向即为光线行走的方向。通常规定光线从左到右传播为光路正向,反之取负。一般情况下总是将物体放在光学系统的左面,但在实际分析中若需要对光线作逆向计算,常采用翻转 $180°$ 的做法。

如图 1-9 所示,折射球面 OE 是折射率为 n 和 n' 两种介质的分界面,C 为球面中心,OC 为球面曲率半径,用 r 表示。通过球心 C 的直线即为光轴,光轴与球面的交点 O 称为顶点。将通过物点和光轴的截面称作子午面。不难发现,轴上物点 A 的子午面有无数多个,而轴外物点的子午面只有一个,在子午面内,光线的位置由以下两个参量确定:

物方截距:顶点 O 到光线与光轴的交点 A 的距离,用 L 表示,即 $L = OA$。

物方孔径角:入射光线与光轴的夹角,用 U 表示、即 $U = \angle OAE$。

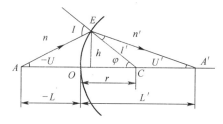

图 1-9　光线经过单个折射球面的折射

轴上点 A 发出的光线 AE 经过折射面 OE 折射后，与光轴相交于 A' 点。同样，光线 EA' 的位置由像方截距 $L'=OA'$ 和像方孔径角 $U'=\angle OA'E$ 确定。通常，像方参量符号与对应物方参量符号用相同的字母表示，并加"′"以示区别。图 1-9 中各量均用绝对值表示，凡是负值的量，图中量的符号前均加负号。为了确定光线与光轴的交点在顶点的左边还是右边、光线在光轴的上边还是下边、折射球面是凸的还是凹的，还必须对各符号参量的正负作出规定，具体表述如下：

1. 长度量的正负号

对于这些长度量，符号的规则采用直角坐标系的规则，将原点设为球面顶点，横轴与光轴重合，规定所有沿轴光的长度量自左至右为正方向，相反时取负；所有垂轴线段量自下向上为正方向，相反时取负。因此，图中 L 为负，L'、r 为正，h 为正。

2. 角度量的正负号

光线与光轴的夹角（如 U 和 U'）从光轴以锐角方向转向光线，顺时针为正，逆时针为负；光线与法线的夹角（如 I 和 I'）是从光线以锐角方向转向法线，顺时针为正，逆时针为负。光轴与法线的夹角（如 φ）是从光轴以锐角方向转向法线，顺时针为正，逆时针为负。图 1-9 中，U'、I 和 I' 为正，U 为负。

1.2.2　实际光线的光路计算

所谓光路计算，就是在已知光学系统参数的情况下，对给定的物体做成像计算。计算光线经过单个折射面的光路，就是已知球面曲率半径 r、介质折射率 n 和 n' 及光线物方坐标 L 和 U，求像方光线坐标 L' 和 U'。如图 1-9 所示，在三角形 $\triangle AEC$ 中，应用正弦定律可得

$$\frac{\sin I}{-L+r} = \frac{\sin(-U)}{r}$$

于是

$$\sin I = (L-r)\frac{\sin U}{r} \qquad (1-21)$$

在光线的入射点 E 处应用折射定律，有

$$\sin I' = \frac{n}{n'}\sin I \qquad (1-22)$$

由图 1-9 可知，$\varphi=U+I=U'+I'$，由此得到像方孔径角 U' 为

$$U' = U + I - I' \qquad (1-23)$$

在 $\triangle CEA'$ 中再次应用正弦定律，有

8

$$\frac{\sin I'}{L' - r} = \frac{\sin U'}{r}$$

于是可得像方截距为

$$L' = r\left(1 + \frac{\sin I'}{\sin U'}\right) \tag{1-24}$$

式(1-21)~式(1-24)即为子午面内实际光线经过单个折射球面成像时的光路计算式。给出一组 L 和 U，就可以计算出一组对应的 L' 和 U'。由共轴球面系统乃至整个系统的对称性可知，物点以孔径角 U 入射的整个圆锥面光束，都将以同样的方式成像，交光轴于同一像方截距 L'。另一方面，当 L 一定时，L' 是 U 的函数，因此，以不同孔径角 U 发出的光线，经过折射，将得到不同的像方截距 L'，如图1-10 所示。即同心光束经折射后，出射光束不再是同心光束，称之为不完善成像。轴上点不完善成像，其像差称为球差。球差是球面光学系统成像的固有缺陷。

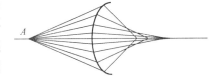

图 1-10　轴上点不完善成像

1.2.3　近轴光线的光路计算

若将物点入射光的孔径角（或高度）限制在一个很小的范围内，使得与光线有关的所有角度近似满足 $\sin I \approx i$，而符合此条件的区域称为光学系统的近轴区域，近轴区域内的光线称为近轴光线。在近轴区域里，光学系统具有较为简单的物像关系，下面将重点分析近轴光路。为了加以区别，近轴区域内描述物和像的所有参量都用相应的小写字母表示。在式(1-21)~式(1-24)中，将角度正弦值用其相应的弧度值来代替，可得

$$i = \frac{(l - r)}{r}u \tag{1-25}$$

$$i' = \frac{n}{n'}i \tag{1-26}$$

$$u' = u + i - i' \tag{1-27}$$

$$l' = r\left(1 + \frac{i'}{u'}\right) \tag{1-28}$$

在近轴区内，对一给定的 l 值，不论 u 为何值，i' 均为定值。这表明，轴上物点在近轴区内以细光束成像是完善的，这个像通常称为高斯像。通过高斯像点且垂直于光轴的平面称为高斯像面，其位置由 l' 决定。这样一对构成物像关系的点称为共轭点。

从图1-9 可以看出，在近轴区域内有

$$l'u' = lu = h \tag{1-29}$$

据此，消去近轴成像式(1-25)~式(1-28)中的 i 和 i'，并利用式(1-29)可进一步推导如下计算式

$$n'\left(\frac{1}{r} - \frac{1}{l'}\right) = n\left(\frac{1}{r} - \frac{1}{l}\right) = Q \tag{1-30}$$

$$n'u' - nu = (n' - n)\frac{h}{r} \tag{1-31}$$

$$\frac{n'}{l'} - \frac{n}{l} = \frac{n'-n}{r} \qquad (1\text{-}32)$$

式(1-30)~式(1-32)是近轴物像计算的三种不同表示形式,方便在不同场合下应用。式(1-30)中的 Q 称为阿贝不变量。该式表明,对于单个折射球面,物空间与像空间的阿贝不变量 Q 相等,随共轭点的位置而变。式(1-31)表示了物、像方孔径角之间的关系。式(1-32)表明了物像位置关系,在折射面已知的情况下,已知物体位置 l,可求出其共轭像的位置 l';反之已知像的位置 l',就可求出与之共轭物体的位置 l。

几何光学中将式(1-32)等号右面的表达式定义为折射面的光焦度,用 ϕ 表示,即

$$\phi = \frac{n'-n}{r} \qquad (1\text{-}33)$$

光焦度表示了折射面的折射能力。式(1-33)表明,折射球面的曲率半径越小,或者折射球面两侧的折射率差越大,折射能力就强。在式(1-32)中,分别令物距和像距为 ∞,有

$$\frac{n'}{l'} - \frac{n}{\infty} = \phi, \frac{n'}{\infty} - \frac{n}{l} = \phi$$

在几何光学中,定义一个无限远的轴上物点($l=\infty$)所对应的物距为折射面的像方焦距;用 f' 表示;定义一个无限远的轴上像点($l'=\infty$)所对应的物距为折射面的物方焦距,用 f 表示。于是,上述式可表示为

$$\phi = \frac{n'}{f'} = -\frac{n}{f} \qquad (1\text{-}34)$$

单个折射球面可以看作是一个最简单的成像系统,由式(1-34)可以得出成像系统物像方焦距之间的关系为

$$\frac{f'}{f} = -\frac{n'}{n} \qquad (1\text{-}35)$$

1.3 球面光学成像系统

上节讨论了轴上点经过单个折射球面的基本成像情况,主要涉及物像位置关系。当讨论有限大物体经过折射球面乃至整个球面光学系统成像时,除了物像位置关系外,还将涉及像的放大与缩小、正倒与虚实等成像特性。下面均在近轴区讨论。

1.3.1 单个折射球面

单个折射球面成像是光学系统成像的基本过程。光学系统对物体成像,像相对于物的比例统称为放大率。一般情况下,一个光学系统的放大率与物体的位置有关。在近轴区域内,光学系统对每一物体的位置有唯一的放大率。放大率有三种:描述物和像垂轴比例关系的垂轴放大率 β、描述物和像沿轴比例关系的轴向放大率 α,以及描述物方孔径角和像方孔径角比例关系的角放大率 γ。

1.3.1.1 垂轴放大率

在近轴区域内,垂直于光轴的平面物体可以用子午面内的垂轴线段 AB 表示,经过球

面折射后所成的像 $A'B'$，垂直于光轴 AOA'。由轴外物点 B 发出的通过球心 C 的光线 BC 必定通过 B' 点，因为 BC 相当于轴外点 B 的光轴(称为辅轴)。如图 1-11 所示，设物体的大小 $AB=y$，像的大小 $A'B'=y'$，则 y' 和 y 之比定义为垂轴放大率，用 β 表示，即

$$\beta = \frac{y'}{y} \tag{1-36}$$

图 1-11 中，$\triangle ABC$ 和 $\triangle A'B'C$ 相似，有

$$-\frac{y'}{y} = \frac{l'-r}{r-l}$$

利用式(1-30)，可得

$$\beta = \frac{y'}{y} = \frac{nl'}{n'l} \tag{1-37}$$

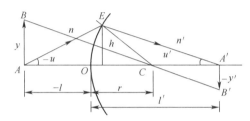

图 1-11　物像的垂轴放大率和角放大率

由此可见，在光学系统参数确定后，近轴区域的垂轴放大率仅取决于共轭面的位置，而与物体的大小无关。在一对共轭面上，β 为常数，故像与物是相似的。

根据 β 的定义及式(1-37)，还可确定物体的成像特性，即像的正倒、虚实、放大与缩小：

(1) 若 $\beta>0$，即 y' 与 y 同号，表示成正立像；反之，y' 与 y 异号，表示成倒立像。

(2) 若 $\beta>0$，即 l' 和 l 同号，物像虚实相反；反之，l' 和 l 异号，物像虚实相同。

(3) 若 $|\beta|>1$，则 $|y'|>|y|$，成放大的像；反之，$|y'|<|y|$，成缩小的像。

1.3.1.2　轴向放大率

轴向放大率表示光轴上一对共轭点沿轴向移动量之间的关系，当物体在给定位置有一微量位移 $\mathrm{d}l$，像点也随之有一微量位移 $\mathrm{d}l'$。定义像点位移量 $\mathrm{d}l'$ 与物点位移量 $\mathrm{d}l$ 之比为系统的轴向放大率，用 α 表示，即

$$\alpha = \frac{\mathrm{d}l'}{\mathrm{d}l} \tag{1-38}$$

对于单个折射球面，将式(1-32)两边微分，即

$$-\frac{n'\mathrm{d}l'}{l'^2} + \frac{n\mathrm{d}l}{l^2} = 0$$

于是轴向放大率为

$$\alpha = \frac{\mathrm{d}l'}{\mathrm{d}l} = \frac{nl'^2}{n'l^2} \tag{1-39}$$

将上式两边均乘以 n/n'，并比较式(1-37)可得

$$\alpha = \frac{n'}{n}\beta^2 \qquad (1-40)$$

由上所述,可以得到以下两个结论:

(1)对于折射球面,n 和 n' 均大于 0,因此轴向放大率恒为正,当物点沿轴向移动时,其像点沿光轴同方向移动;

(2)轴向放大率与垂轴放大率不等,空间物体成像时要变形,比如一个正方体成像后,将不再是正方体。

1.3.1.3 角放大率

在近轴区域内,轴上物体以某一孔径角 u 入射,经过折射后以孔径角 u' 出射成像,定义一对共轭光线与光轴的夹角 u' 和 u 之比为角放大率,用 γ 表示,即

$$\gamma = \frac{u'}{u} \qquad (1-41)$$

利用 $l'u'=lu$,得

$$\gamma = \frac{u'}{u} = \frac{l}{l'} \qquad (1-42)$$

上式表明,角放大率只与共轭点的位置有关,而与光线的孔径角无关。

将式(1-42)两边同时乘以 n'/n 并化简,得

$$\gamma = \frac{n}{n'} \cdot \frac{1}{\beta} \qquad (1-43)$$

角放大率表示折射球面将光束变宽或变细的能力。式(1-43)表明,在 n、n' 确定的条件下,折射球面的垂轴放大率与角放大率互为倒数。它的物理意义是,物体放大成像则像方光束变细,反之,像方光束变粗将得到缩小的像。

垂轴放大率、轴向放大率与角放大率之间是密切联系的,其联系为

$$\alpha\gamma = \frac{n'}{n}\beta^2 \frac{n}{n'\beta} = \beta \qquad (1-44)$$

由 $\beta = \dfrac{y'}{y} = \dfrac{nl'}{n'l} = \dfrac{nu}{n'u'}$,得

$$nuy = n'u'y' = J \qquad (1-45)$$

该式表明,实际光学系统在近轴成像时,在物像共轭面内,物体大小 y、成像光束的孔径角 u 与物体所在介质的折射率 n 的乘积为一常数 J,称为拉格朗日-赫姆霍兹不变量,简称拉赫不变量。拉赫不变量是表征光学系统性能的一个重要参数。任何一种系统结构,对拉赫不变量都有一定的限制,超过这一限制,不完善成像的程度将加剧且难以矫正,因此,式(1-45)同时也表明,在拉赫不变量的限制范围内,增大视场将以牺牲孔径为代价。

近轴区的放大率计算适合于物体的尺寸(或角度)趋于 0 时的成像情况,当物体较大时,放大率将随物点偏离光轴的程度而变化。

1.3.2 单个反射球面

由折射定律得出的结论,反射可视作折射的特例。只要令 $n'=-n$,就可得到满足反射

定律的结论,导出单个球面反射镜(简称球面镜)的成像特性。

1.3.2.1 物像位置关系

通常,球面镜分为凸面镜($r>0$)和凹面镜($r<0$),其物像关系如图 1-12 所示。

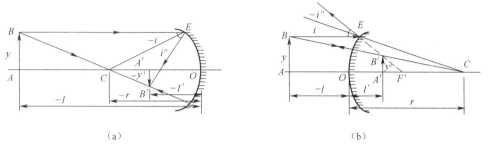

图 1-12 球面镜成像
(a)凹面镜成像;(b)凸面镜成像。

在式(1-32)中,令 $n'=-n$,则得球面镜的物像位置式为

$$\frac{1}{l'} + \frac{1}{l} = \frac{2}{r} \tag{1-46}$$

1.3.2.2 成像放大率

在单个折射球面所有放大率的计算中,只要令 $n'=-n$,就可以得到反射球面的成像放大率,计算式如下:

$$\begin{cases} \beta = \dfrac{y'}{y} = -\dfrac{l'}{l} \\ \alpha = \dfrac{\mathrm{d}l'}{\mathrm{d}l} = -\dfrac{l'^2}{l^2} = -\beta^2 \\ \gamma = \dfrac{u'}{u} = -\dfrac{1}{\beta} \end{cases} \tag{1-47}$$

由此可见,球面反射镜的轴向放大率 $\alpha<0$,这表明,当物体沿光轴移动时,像总是向相反的方向移动。其成像时,物像的虚实可以根据符号做如下判断:当物或像位于平面镜左侧,即 l' 或 l 小于 0 时,均为实;当物或像位于球面镜右侧,即 l' 或 l 大于 0 时,均为虚。

球面镜的拉赫不变量为

$$J = uy = -u'y' \tag{1-48}$$

当物点位于球面镜球心时,即 $l=r$ 时,$l'=r$,且

$$\beta = \alpha = -1, \gamma = 1$$

可见,此时球面镜成倒像。由于反射光线和入射光线的孔径角相等,即通过球心的光线沿原光路反射,仍汇聚于球心。因此,球面镜对于球心是等光程面的,成像完善。

由焦距的定义,球面镜的焦距可由式(1-35)和式(1-46)得到

$$f' = f = \frac{r}{2} \tag{1-49}$$

即球面镜的焦距等于球面半径的 1/2,焦点位于顶点和球心的中点处。

1.3.3　共轴球面系统

实际光学系统通常是由多个透镜、透镜组或反射镜组成,物体被光学系统成像就是被多个折(反)射球面逐次成像的过程。前面讨论了单个折、反射球面的光路计算及成像特性,它对构成光学系统的每个球面都是适用的。因此,只要找到相邻两个球面的光路关系,就可以解决整个光学系统的光路计算问题,并分析整个光学系统的成像问题。

1.3.3.1　过渡式

从物体的成像过程得知,物体经第一面所成的像是第二个面的物,再经第二面所成的像又是第三面的物……这样,相邻面的过渡就是将前一面的像过渡到下一面的物。单个球面的成像式建立在以球面顶点为原点的直角坐标系下,因此所谓的过渡就是坐标系不断地移动。

设一个共轴球面光学系统由 k 个面组成,其成像特性由下列结构参数确定:

(1) 各球面的曲率半径 $r_1, r_2, \cdots, r_k$;

(2) 相邻球面顶点的间隔 $d_1, d_2, \cdots, d_{k-1}$,其中,$d_1$ 为第一面顶点到第二面顶点间的沿轴距离,d_2 为第二面到第三面间的沿轴距离,其余类推;

(3) 各面之间介质的折射率 $n_1, n_2, \cdots, n_k, n_{k+1}$,其中,$n_1$ 为第一面前(即物方)的介质折射率,n_{k+1} 为第 k 面后(即像方)的介质折射率,n_2 为第一面到第二面间介质的折射率,其余类推。

图 1-13 所表示为某一光学系统的前 i 面和第 $i+1$ 面的折射情况,据此有

$$\begin{cases} n_{i+1} = n_i' \\ u_{i+1} = u_i' \\ y_{i+1} = y_i' \\ l_{i+1} = l_i' - d_i \end{cases} \quad (i = 1, 2, \cdots, k-1) \quad (1-50)$$

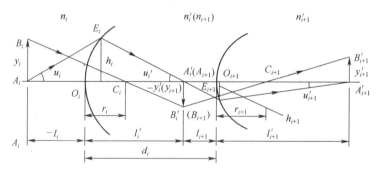

图 1-13　共轴球面光学系统成像

式(1-50)即为共轴光学系统近轴光路计算的过渡式。其第二式和第四式对应项相乘,并利用 $l'u' = lu = h$,有

$$h_{i+1} = h_i - d_i u_i' \quad (i = 1, 2, \cdots, k-1) \quad (1-51)$$

式(1-51)为光线入射高度的计算式。将式(1-31)用于每一面,并考虑过渡式,有

$$n_1 u_1 y_1 = n_2 u_2 y_2 = \cdots = n_k u_k y_k = n_k' u_k' y_k' = J \quad (1-52)$$

可见,拉赫不变量 J 不仅对单个折射面的物像空间,而且对于整个系统各个面的物像空间都是不变量,即拉赫不变量 J 是一个系统不变量。利用这一特点可以对计算结果进行校对。

求系统的像可以按以下步骤:

(1) 对第一个面做单个球面成像计算求得 l'_1, u'_1, y'_1;

(2) 用过渡式求得 l_2, u_2, y_2;

(3) 对第一个面做单个球面成像计算求得 l'_2, u'_2, y'_2;

(4) 用过渡式求得 l_3, u_3, y_3;

(5) 对第 k 个面做单个球面成像计算求得 l'_k, u'_k, y'_k。

上述过渡式对于宽光束的实际光线同样适用,只需将相应的小写字母改写为大写字母即可

$$\begin{cases} n_{i+1} = n'_i \\ U_{i+1} = U'_i \\ Y_{i+1} = Y'_i \\ L_{i+1} = L'_i - D_i \end{cases} \quad (i = 1, 2, \cdots, k-1) \tag{1-53}$$

1.3.3.2　成像放大率

利用过渡公式,可证明系统的放大率为各面放大率的乘积,即

$$\begin{cases} \beta = \dfrac{y'_k}{y_1} = \dfrac{y'_1}{y_1} \cdot \dfrac{y'_2}{y_2} \cdots\cdots \dfrac{y'_k}{y_k} = \beta_1 \beta_2 \cdots \beta_k \\[3mm] \alpha = \dfrac{\mathrm{d}l'_k}{\mathrm{d}l_1} = \dfrac{\mathrm{d}l'_1}{\mathrm{d}l_1} \cdot \dfrac{\mathrm{d}l'_2}{\mathrm{d}l_2} \cdots\cdots \dfrac{\mathrm{d}l'_k}{\mathrm{d}l_k} = \alpha_1 \alpha_2 \cdots \alpha_k \\[3mm] \gamma = \dfrac{u'_k}{u_1} = \dfrac{u'_1}{u_1} \cdot \dfrac{u'_2}{u_2} \cdots\cdots \dfrac{u'_k}{u_k} = \gamma_1 \gamma_2 \cdots \gamma_k \end{cases} \tag{1-54}$$

可以证明:

$$\beta = \frac{n_1 u_1}{n'_k u'_k}, \alpha = \frac{n'_k}{n_1} \beta^2, \gamma = \frac{n_1}{n'_k} \frac{1}{\beta} \tag{1-55}$$

1.3.4　薄透镜

实际上共轴球面光学系统都是由不同形状的透镜构成的。因此,单个透镜是共轴球面系统的基本单元。它是由两个折射面构成的,折射面可以是球面(包括平面,即将平面看成是半径无限大的球面)和非球面。因球面加工和检验较为简单,故透镜的折射面多为球面。

透镜可分为两类:对光线有会聚作用的称为会聚透镜,其中间部分比边缘部分厚,又称凸透镜;对光有发散作用的称为发散透镜,其中间部分比边缘部分薄,又称凹透镜。连接透镜两球面曲率中心的直线称为透镜的主轴,包含主轴的任一平面,称为主截面。透镜一般以主轴为对称轴,制成圆片形,圆片的直径称为透镜的孔径。物点在主轴上时,由于对称性,任一截面内光线的分布都相同。透镜两表面在其主轴上的间隔称为透镜的厚度,

若透镜的厚度与球面的曲率半径相比不能忽略,则称为厚透镜;若可以略去不计,则称为薄透镜。

1.3.4.1 薄透镜成像的物像位置式

如图 1-14 所示,设透镜的两个表面的曲率半径是 r_1 和 r_2,厚度为 d,透镜的折射率为 n,通常透镜总是在空气中,则有 $n_1 = n_2' = 1$,$n_2 = n_1' = n$,物体 AB 经过透镜第一面折射后成像于 $A'B'$。则根据式(1-32)有

$$\frac{n}{l_1'} - \frac{1}{l_1} = \frac{n-1}{r_1} \qquad (1-56)$$

利用转面式

$$l_2 = l_1' - d$$

则第二面再运用式(1-32)有

$$\frac{1}{l_2'} - \frac{n}{l_2} = \frac{1-n}{r_2} \qquad (1-57)$$

两式相加

$$\frac{n}{l_1'} - \frac{1}{l_1} + \frac{1}{l_2'} - \frac{n}{l_2} = \frac{n-1}{r_1} + \frac{1-n}{r_2}$$

对于薄透镜 $\qquad\qquad d = 0 \quad l_2 \approx l_1'$

则可以写作

$$\frac{1}{l_2'} - \frac{1}{l_1} = (n-1)\left(\frac{1}{r_1} - \frac{1}{r_2}\right)$$

其一般式为

$$\frac{1}{l'} - \frac{1}{l} = (n-1)\left(\frac{1}{r_1} - \frac{1}{r_2}\right) \qquad (1-58)$$

这就是用薄透镜的结构参数来表示的物像式,称为高斯式。l 和 l' 分别是薄透镜的物距和像距。由于薄透镜 $d = 0$,故物像距均以透镜中心为原始坐标,图 1-15 薄透镜成像的光路图。薄透镜的另外一个物像位置式为牛顿式。如图 1-15 所示,由 △BAF 和 △FOR 相似可得

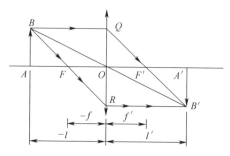

图 1-14　利用高斯法求物像关系的光路图

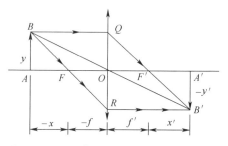

图 1-15　利用牛顿法求物像关系的光路图

$$\frac{-y'}{y} = \frac{-f}{-x} \qquad (1-59)$$

由 △QOF' 和 △$F'A'B'$ 相似可得

$$\frac{-y'}{y} = \frac{x'}{f'} \tag{1-60}$$

对比两式得

$$xx' = ff' \tag{1-61}$$

这就是以焦点为原点的物像位置式,称为牛顿式。利用它来求解像的位置更加方便。

1.3.4.2 薄透镜的几个主要参数

1. 焦点

透镜的焦点与折射球面的焦点有相同的意义。如图 1-16 所示,平行于光轴的光线,通过透镜后会聚在光轴上的一点,这点叫凸透镜的焦点(实焦点),如图 1-16(a)之 F' 点。平行于光轴的光线通过凹透镜后变成发散光,其延长线交光轴于 F' 点,如图 1-16(c),这时看起来光线好像是从 F' 点发出的,这个点叫虚焦点。任何透镜都有两个焦点,分别在透镜两侧。凸透镜的两个焦点都是实的,凹透镜的两个焦点都是虚的。对凹透镜来说,射向物方焦点 F 的光线折射后平行于光轴。对于凸透镜来说,从物方焦点 F 点发出的光线通过透镜后平行于光轴。

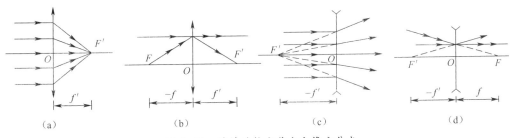

|(a)|(b)|(c)|(d)|

图 1-16　透镜的物方焦点和像方焦点

(a)凸透镜的像方焦点;(b)凹透镜的像方焦点;(c)凸透镜的物方焦点;(d)凹透镜的物方焦点。

2. 焦距

对薄透镜来说,焦点到透镜中心的距离叫做透镜的焦距。焦距是以透镜中心为原点,左边为负,右边为正,如图 1-16 所示。计算焦距的式则由式(1-58)令 $l = -\infty$,则求出的 l' 即为 f' ,因此

$$\frac{1}{f'} = (n-1)\left(\frac{1}{r_1} - \frac{1}{r_2}\right) \tag{1-62}$$

同理令 $l' = -\infty$,则

$$\frac{1}{f} = -(n-1)\left(\frac{1}{r_1} - \frac{1}{r_2}\right) \tag{1-63}$$

比较上两式得到

$$f' = -f$$

这表示,当透镜的物像两方介质相同时,像方焦距与物方焦距数值上相等,但符号相反。

比较式(1-58)和(1-62)可得

$$\frac{1}{l'} - \frac{1}{l} = \frac{1}{f'} \tag{1-64}$$

这就是以焦距表示的最为常用的薄透镜物像式。可见透镜成像的性质由它的焦距来确定。所以焦距是一个表征透镜性质的重要参量,而焦点是透镜的一对特殊点。

3. 光焦度

式(1-64)中的 $1/l'$ 和 $1/l$ 体现光线的会聚程度,例如:$1/l=0$,则 $l=-\infty$,光线平行于光轴,即光线会聚度为零。因此,可把焦距的倒数称为透镜的光焦距,用符号 Φ 表示,它表征透镜对于光线会聚(发散)本领,即

$$\Phi = \frac{1}{f'} = -\frac{1}{f} \tag{1-65}$$

规定以空气中焦距等于+1m 时的光焦度为透镜的光焦度单位,称为屈光度。屈光度为非法定计量单位,光焦度的法定计量单位为 m^{-1},1 屈光度 $=1m^{-1}$,例如 $f'=400mm$ 的透镜,它的光焦度为

$$\Phi = \frac{1}{0.4} = 2.5m^{-1}$$

在眼镜业中所称的眼镜片的度数,就是这里所指的屈光度,但那里所称的 100 度相当于 1 个屈光度。

4. 焦平面

通过像方焦点 F' 垂直于光轴的平面称为像方焦平面。它是物方无限远处垂直于光轴的物平面对应的像平面。从物方光源发出的斜平行光线经过透镜折射后,其出射光线(或其延长线)汇聚于像方焦平面上一点,如图 1-17(a)所示。通过物方焦点 F 垂直于光轴的平面称为物方焦平面,与它对应的像平面位于像方无限远。从物方焦平面上一点发出的(或射向这一点)光线通过透镜折射后成为与光轴倾斜的平行光线,如图 1-17(b)所示。

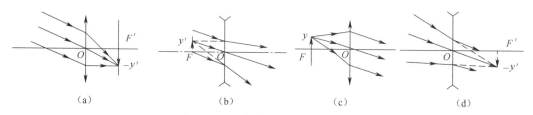

| (a) | (b) | (c) | (d) |

图 1-17　凸透镜和凹透镜的焦平面

(a)凸透镜的像方焦平面;(b)凹透镜的像方焦平面;(c)凸透镜的物方焦平面;(d)凹透镜的物方焦平面。

5. 薄透镜的垂轴放大率

薄透镜的垂轴放大率 β 同样是像和物的大小 y' 和 y 之比,这里 y' 是经过透镜两个面所成的像,并经过第一面所成的像就是第二个面的物。即 $y_2 = y_1'$,因此有

$$\beta = \frac{y'}{y} = \frac{y_2'}{y_1} = \frac{y_1'}{y_1} \times \frac{y_2'}{y_2} = \beta_1 \beta_2$$

这表明透镜的放大率是两个折射面放大率的乘积。考虑到 $n_1 = n_2' = 1$,$n_2 = n_1'$,以及 $l_1' = l_2$ 和 $l_1 = l$,$l_2' = l'$ 等式关系可得

$$\beta = \beta_1 \beta_2 = \frac{n_1 l_1'}{n_1' l_1} \times \frac{n_2 l_2'}{n_2' l_2} = \frac{l_2'}{l_1} = \frac{l'}{l} \tag{1-66}$$

所以薄透镜的垂轴放大率 β 就是像距 l' 与物距 l 之比。在一对物像平面,β 是常数,

像和物相似。物体位置改变时,像的位置和大小也随之改变。

垂轴放大率还可以写成另一种形式,由式(1-59)和式(1-60)可知

$$\beta = \frac{y'}{y} = -\frac{f}{x} = \frac{-x'}{f'} = \frac{f'}{x} \quad (-f = f') \tag{1-67}$$

可以看出,当光组的焦距一定时,随物体位置不同,其横向放大率也不同。

6. 薄透镜的轴向放大率 α

薄透镜的轴向放大率也是两个折射面放大率的乘积,即

$$\alpha = \alpha_1 \alpha_2 = \frac{n_1 \, l_1'^2}{n_1' \, l_1^2} \times \frac{n_2 \, l_2'^2}{n_2' \, l_2^2} = \frac{n_1 \, l_2'^2}{n_2' \, l_1^2} = \frac{n_1 \, l'^2}{n_2' \, l^2} = \frac{n_1}{n_2'}\beta^2$$

即

$$\alpha = \beta^2 \tag{1-68}$$

又因为

$$\beta = -\frac{f}{x} = \frac{-x'}{f'}$$

则有(由于 $f' = -f$)

$$\alpha = \frac{-x'}{f'} \times \left(-\frac{f}{x}\right) = \frac{-x'}{x} \tag{1-69}$$

7. 薄透镜的角放大率 γ

薄透镜的角放大率也是两个折射面角放大率的乘积,有

$$\gamma = \gamma_1 \gamma_2 = \frac{l_1}{l_1'} \times \frac{l_2}{l_2'} = \frac{l_1}{l_2'} = \frac{l}{l'} = \frac{1}{\beta}$$

$$\gamma = \frac{l}{l'} = \frac{1}{\beta} \tag{1-70a}$$

相应地

$$\gamma = \frac{-x}{f} = \frac{-f'}{x'} \tag{1-70b}$$

这表示放大的像总是以像方光束的孔径角比物方光束的孔径角小的光束成像;反之缩小的像,其成像光束的孔径角比物方光束的孔径角要大。

8. 光心

如果角放大率 $\gamma = +1$,此时 $l = l'$,只有让 $l = 0, l' = 0$。这表明角放大率 $\gamma = +1$ 时,物点与像点重合在薄透镜的中心。$\gamma = +1$,即 $u = u'$,因此通过薄透镜中心的光线方向不变。薄透镜中心称为透镜的光心。

1.3.4.3 薄透镜的作图法求像

被光照亮的物体,可以看成是许多点光源的集合体,每个发光点都要向各个方向发出光线。其中通过透镜的那一束光线,经过透镜折射后又会聚于一点,这个点就是它所对应的发光点的像。这些对应点的总和,即为在像平面所看到的整个物体的像,像点和物点互相对应,称为共轭点。在工作中常遇到的问题是,已知物点位置,如何确定像的位置? 已知物的大小,如何确定像的大小? 除了解析法求像外,还可采用作图法。

19

薄透镜的一般作图成像法,即利用经过两焦点和光心的典型光线中的两条画出像点的方法,在中学已经学过,但要注意这都要在近轴条件下才成立。

根据焦点、光心的性质知道,有三条特殊光线:

(1)通过光心的光线方向不变,如图1-18(a);

(2)平行于光轴的光线通过透镜后,经过后焦点,如图1-18(b);

(3)通过前焦点的光线,经过透镜后与光轴平行,如图1-18(c)。

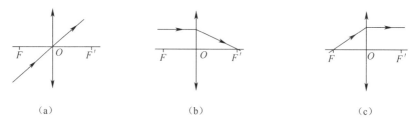

(a)   (b)   (c)

图1-18　薄透镜的作图法求像

(a)入射光线过光心;(b)入射光线平行于光轴;(c)入射光线过物方焦点。

如果物点在主轴上,三条特殊的光线就合并成一条,这时要用作图法确定像的位置需利用焦平面的性质。在近轴条件下,通过物方焦点 F 与主轴垂直的平面叫做物方焦平面,通过像方焦点 F' 与主轴垂直的平面叫做像方焦平面,与主轴成一定倾角入射的平行光束,折射后会聚于像方焦平面上一点 P',如图1-19(a)所示;而物方焦平面上任一点 P 发出的光,经透镜折射后将成为一束与主轴成一定倾角的平行光,如图1-19(c)所示。倾斜平行光束方向可由 P 或 P' 与光心 O 的连线确定,这条连线称为副轴。

下面通过作图法找到凸透镜主轴上物点 P 的像的位置,如图1-20(a)所示。

(1)从 P 点作沿主轴的入射线,折射后方向不变;

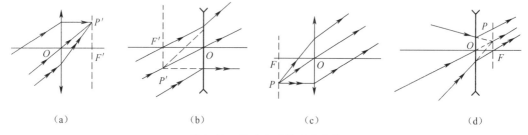

(a)   (b)   (c)   (d)

图1-19　轴外点的作图法求像

(a)利用凸透镜的像方焦平面;(b)利用凹透镜的像方焦平面;

(c)利用凸透镜的物方焦平面;(d)利用凹透镜的物方焦平面。

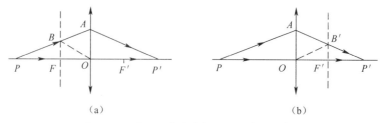

(a)   (b)

图1-20　利用凸透镜对轴上点的作图法求像

(a)利用物方焦平面;(b)利用像方焦平面。

20

（2）从 P 点作任一光线 PA，与透镜交于 A 点，与物方焦平面交于 B 点；

（3）作辅助线 BO，过 A 作与 BO 平行的折射光线与沿着主轴的折射光线交于点 P'，则 P' 就是物点 P 的像点。

同样，也可利用像方焦平面及副轴 OB' 作图，如图 1-20（b）所示。

以上两种作图法，对凹透镜也同样适用，但要注意凹透镜的像方焦平面在透镜左侧，物方焦平面在透镜右侧。图 1-21 就是利用凹透镜的像方焦平面所作的成像光路图。其作图步骤为：

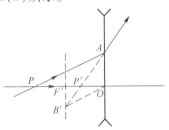

图 1-21 利用凹透镜对轴上点的作图法求像

（1）PA 为从物点 P 发出的任一光线，与透镜交于 A 点；

（2）过透镜中心 O 作平行于 PA 的副轴 OB'，与像方焦平面交于 B' 点；

（3）连接 A、B' 两点，线段 AB 的延长线就是折射光线，它与沿主轴的光线交于 P' 点，则 P' 点就是所求的像点。

上述作图法，实际上也可推广到轴外不远处一物点发出的近轴光线的情况，通过一物点的任意两条特殊光线通过透镜折射后的交点便是其对应的像点。用这种方法近似地来处理复杂的光学系统成像问题相当方便。

1.4　理想光学系统

由光路计算可以看出，实际光学系统是不能完善成像的，只有在近轴区域内以近轴光线微小近似才可以完善成像。为此需要建立一个理想模型，使之对任意大的空间和任意宽的光束都成完善像，那么这个理想模型被称为理想光学系统。下面主要介绍理想光学系统的基本理论、物像关系、理想光学系统的多光组成像以及实际光学系统的理想化计算。

1.4.1　理想光学系统的物像共轭理论

理想光学系统是在高斯光学的范畴建立起来的。高斯光学是由高斯在 1841 年提出的，适合于任何结构的光学系统。它可以抛开光学系统的具体结构（半径、间隔和折射率等），采用一些特殊的点和面（称之为基点和基面）来表示一个光学系统，并根据这些特殊的点和面确定其他任一点的物像关系。

由光路的可逆性，折、反射定律中光线方向的确定性，及光在均匀介质中的直线传播定律可以得出，在理想光学系统中，任何一个物点在系统的作用下所有出射光线仍相交于一点；物空间中的直线经过系统仍为直线，平面仍为平面。这种点与点对应，直线与直线对应，平面与平面对应的成像变换即为理想光学系统的物像共轭理论，又称共线成像，是高斯光学的基础核心。这种一一对应的关系称为"共轭"。共轭理论可归结为以下几点：

（1）物空间的每一物点在像空间都有唯一确定的像点与之对应。这两个对应点称为物像空间的共轭点。

（2）物空间的每一条直线在像空间都有唯一确定的直线与之对应。这两条直线称为物像空间的共轭直线。

（3）物空间的每一个平面在像空间都有唯一确定的平面与之对应。这两个平面称为物像空间的共轭面。

1.4.2　理想光学系统的基点与基面

上节讨论了理想光学系统的物像共轭理论，一个理想的光学系统不论其结构如何，必定满足共线成像理论。若把共轴系统当做一个整体来处理，由球面的焦距和物距可求出像的位置，而焦距又取决于球面的位置及其焦点。因此，如果能够以一个等效的光具组代替整个共轴的光学系统，并设法找出这个光具组的某种基本位置即包括焦点在内的基点，那么就可以不考虑光在面系统中的实际路径而确定像的大小和位置。

理想光具组可以保持光束单心性以及像和物在几何上的相似。在理想光具组里，物方的每一点，都和像方的一点共轭，同样，对应于物方的每一条直线或每一个平面，在像方都应有一条共轭直线或一个共轭平面。这样一来，理想光具组的理论便成了建立点与点、直线与直线以及平面与平面之间共轭关系的纯几何理论。如果光线只限于靠近对称轴的区域，理想光具组就可以充分近似地用共轴光具组来实现，这样一来，高斯的理论又成为共轴光具组的理论，在高斯的理论中，除光线仍旧限于近轴外，只须建立一系列的基点和基面，利用这些基点和基面就可以描述光具组的基本光学特性，而不用去研究光具组中实际的光线，从而把问题大大简化。其中最重要的基点和基面是：焦点主点、焦平面和主平面。

已知光学系统的基点和基面，便可以讨论其他点的物像关系。那么理想光学系统的基点和基面如何选取呢？下面将予以讨论。

理想光学系统选取的基点和基面是这样一些特殊的共轭点和共轭面：

（1）无限远的轴上物点和它对应的共轭像点，即像方焦距；

（2）无限远的轴上像点和它对应的共轭物点，即物方焦距；

（3）一对垂轴放大率等于+1的共轭平面，即主平面；

（4）一对角放大率等于+1的共轭点，即节点。

理论上讲，（1）、（2）和（3）给出的基点和基面就足以表示一个系统，再利用（4）中的特殊共轭点，便可使分析和解决问题更为方便。

理想光学系统的焦点和焦平面与薄透镜的性质基本一致，这里我们不再做重复叙述，主要介绍主点和主平面的性质。

设由焦点 F 发出的入射光线的延长线与相应的平行于光轴的出射光线的反向延长线交于 Q 点，如图 1-22 所示，过 Q 点作垂直于光轴的平面交光轴于 H 点，H 点称为理想光学系统的物方主点，QH 平面称为物方主平面。由物方主点 H 到焦点 F 与之间的距离称为物方焦距，通常用 f 表示，其正负遵循符号规则。如果由 F 发出光线的孔径角为 U，其相应的出射光线在物方主平面上的投影高度为 h，由图 1-22 的几何关

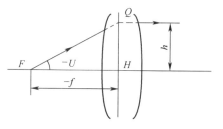

图 1-22　理想光学系统的物方焦点

系有

$$f = \frac{h}{\tan U} \tag{1-71}$$

如图 1-23 所示,将入射光线 AB 与出射光线 $E'F'$ 反向延长,则两条光线必相交于一点,设此点为 Q' 点,过 Q' 作垂直于光轴的平面交光轴于 H' 点,称为像方主点,$Q'H'$ 称为像方主平面。从主点 H' 到焦点 F' 之间的距离称为像方焦距,通常用 f' 表示,遵循符号规则,像方焦距的起算原点是像方主点 H'。设入射光线 AB 的投射高度为 h,出射光线 $E'F'$ 的孔径角为 U',由图 1-23 有

$$f' = \frac{h}{\tan U'} \tag{1-72}$$

焦距描述了光学系统聚焦的长度。描述系统聚焦能力的另一个参数光焦度 ϕ,其计算方法见光路计算与薄透镜。如图 1-24 所示,作一条平行于光轴且投射高度为 h 的光线入射到理想光学系统,相应的出射光线必通过像方焦点 F';过物方焦点 F 作一条入射光线,并且调整这条入射光线的孔径角,使得相应出射光线的投射高度也是 h。这样,两条入射光线都经过 Q 点,相应的两条出射光线都经过 Q',所以 Q 与 Q' 就是一对共轭点,因此物方主平面与像方主平面是一对共轭面。而且 QH 与 $Q'H'$ 相等并在光轴的同一侧,根据共轭理论,在这对共轭面上的每一对共轭点都满足垂轴放大率为 1,即 $\beta = +1$。利用这一点,如果知道其中主面的某一点,就可以方便地找出其共轭点(等高度)。在作光线图时,一般都将物方光线延长交于物方主面,根据共轭关系,即出射光线像方主平面上的投射高度一定与入射光线物方主平面的投射高度相等,得到像方主平面的对应点,然后再确定光线经过像方主面后的出射方向。

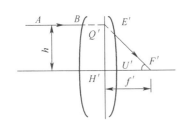

图 1-23 理想光学系统的像方参数

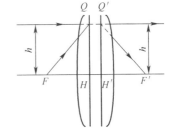

图 1-24 两主面间的关系

一对主点和主平面,一对焦点和焦平面,即为通常所取的理想光学系统的基点和基面。有了基点和基面,理想光学系统的数学模型就建立起来了。不同的光学系统,只表现为这些基点和基面的相对位置不同,焦距不等而已。通常总是用一对主平面和两个焦点位置来代表一个光学系统,如图 1-25 所示。下面将讨论如何利用这些基点和基面的性质求得空间任意物体的像点位置和大小。

上述主点和焦点能决定一个光学系统,但实际应用中还有一对重要的共轭点,即角放大率为 +1 的一对共轭点,称之为节点,用 J、J' 表示。根据节点的性质,如果一条光线通过像方节点 J',且与入射光线平行,如图 1-26 所示。利用节点的性质可以方便地确定物像方的光线方向,以后将证明,当系统物方和像方位于同一介质中时,节点与主点分别在各自的像方和物方重合。

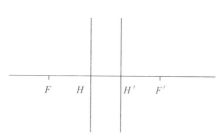

图 1-25 理想光学系统的简化图

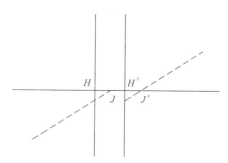

图 1-26 理想光学系统的节点

1.4.3 理想光学系统的物像关系

几何光学中的一个基本内容是求像,对物空间任意给定物体,求其像的位置、大小、正倒及虚实。我们已经知道已知理想光学系统的主面和焦点,便可求取上述数据,下面对分两种方法进行讨论。

1.4.3.1 图解法求像

根据理想光学系统基点基面的性质,已知物空间任意位置的点、线和面,通过画图追迹典型光线求出像的方法称为图解法求像。由理想成像情形,同一物点发出的所有光线经过光学系统后,仍相交于一点。求一个物点的像就是求物点发出的光线在像方的会聚点。物体发出的光是任意的,要确定像点的位置,只需找出由物点发出的两条特殊光线在像空间的共轭光线,它们的交点即为该物点的像。这两条特殊光线的选取与薄透镜类似,即根据几点基面的性质。

最常用的两条特殊光线是:

(1) 平行于光轴入射的光线,其共轭光线通过像方焦点;

(2) 过物方焦点的光线,其共轭光线平行于光轴;再根据共轭光线在主面上的投射高度相等,便可求取轴外点或垂轴线段的像。

如图 1-27 所示,一个理想光学系统,其主面和焦点的位置已知。有一垂轴物体 AB 被光学系统成像。选取由轴外点 B 发出的两条典型光线,一条是由 B 发出通过物方焦点 F,交物方主面于 Q 点,根据主平面垂轴放大率为+1 的性质,得到共轭点 Q′,过 Q′ 平行于光轴的光线即为其共轭光线;另一条是由 B 点发出平行于光轴的光线,同理可得它经过系统后过像方焦点 F′ 的光线即为其共轭光线。两条共轭光线在像空间的交点 B′ 即是 B 的像点,过 B′ 点作光轴的垂线,A′B′ 即为物 AB 的像。

如图 1-28 所示,理想光学系统,物点 B 位于物方焦平面和物方主平面之间,同样亦可

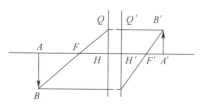

图 1-27 轴外点位于物方焦平面和物方
主平面之外时的作图求像

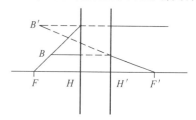

图 1-28 轴外点位于物方焦平面和物方
主平面之间时的作图求像

作两条特殊光线:一条经过物点 B 与光轴平行入射,出射光线应经过像方焦点 F';另一条光线经过物点 B 和物方焦点 F 入射,出射光线与光轴平行。将两出射光线反向延长,交点 B' 即是 B 的像点。

求轴上物点的像,光轴可以作为一条特殊光线,但第二条特殊光线的选取,仅利用焦点和主平面的性质是不够的,必须利用焦平面上轴外点的性质。这样便又可确定两种特殊光线:

(1) 倾斜于光轴入射的平行光束其共轭光束交于像方焦平面上的一点;

(2) 自物方焦平面上一点发出的光束其共轭光束倾斜于光轴的平行光束。

根据共轭成像理论,位于轴上的物点其共轭像仍位于光轴。因此,确定轴上点的物像关系只需由轴上物点发出任一条光线,求其共轭光线与光轴的交点即可求得像点。下面介绍两种作图方法。

方法一:如图 1-29 所示,轴上物点 A 发出的任意一条光线交于物方焦平面 B 和物方主平面 M,认为 AM 是由物方焦平面上 B 点发出的。因此所有自 B 点发出的光线经系统出射后,应为像方斜平行光束。为了确定光线经过 M' 后的出射方向,可由 B 引出一条与光轴平行的辅助光线 BN,其经系统出射的光线通过像方焦点 F',即光线 $N'F'$。光线 AM 的共轭光线 $M'A'$ 与光线 $N'F'$ 平行,其与光轴的交点 A' 即是轴上物点 A 的像。

方法二:如图 1-30 所示,轴上物点 A 发出的任一条光线交于物方主平面 M 点,AM 可以看做是由无限远轴外点发出的斜平行光束的一条,设斜平行光束的另一条光线通过物方焦点 F,交主平面于 N,它们应该会聚于像方焦平面上。会聚点的位置可由 FN 来决定,因 FN 通过物方焦点 F,其共轭光线由系统射出后平行于光轴,它与像方焦平面的交点 B' 即是该倾斜平行光束通过光学系统后的会聚点。入射光线 AM 与物方主平面交于 M,其共轭点是像方主平面上的 M',由主平面垂轴放大率为+1可知,M' 和 M 处于等高的位置。M' 和 B' 的连线即入射光线 AM 的共轭光线。$M'B'$ 和光轴的交点 A' 是轴上点 A 的像点。

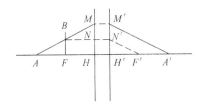

图 1-29 利用物方焦平面作图求轴上点的像　　图 1-30 利用像方焦平面作图求轴上点的像

图解法求像是一种直观简便的方法,在分析透镜或光学系统的成像关系时经常用到图解法。掌握好图解法,对理解光学系统的成像特点、描绘光学系统的成像光路、建立光学系统物像的解析方法都是必不可少的。由于图解法精度较低,对成像的探讨也不够深入,从实用的角度讲,光学系统物像的精确关系及成像规律还离不开解析计算。

1.4.3.2　解析法求像

根据理想光学系统图解求像光路图中的几何关系,可以建立起一套物像关系计算式,这便是解析法。在讨论共轴理想光学系统的成像理论时知道,若已知主平面这一对共轭面、以及像方焦点和物方焦点的相对位置,则其他一切物点的像点都可以根据这些已知的共轭面和共轭点来表示,这就是解析法求像的理论依据。物像的虚实和正倒都用参数的正负号表示,因此,解析法中所有参数都采用代数量,其符号规则除了坐标的原点与球面系统有所不同外,其余照旧。

如图 1-31 所示,有一垂轴物体 AB,其高度为 y,它被一已知的光学系统成一正像 $A'B'$,其高度为 y'。按照物(像)位置表示中坐标原点选取的不同,解析法求像的式有两种,其一称为牛顿式,它是以焦点为坐标原点的;其二称为高斯式,它是以主点为坐标原点的。

1. 牛顿公式

物方和像方的坐标原点分别为系统的物方焦点 F 和像方焦点 F'。物和像的位置由相对于光学系统的焦点来确定,即以物点 A 到物方焦点的距离 AF 为物距,以符号 x 表示;以像点 A' 到像方焦点 F' 的距离 $A'F'$ 作为像距,用 x' 表示。取值的正负号以相应的焦点为原点来确定,符合前述符号规则,图中 $x<0$,$x'>0$。图 1-31 中,由两对相似三角形 $\triangle BAF$、$\triangle FHM$ 和 $\triangle H'N'F'$、$\triangle F'A'B'$ 的几何关系可得

$$\frac{-y'}{y} = \frac{-f}{-x}, \quad \frac{-y'}{y} = \frac{x'}{f'} \tag{1-73}$$

由此可得

$$xx' = ff' \tag{1-74}$$

上面这个以焦点为原点的物像位置式,称为牛顿公式。如果已知系统的焦距 f' 和 f,以及物体的焦物距 x,就可以按照式(1-74)求得焦像距 x'。

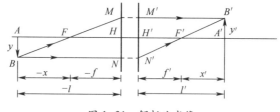

图 1-31　解析法求像

2. 高斯公式

在这里,物方和像方的坐标原点分别为系统的物方主点 H 和像方主点 H'。以 l 表示物点 A 到物方主点 H 的距离,以 l' 表示像点 A 到像方主点 H' 的距离。l 和 l' 的正负以相应的主点为原点来确定,同样符合前述符号规则,图中 $l<0$,$l'>0$。由图 1-31 可得 l、l' 与 x、x' 间的关系为 $x=l-f$, $x'=l'-f'$。将其代入牛顿式(1-74)可得

$$lf' + l'f = ll' \tag{1-75}$$

两边同时除以 ll' 可得

$$\frac{f'}{l'} + \frac{f}{l} = 1 \tag{1-76}$$

这就是以主点为原点的物像式的一般形式,称为高斯公式。其另一种表示形式为

$$\frac{1}{l'} - \frac{1}{l} = \frac{1}{f'} \tag{1-77}$$

1.4.4　理想光学系统的放大率

理想光学系统的放大率描述了物像的大小关系,同球面成像系统所描述的一样,放大

率分别有垂轴放大率、轴向放大率和角放大率。所不同的是,球面系统的放大率是实际系统近轴区的放大率,而这里讨论的放大率适合任意大小空间和任意大小光束,并且利用了理想光学系统的有关参数来计算。

1.4.4.1 垂轴放大率 β

同近轴光学系统一样,理想光学系统的垂轴放大率定义为像高 y' 与物高 y 之比,即

$$\beta = \frac{y'}{y} \tag{1-78}$$

由图 1-31 的几何关系,可以直接得到牛顿式的垂轴放大率为

$$\beta = \frac{y'}{y} = -\frac{f}{x} = -\frac{x'}{f'} \tag{1-79}$$

垂轴放大率还可以用另一种方式计算,即高斯式的垂轴放大率。利用牛顿式,在 $x' = ff'/x$ 的两边各加 f' 可得

$$x' + f' = \frac{ff'}{x} + f' = \frac{f'}{x}(x + f) \tag{1-80}$$

上式中的 $x'+f'$ 和 $x+f$,即为 l' 和 l,则有

$$\frac{x' + f'}{x + f} = \frac{f'}{x} = \frac{x'}{f} = \frac{l'}{l} \tag{1-81}$$

由于 $\beta = -\dfrac{x'}{f'}$,可得

$$\beta = \frac{y'}{y} = -\frac{f}{f'}\frac{l'}{l} \tag{1-82}$$

后面将会看到,当物体的物空间和像空间的介质相同时,物方焦距和像方焦距有简单的关系 $f' = -f$,则式(1-78)和式(1-79)可写成

$$\frac{1}{l'} - \frac{1}{l} = \frac{1}{f'} \tag{1-83}$$

$$\beta = \frac{l'}{l} \tag{1-84}$$

由垂轴放大率式(1-79)和式(1-82)可知,在系统焦距确定后,垂轴放大率只与物体的位置有关,在同一对共轭面上,β 是常数,因此物与像是相似的。

1.4.4.2 轴向放大率

根据前面讨论知道,对于确定的理想光学系统,像平面的位置是物平面位置的函数,具体的函数关系式就是牛顿公式和高斯公式。当物平面沿光轴做一微量的移动 $\mathrm{d}x$ 或 $\mathrm{d}l$ 时,其像平面就移动一相应的距离 $\mathrm{d}x'$ 或 $\mathrm{d}l'$。通常定义像移动量 $\mathrm{d}x'$(或 $\mathrm{d}l'$)与物移动量 $\mathrm{d}x$(或 $\mathrm{d}l$)的比值为轴向放大率,用 α 表示,即

$$\alpha = \frac{\mathrm{d}x'}{\mathrm{d}x} = \frac{\mathrm{d}l'}{\mathrm{d}l} \tag{1-85}$$

当物体的移动量 $\mathrm{d}x$ 很小时,可将牛顿公式或高斯公式微分获得轴向放大率。对牛顿公式微分,可得其轴向放大率为

$$xdx' + x'dx = 0 \tag{1-86}$$

$$\alpha = -\frac{x'}{x} \tag{1-87}$$

对高斯公式微分,可得其轴向放大率为

$$-\frac{f'}{l'^2}dl' - \frac{f}{l^2}dl = 0 \tag{1-88}$$

$$\alpha = \frac{dl'}{dl} = -\frac{l'^2}{l^2}\frac{f}{f'} \tag{1-89}$$

将牛顿式的垂轴放大率 $\beta = -f/x = -x'/f'$ 代入式(1-87)得

$$\alpha = -\beta^2\frac{f'}{f} = \frac{n'}{n}\beta^2 \tag{1-90}$$

如果理想光学系统的物空间与像空间的介质一样,则式(1-90)简化为

$$\alpha = \beta^2 \tag{1-91}$$

上式表明,一般情况下,轴向放大率和垂轴放大率不等,物体经过系统后的立体形状将发生改变,除 $\beta = \pm 1$ 的位置。如果轴上点移动有限距离 Δx,相应的像移动距离 $\Delta x'$,则轴向放大率可定义为

$$\bar{\alpha} = \frac{\Delta x'}{\Delta x} = \frac{x'_2 - x'_1}{x_2 - x_1} = \frac{n'}{n}\beta_1\beta_2 \tag{1-92}$$

其中,β_1 是物点处于物距为 x_1 时的垂轴放大率,β_2 是物点移动 Δx 后处于物距为 x_2 时的垂轴放大率。利用牛顿式及牛顿式形式的放大率式可得式(1-94),其过程如下所示

$$\Delta x' = x'_2 - x'_1 = \frac{ff'}{x_2} - \frac{ff'}{x_1} = -ff'\left(\frac{x_2 - x_1}{x_1 x_2}\right) \tag{1-93}$$

则

$$\bar{\alpha} = \frac{\Delta x'}{\Delta x} = \frac{x'_2 - x'_1}{x_2 - x_1} = -\frac{f'}{f} \cdot \left(-\frac{f}{x_1}\right)\left(-\frac{f}{x_2}\right) = \frac{n'}{n}\beta_1\beta_2 \tag{1-94}$$

轴向放大率式常用在仪器系统的装调计算及像差系数的转面倍率等问题中。

1.4.4.3 角放大率

过光轴上一对共轭点,任取一对共轭光线 AM 和 $M'A'$,如图 1-32 所示,其与光轴的夹角分别为 U 和 U',这两个角度正切之比定义为这一对共轭点的角放大率,以 γ 表示为

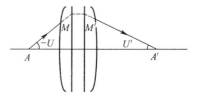

图 1-32 光学系统的角放大率

$$\gamma = \frac{\tan U'}{\tan U} \tag{1-95}$$

由理想光学系统的式(1-74)简化可得

$$\gamma = \frac{n'}{n}\frac{1}{\beta} \tag{1-96}$$

其间利用了垂轴放大率的定义式 $\beta = y'/y$。在确定的光学系统中,因为垂轴放大率只随物体位置而变化,所以角放大率仅与物像位置有关,在同一对共轭点上,任一对共轭光

28

线与光轴夹角 U' 和 U 的正切之比恒为常数。

式(1-90)与式(1-96)的左右两端分别相乘可得

$$\alpha\gamma = \beta \tag{1-97}$$

上式就是理想光学系统的三种放大率之间的关系式。

例 1-1：一个理想光组将一物距为 60mm、大小为 40mm 的实物成一像距为 60mm、大小为 20mm 的实像。若另一物距为 40mm、大小为 20mm 的实物，问其成像情况如何？

解 首先须求出理想光组的焦距。依题意，给定的物体为一实物，因此物距应取负值，即 $l=-60\text{mm}$，实像表明像距为正，即 $l'=60\text{mm}$，实物成实像应为倒像，物高与像高的符号应相反，取 $y=40\text{mm}$，$y'=-20\text{mm}$，代入式(1-77)，有

$$\frac{-20}{40} = -\frac{f}{f'}\frac{60}{(-60)}$$

得 $f=-\dfrac{f'}{2}$。系统物像方焦距不相等，表明物像方不在同一介质，代入高斯式(1-74)，有

$$\frac{f'}{60} - \frac{f'}{2\times(-60)} = 1$$

得 $f'=40\text{mm}$，$f=-20\text{mm}$。

将计算得到的焦距再代入高斯式(1-74)，求另一物体的像

$$\frac{40}{l'} + \frac{-20}{-40} = 1$$

得 $l'=80\text{mm}$，为实像，位于系统像方主面右方 80mm 处。放大率为

$$\beta = -\frac{fl'}{f'l} = \frac{-20\times80}{40\times(-80)} = -1$$

表明像与物等高且倒立。

1.4.5 由多个光组组成的成像系统

一个光学系统可由一个或几个部件组成，每个部件可以由一个或几个透镜组成，这些部件称为光组。光组可以单独看作一个理想光学系统，由焦距、焦点和主点的位置描述。如图 1-33 所示，物点 A_1 被第一光组成像于 A_1'，它就是第二个光组的物 A_2。两光组的相互位置以距离 $H_1'H_2=d_1$ 表示，由图可见有如下的过渡关系：

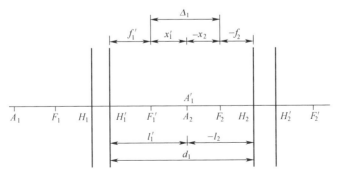

图 1-33 过渡关系

$$l_2 = l'_1 - d_1 \tag{1-98}$$

$$x_2 = x'_1 - \Delta_1 \tag{1-99}$$

式中，Δ_1 为第一光组的像方焦点 F'_1 到第二光组物方焦点 F_2 的距离，即 $\Delta_1 = F'_1 F_2$，称为焦点间隔或光学间隔。它以前一个光组的像方焦点为原点来决定其正负，若它到下一个光组物方焦点的方向与光线的方向一致，则为正；反之，则为负。光学间隔与主面间隔之间的关系由图 1-33 而得

$$\Delta_1 = d_1 - f'_1 + f_2 \tag{1-100}$$

1.4.5.1 双光组组合分析

双光组组合是多光组组合中最简单同时也是最常用的一种结构。假定两个已知光学系统焦距分别为 $f_1 \sqrt{} f'_1$ 和 $f_2 \sqrt{} f'_2$，如图 1-34 所示。两个光学系统间的相对位置用第一光组的像方焦点 F'_1 距第二光组的物方焦点 F_2 的距离 Δ 表示，称为光学间隔，Δ 的符号规则是以 F'_1 为起算原点，计算到 F_2，由左向右为正。图中其余线段都按各自的符号规则进行标注，并分别用 $f \sqrt{} f'$ 表示组合系统的物方焦距和像方焦距，用 F、F' 表示组合系统的物方焦点和像方焦点。

一无限远轴上物点发出的平行于光轴的光线经第一光组后相交光轴于 F'_1 点，再经第二光组后与光轴相交于 F'，显然 F' 就是等效光组的像方焦点。

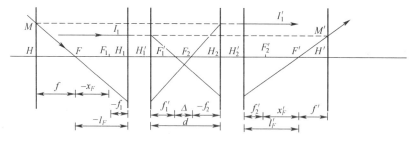

图 1-34　双光组组合

求像方焦点 F' 的位置，可以看到，第一光组的焦点 F'_1 与等效光组焦点 F' 相对于第二光组是一对共轭点，对第二光组满足物像关系式，对第二光组应用牛顿式，并考虑符号规则有

$$x'_F = -\frac{f_2 f'_2}{\Delta} \tag{1-101}$$

上式就是等效光组的像方基点位置。这里 x'_F 是由 F'_2 到 F' 的距离，上述计算是针对第二光组作的，自然 x'_F 的起算原点是 F'_2。

对于像方焦点 F' 的位置，同理，作一条从像方到物方入射的平行于光轴的光线，将得到等效光组的物方焦点 F。按照上面同样的分析方法，对第一光组利用牛顿公式有

$$x_F = \frac{f_1 f'_1}{\Delta} \tag{1-102}$$

这里 x_F 指 F_1 到 F 的距离，坐标原点是 F_1。利用此式可求得系统的物方焦点 F 的位置。

焦点位置确定后，只要求出焦距，主平面位置随之也就确定了。由前述的定义知，平行于光轴的入射光线和出射光线的延长线的交点 M'，一定位于像方主平面上，由图 1-34

可知，$\triangle M'F'H'$ 与 $\triangle I_2'H_2'F'$ 相似，$\triangle I_2H_2F_1'$ 与 $\triangle I_1'H_1'F_1'$ 相似，则

$$\frac{H'F'}{F'H_2'} = \frac{H_1'F_1'}{F_1'H_2} \tag{1-103}$$

根据图中标注，有

$$H'F' = -f \ ; F'H_2' = f_2' + x_F'$$
$$H_1'F_1' = f_1' \ ; F_1'H_2 = \Delta - f_2$$

将其代入式(1-103)可得

$$\frac{-f'}{f_2' + x_F'} = \frac{f_1'}{\Delta - f_2} \tag{1-104}$$

而 $x_F' = -\dfrac{f_2 f_2'}{\Delta}$，则可得

$$f' = -\frac{f_1' f_2'}{\Delta} \tag{1-105}$$

假定组合系统物空间介质的折射率为 n_1，两个系统间的介质折射率为 n_2，像空间的介质折射率为 n_3，根据物方焦距和像方焦距间的关系

$$f = -f' \frac{n_1}{n_3} = \frac{f_1' f_2'}{\Delta} \frac{n_1}{n_3} \tag{1-106}$$

将 $f_1' = -f_1 \dfrac{n_2}{n_1}$ 和 $f_2' = -f_2 \dfrac{n_3}{n_2}$ 代入上式可得

$$f = \frac{f_1 f_2}{\Delta} \tag{1-107}$$

由式(1-105)和式(1-107)可以很方便地计算出等效光组的焦距，双光组的组合焦距取决于双光组各自光组的焦距以及它们的光学间隔 Δ。两光组的相对位置有时用两主面之间的距离 d 表示。d 的符号规则是以第一系统的像方主点 H_1' 为起点算原点，计算到第二个系统的物方主点 H_2，顺光路为正。

由图 1-34 可得

$$d = f_1' + \Delta - f_2 \tag{1-108}$$

即

$$\Delta = d - f_1' + f_2 \tag{1-109}$$

代入焦距式(1-105)得

$$\frac{1}{f'} = \frac{-\Delta}{f_1' f_2'} = \frac{1}{f_2'} - \frac{f_2}{f_1' f_2'} - \frac{d}{f_1' f_2'} \tag{1-110}$$

当两个系统位于同一种介质(例如空气)中时，$f_2' = -f_2$，因此可得

$$\frac{1}{f'} = \frac{1}{f_1'} + \frac{1}{f_2'} - \frac{d}{f_1' f_2'} \tag{1-111}$$

通常，用 $\varPhi$ 表示像方焦距的倒数，$\varPhi = \dfrac{1}{f'}$，称为光焦度，则式(1-96)可以写作

$$\varPhi = \varPhi_1 + \varPhi_2 - d\varPhi_1\varPhi_2 \tag{1-112}$$

式(1-97)很直观地说明，对于两个确定焦距的光组，可以通过两主面间的距离变化

来组合成一个任意焦距的系统,在实际应用中,常常利用这一性质来组合,以获得满足需要的系统。

当两光学系统主面间的距离 d 为零,即双光组紧密接触的情况下,有

$$\Phi = \Phi_1 + \Phi_2 \tag{1-113}$$

表示密接薄透镜组光焦度是两个薄透镜光焦度之和,该结论对紧密接触的多光组也适合。

由图 1-34 可得

$$l'_F = f'_2 + x'_F, \quad l_F = f_1 + x_F \tag{1-114}$$

将式(1-101)中 x'_F 代入上述 l'_F 表达式,可得

$$l'_F = f'_2 - \frac{f'_2 f_2}{\Delta} = \frac{f'_2 \Delta - f_2 f'_2}{\Delta} \tag{1-115}$$

根据式(1-105),并且利用 $\Delta = d - f'_1 - f'_2$,得

$$l'_F = f'\left(1 - \frac{d}{f'_1}\right) \tag{1-116}$$

同理可得

$$l_F = -f'\left(1 + \frac{d}{f_2}\right) \tag{1-117}$$

由图 1-34,并利用上述二式可得主平面的位置:

$$\begin{cases} l'_H = -f'\dfrac{d}{f'_1} \\[2mm] l_H = -f'\dfrac{d}{f_2} \end{cases} \tag{1-118}$$

有时,光学系统由几个光组组成,每个光组的焦距和焦点、主点位置以及光组间的相互位置均为已知。此时,为求某一物体被其所成的像的位置和大小,需连续应用物像式于每一光组。为此须知道过渡式。上述过渡式的两个间隔间的关系只是反映了光学系统由两个光组组成的情况,若光学系统由若干个光组组成,则推广到一般的过渡式和两个间隔间的关系为

$$\begin{cases} l_i = l'_{i-1} - d_{i-1} \\ x_i = x'_{i-1} - \Delta_{i-1} \\ \Delta_i = d_i - f'_i + f_{i+1} \end{cases} \tag{1-119}$$

这里 i 是光组序号。

因为前一个光组的像是下一个光组的物,即 $y_2 = y'_1, y_3 = y'_2, \cdots, y_k = y'_{k-1}$,所以整个系统的放大率 β 等于各光组放大率的乘积:

$$\beta = \frac{y'_k}{y_1} = \frac{y'_1}{y_1}\frac{y'_2}{y_2}\cdots\frac{y'_k}{y_k} = \beta_1\beta_2\cdots\beta_k \tag{1-120}$$

此处,假定光学系统由 k 个光组构成。

1.4.5.2 多光组组合计算

多光组成像是以光行进的方向从左到右依次经各光组逐次成像的过程,即物体经第一个光组所成之像是第二光组的物体,又经第二光组成像后成为第三光组的物,依此类

推。多光组成像再沿用前面双光组的合成方法,则过程繁杂,且不实用,这里介绍一种基于光线投射高度和角度追迹计算来求组合系统的方法。

同单光组一样,多光组在确定了各光组的基点和焦距以及相互之间的位置后,整个系统的成像性质也就确定了。可以将多光组的成像性质用一个等效的单光组来实现,物体经多光组的成像看作是经等效单光组所成的像,这样就可以使多物像关系的求解变得简单,对系统成像性质的分析和讨论也将带来方便。

为了求出等效的单光组,即组合系统的焦距,可以追迹一条投射高度为 h_1 的平行于光轴的光线。只要计算最后出射光线与光轴的夹角(称为孔径角)U'_k,则

$$f' = \frac{h_1}{\tan U'_k} \qquad (1-121)$$

这里下标 k 表示该系统中的光组数目;投射高度 h_1 是入射光线在第一光组主面上的投射高度,如图 1-35 所示。为了确定 U'_k,须对入射光线进行逐个光组计算。

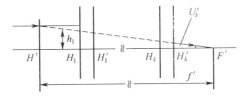

图 1-35　组合系统的焦距

对任意一个单独的光组来说,将高斯公式(1-77)两边同时乘以 h,则有

$$\frac{h}{l'} - \frac{h}{l} = \frac{h}{f'} \qquad (1-122)$$

因为有 $\frac{h}{l} = \tan U$ 和 $\frac{h}{h'} = \tan U'$,所以高斯公式又可以写成

$$\tan U' = \tan U + \frac{h}{f'} \qquad (1-123)$$

上式为单个光组的物像角度计算式。利用过渡式(1-50)和 $\tan U'_{i-1} = \tan U_i$,容易得到同一条计算光线在相邻两个光组上的投射高度之间的关系为

$$h_i = h_{i-1} - d_{i-1}\tan U'_{i-1} \qquad (1-124)$$

其中,i 是光组序号。

例如将式(1-98)和式(1-99)连续用于 3 个光组的组合系统,任取 h_1,并令 $\tan U_1 = 0$,则有

$$\begin{cases} \tan U'_1 = \tan U_2 = \dfrac{h_1}{f'_1} \\[2mm] h_2 = h_1 - d_1\tan U'_1 \\[2mm] \tan U'_2 = \tan U_3 = \tan U_2 + \dfrac{h_2}{f'_2} \\[2mm] h_3 = h_2 - d_2\tan U'_2 \\[2mm] \tan U'_3 = \tan U_3 + \dfrac{h_3}{f'_3} \end{cases} \qquad (1-125)$$

这个算法称为正切计算法。同理,按照光路可逆原理,从像方用一条平行于光轴的光线追迹到物方,也可以得到等效物方焦点 F 和物方主点 H 的位置,它们则以第一光组的物方主点 H_1 作为参考原点来描述。

1.4.5.3 应用实例

例 1-2:为了对远距离物体成像时能获取较大的放大率,需要使用长焦距光学系统。远摄型系统就是用于这一目的的系统。它是由前正光组、后负光组组成的双光组系统,如图 1-36 所示。第一个薄光组的焦距 $f_1' = 500\text{mm}$,第二个光组的焦距 $f_2' = -400\text{mm}$,两光组间隔 $d = 300\text{mm}$。求组合光组的焦距 f',组合光组的像方主面位置 H' 及物方焦点的位置 l_F',并比较筒长 $(d+l_F')$ 与 f' 的大小。

解 利用正切计算法,设 $h_1 = 100\text{mm}$,有

$$\tan U_1' = \frac{h_1}{f_1'} = 0.2$$

$$h_2 = h_1 - d_1\tan U_1' = 40\text{mm}$$

$$\tan U_2' = \tan U_2 + \frac{h_2}{f_2} = \tan U_1' + \frac{h_2}{f_2} = 0.1$$

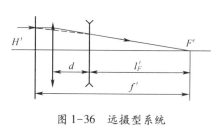

图 1-36 远摄型系统

所以

$$f' = h_1/\tan U_2' = 1000\text{mm}$$

$$l_F' = h_2/h_2 = 400\text{mm}$$

像方主面位置 H' 在第一光组左方 300mm 的地方。

显然,此组合光组的焦距 f' 大于光组的筒长 $d+l_F'$。这种组合可以满足长焦距、短结构的使用场合,在长焦距镜头中往往采用此种组合方式。此类组合光组通常称为远摄型光组。

例 1-3:若有一复合光组,系两个薄透镜组成,其参数如下: $f_1' = 80\text{mm}$, $f_2' = -200\text{mm}$, $d = 100\text{mm}$,当物距 $l = -133\frac{1}{3}\text{mm}$ 时,求其焦距、主点位置和像距、总的垂轴放大率。

解 利用式

$$f' = \frac{f_1'f_2'}{f_1' + f_2' - d}$$

代入数据

$$f' = \frac{80 \times (-200)}{80 - 200 - 100} = 72.72\text{mm} = -f$$

主点位置

$$l_H' = -f'\frac{d}{f_1'} = -72.72 \times \frac{100}{80} = -90.9\text{mm}$$

$$l_H = f'\frac{d}{f_2'} = 72.72 \times \frac{100}{-200} = -36.63\text{mm}$$

如图 1-37 所示,下面逐级求像的位置。对于第一透镜利用高斯式,代入相应的数据得

$$l'_1 = 200\text{mm}$$

由过渡公式

$$l_2 = l'_1 - d = 200 - 100 = 100\text{mm}$$

再利用高斯式对第二透镜求像距

$$\frac{1}{l'_2} - \frac{1}{l_2} = \frac{1}{f'_2}$$

$$\frac{1}{l'_2} - \frac{1}{100} = \frac{1}{-200}$$

$$l'_2 = 200\text{mm}$$

垂轴放大率为

$$= \frac{l'_1 l'_2}{l_1 l_2} = \frac{200 \times 200}{100\left(-\dfrac{400}{3}\right)} = -3$$

可见成一放大倒立的实像,像距

$$l'_2 = 200\text{mm}$$

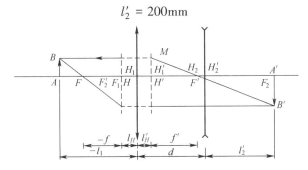

图 1-37　两个薄透镜组成的复合光组

例 1-4:如图 1-38 所示,一个光学系统由 3 个薄透镜构成,$f'_1 = -f_1 = 100\text{mm}$,$f'_2 = -f_2 = -50\text{mm}$,$f'_3 = -f_3 = 50\text{mm}$,$d_1 = 10\text{mm}$,$d_2 = 20\text{mm}$,一个大小为 15mm 的实物位于距第一光组 120mm 处,求像的位置及大小。

解　本题中物体有 3 次成像过程,逐一应用单光组的高斯式及过渡式来进行求解。

第一次成像,$l_1 = -120\text{mm}$,为实物。

$$\frac{1}{l'_1} - \frac{1}{-120} = \frac{1}{100}$$

得 $l'_1 = 600\text{mm}$,为实像。

第二次成像,$l_2 = l'_1 - d_1 = 600 - 10 = 590\text{mm}$,为实物。得 $l'_2 = -54.63\text{mm}$,为虚像。

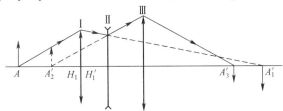

图 1-38　由 3 个薄透镜构成的多光组

第三次成像，$l_3 = l_2' - d_2 = -54.63 - 20 = -74.63\text{mm}$，为实物。

$$\frac{1}{l_3'} - \frac{1}{-74.23} = \frac{1}{50}$$

得 $l_3' = 600\text{mm}$，为实像。

系统放大率

$$\beta = \beta_1 \beta_2 \beta_3 = \frac{l_1'}{l_1} \frac{l_2'}{l_2} \frac{l_3'}{l_3} = \frac{600}{-120} \times \frac{-54.63}{590} \times \frac{151.5}{-74.63} \approx -0.94$$

像高 $y' = \beta y = -0.94 \times 15 \approx -14.1\text{mm}$，为倒立实像。

习　题

1. 概念题

（1）几何光学把光线看做（　　）。

（2）直线传播定律表示光线在（　　）介质中的传播规律，反射定律和折射定律表示光线在两种不同介质（　　）的传播规律。

（3）平行光束所对应的波面是什么波面？

（4）光学系统的轴向放大率 α、垂轴放大率 β 和角放大率 γ 之间的关系为（　　）。

（5）几何光学中为什么要规定符号法则？

（6）对于同一个透镜，红光和紫光谁的焦距长，谁的焦距短？

（7）以（　　）为原点的物像关系式叫做牛顿公式，以（　　）为原点的物像关系式为高斯公式。

（8）观察清澈见底的河床底部的卵石，看来约在水下半米深处，问实际河水比半米深还是比半米浅？

（9）在位于空气里的理想光学系统中，一对共轭面上 3 种放大率的关系是什么？

（10）什么叫理想光学系统？理想光学系统有哪些性质？

（11）应用光学近轴光学公式计算出来的像有什么实际意义？

（12）常用的共轴系统的"基面"和"基点"都有哪些？

（13）射击水底目标时，是否可以和射击地面目标一样进行瞄准？

（14）汽车驾驶室两侧和马路转弯处安装的反光镜为什么要做成凸面而不是平面？

（15）什么叫理想像？理想像有何实际意义？

（16）游泳者在水中向上仰望，能否感觉整个水面都是明亮的？

（17）共轴理想光学系统具有哪些成像性质？

2. 计算题

（1）已知真空中光速 $c \approx 3 \times 10^8 \text{m/s}$，求光在水（$n = 1.333$）、冕牌玻璃（$n = 1.51$）、火石玻璃（$n = 1.65$）、加拿大树胶（$n = 1.526$）、金刚石（$n = 2.417$）等介质中的光速。

（2）一物体经针孔在屏上成像的大小为 60mm，若将屏拉远 50mm，则像的大小变为 70mm，求屏到针孔的初始距离。

（3）一厚度为 200mm 的平行平板玻璃（设 $n = 1.5$），下面放一直径为 1mm 的金属片。若在玻璃平板上盖一圆形纸片，要求在玻璃板上方任何方向上都看不到金属片，问纸片最小直径应是多少。

（4）光纤芯的折射率为 n_1、包层的折射率为 n_2，光纤所在介质的折射率为 n_0，求光纤的数值孔径角（即 $n_0\sin l_1$，其中 l_1 为光在光纤内能以全反射方式传播时在入射端面的最大入射角）。

（5）一束平行细光束入射到一半径为 $r=30\mathrm{mm}$、折射率 $n=1.5$ 的玻璃球上，求其会聚点的位置。如果在凸面镀上反射膜，其会聚点应该在何处？如果凹面镀上反射膜，则反射光束在玻璃中会聚点在何处？反射光束经前表面折射后，会聚点在何处？说明各会聚点虚实。

（6）一直径 400mm、折射率为 1.5 的玻璃球中有两个气泡，一个位于球心，另一个位于 1/2 半径处。沿两气泡连线方向在球两边观察，问看到气泡在何处？若在水中观察气泡在何处？

（7）有一共轴球面系统为一双胶合透镜组，如图 1-39 所示，其结构参数如下表：
已知物体距透镜组 240mm，物高 20mm，问像位置和大小？

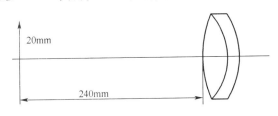

图 1-39　第（7）题图

序号	球面半径 r/mm	球面间距 d/mm	折射率 n
0			1（空气）
1	36.48	6.5	1.5163（K9 玻璃）
2	-17.539	2.0	1.6475（ZF1 玻璃）
3	-44.64		1（空气）

（8）已知一透镜把物体放大 $-3^\times$ 投影到屏幕上，当透镜向物体移近 18mm 时，物体将放大 $-4^\times$，求球透镜焦距，并用图解法校核之。

（9）有一正薄透镜对某一物成倒立的实像，像高为物高的一半，今将物面向透镜移近 100mm，则所得像与物同大小，求该正透镜组的焦距。

（10）设一系统位于空气中，垂轴放大率 $\beta=-10^\times$，由物面到像面距离（共轭距离）为 7200mm，物镜两焦点距离 1140mm。求物镜焦距，并绘制基点位置图。

（11）一个双凸透镜的两个半径为 r_1 和 r_2，折射率为 n 问当厚度 d 取何值时，该透镜相当于望远系统？

（12）有两个薄透镜，焦距分别为 $f_1'=120\mathrm{mm}$，$f_2'=-100\mathrm{mm}$，两者相距 70mm，当一个光源置于第一个透镜左侧 40mm 远时，问像成在何处？请分别用逐次成像和等效光组成像的方法求解，并比较结果。

（13）三个透镜组成的理想系统，焦距分别为 $f_1'=84\mathrm{mm}$，$f_2'=-46\mathrm{mm}$，$f_3'=62\mathrm{mm}$，间隔

$d_1 = d_2 = 20\text{mm}$，求组合光组的基点基面位置及焦距并用作图法校核。

（14）有一玻璃球，直径为 $2R$，折射率为 1.5，一束近轴平行光入射，将会聚在何处？若后半球镀银成反射面，光束又将会聚在何处？

（15）一薄透镜组焦距为 100mm，和另一焦距为 50mm 的薄透镜组合，其组合焦距仍为 100mm，问两薄透镜的相对位置，并求其基点位置，以图解法校核之。

第2章 平 面 系 统

除了利用各种球面系统完成物体的成像以外,还常利用诸如平面反射镜、平行平板、反射棱镜和折射棱镜等平面系统来改变光路传播方向,实现倒像或进行光谱分析等。本章将详细讨论这些平面光学元件的成像特性。

2.1 平面镜成像

平面镜即平面反射镜,是一种最简单的平面成像元件,下面分别讨论单平面镜和双平面镜成像。

2.1.1 平面镜成像

平面镜是唯一能成完善像的最简单的光学元件,即物体上任意一点发出的同心光束经过平面镜反射后仍为同心光束。平面镜成像特性可以用反射定律来证明。如图 2-1 所示,物体上任一点 A 发出的同心光束被平面镜反射。光线 AP 垂直于平面镜,则沿 PA 方向原光路返回;光线 AQ 以入射角 I 入射,经反射后沿 QR 方向出射,按照反射定律有 $I = -I''$。延长 AP 和 RQ 交于 A',此点即为物点 A 经平面镜所成的像。由反射定律及几何关系容易证明 $\triangle PAQ \cong \triangle PA'Q$,从而可得 $AP = A'P$,$AQ = A'Q$。同样可以证明由 A 点发出的任意一条光线经反射后,其反射光线的延长线必交于 A' 点,像点 A' 和物点 A 关于平面镜对称。由此证明,由 A 点发出的同心光束经平面镜反射后,变换为以 A' 为中心的同心光束,A' 为物点 A 的完善像点。同样可以证明,物体上每一点都能完善成像。显然,平面镜是一个能成完善像的光学元件,对于平面镜而言,实像成虚像,虚像成实像。

平面镜的物像关系还可以利用球面镜的物像位置式(1-46)和放大率式(1-47)得到,令 $r = \infty$,对于任意给定物点,有

$$l' = -l, \beta = 1 \tag{2-1}$$

这说明,平面镜成像时,其物像位置关于平面镜对称,大小相等,虚实相反。

基于这种特性,平面镜能将一个左手坐标系的物体,成像后变为右手坐标系的像。就像照镜子一样,这种改变坐标系关系的成像称为"镜像"。如图 2-2 所示,一个右手坐标系 O-xyz,经平面镜 M 后,其像为一个左手坐标系 O-$x'y'z'$。当正对着物体,即沿 zO 方向观察物时,y 轴在左边;而当正对着,即沿 $z'O$ 方向观察像时,y' 在右边。显然,一次反射像若再经过一次反射成像,将恢复成与物相同的右手坐标系。就此可得推论,奇数次反射成镜像,偶数次反射成与物一致的像,简称一致像。

物体旋转方向与像的旋转方向相反,角度的绝对值相等,即当物体以顺时针方向旋转时,其镜像以逆时针方向旋转。比如,正对着 zO 方向观察时,y 顺时针方向转 $90°$ 至 x 轴,

y' 则是逆时针方向转 90° 至 x' 轴（沿 $z'O'$ 方向观察）。同样，沿 xO 和 yO 方向观察时规律相同。

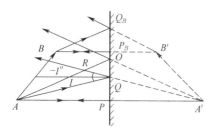

图 2-1　平面镜成像

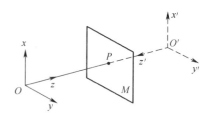

图 2-2　平面镜的镜像

2.1.2　平面镜旋转特性

平面镜转动时具有另一重要特性。当入射光线方向不变，将平面镜旋转 α 角，反射光线将以同一旋转方向改变 2α 角。如图 2-3 所示，设平面镜转动 α 角，反射光线转动 θ 角，根据反射定律可证明：

$$\theta = -I_1'' + \alpha - (-I'') = I_1 + \alpha - I$$
$$= (I + \alpha) + \alpha - I = 2\alpha \tag{2-2}$$

因此，反射光线的方向改变了 2α 角。

利用平面镜的这一旋转特性，可以扩大仪器的传动比，从而用来测量小角度或位移。如图 2-4 所示，刻有标尺的分划板位于准直物镜 L 的物方焦平面上，标尺零位点（设与物方焦点 F 重合）发出的光束经透镜 L 后以水平方向平行于光轴出射。当平面镜 M 与光轴垂直，则平行光经平面镜 M 反射后按原光路返回，重新会聚于焦点 F，这是光学测量中常使用的自准直方法。若平面镜 M 转动 θ 角，则平行光束经平面镜反射后与光轴成 2θ 角，经物镜 L 后成像于 B 点，设 $BF=y$，物镜焦距为 f'，则

$$y = f'\tan 2\theta \approx 2f'\theta \tag{2-3}$$

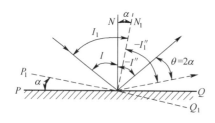

图 2-3　平面镜的旋转

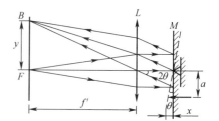

图 2-4　利用平面镜测量小角度或位移

当测杆向前或向后移动时，会引起平面镜的转动。设测杆支点与光轴的距离为 a，测杆的移动量为 x，则平面镜被带动旋转的小角 $\tan\theta \approx \theta = x/a$，代入式(2-3)，得

$$y = (2f'/a)x = Kx \tag{2-4}$$

利用式(2-3)可以测量微小角度，利用式(2-4)可以测量微小位移，这就是光学比较仪中的光学杠杆原理，式(2-4)中的 $K=2f'/a$ 为光学杠杆的放大倍数。

2.1.3 双面镜的成像特性

双面镜是指相互之间有一夹角的两个平面镜组成的系统。垂直于两个平面镜的交线的面称为主截面。光线在主截面内被两个平面镜相继来回反射,这里只讨论光线在每一反射面上各反射一次后的结果。

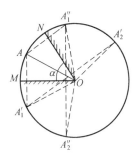

图 2-5 双面镜成像

如图 2-5 所示,讨论物点 A 被双面镜成像后的物点位置。设物点 A 首先被 MO 面反射,按单面镜成像性质,得到 A 点关于 MO 面的镜像 A_1',A_1' 再被 NO 面反射,得到关于 NO 面的镜像 A_2',即两次反射后最终的像。如果设物点 A 首先被 NO 面反射,则得到 A 点关于 NO 面的镜像 A_1'',再被 NO 面反射,得到关于 NO 面的镜像 A_2''。由此看出物体按照不同的反射顺序会得到不同位置的像。

由平面镜成像的对称性可得

$$OA = OA_1' = OA_2' = OA_1'' = OA_2'' \tag{2-5}$$

而

$$\begin{aligned} \angle AOA_2' &= \angle A_1'OA_2' - \angle A_1'OA = 2\angle A_1'ON - 2\angle A_1'OM \\ &= 2\angle MON = 2\alpha \end{aligned} \tag{2-6a}$$

同理可得

$$\angle AOA_2'' = 2\alpha \tag{2-6b}$$

式(2-5)表明,物点不管以什么顺序反射成像,物点及所有的反射像到 O 点的距离都相同,如果以 O 点为圆心、以 OA 为半径作一圆,物点及所有反射像均位于该圆上。式(2-6)则表明,物体按任意顺序经双面镜反射两次后像点的位置,可以按反射顺序的方向旋转 2α 后得到。

设两个平面镜夹角为 α,光线以 AO_1 方向入射,经两个平面镜 PQ 和 PR 依次反射,沿 O_2A' 方向出射,出射光线与入射光线的延长线相交于 M 点,夹角为 β,如图 2-6 所示。

由图 2-6 的几何关系,在 $\triangle O_1O_2M$ 中,有

$$(-I_1 + I_1'') = (I_2 - I_2'') + \beta$$

根据反射定律,有

$$\beta = 2(I_1'' - I_2)$$

在 $\triangle O_1O_2N$ 中,有 $I_1'' = \alpha + I_2$,即 $\alpha = I_1'' - I_2$,所以

$$\beta = 2\alpha \tag{2-7}$$

由此可见,出射光线和入射光线的夹角与入射角无关,只取决于双面镜的夹角 α。对于确定夹角的双面镜,双面镜绕其棱边旋转时,只要入射光线的方向保持不变,出射光线方向就始终不变。根据这一性质,双面镜对折转光路非常有利,其优点在于,只需加工并调整好双面镜的夹角,而对双面镜的安置精度要求不高,不会因为安装角度的少许偏差带来出射光线的方向偏差,不像单个反射镜折转光路时存在调整困难的问题。

另外,由于双面镜通常只考虑两次反射,因此它所成的像是一致像,不会造成镜像的错觉。如图 2-7 所示,右手坐标系的物体 xyz,经双面镜 QPR 的两个反射镜 PQ、PR 依次成像为 $x'y'z'$ 和 $x''y''z''$。经 PQ 第一次反射的像 $x'y'z'$ 为左手坐标系,经 PR 第二次反射后

成的像(称为连续一次像)$x''y''z''$还原为右手坐标系。图中用圆圈中加点表示垂直纸面向外的坐标,用圆圈中加叉表示垂直纸面向里的坐标。由于

$$\angle y''Py = \angle y''Py' - \angle yPy' = 2\angle RPy' - 2\angle QPy' = 2\alpha$$

因此,连续一次像可认为是由物体绕棱边旋转 2α 角而形成的,旋转方向由第一反射镜转向第二反射镜。同样,先经 PR 反射,再经 PQ 反射的连续一次像是由物逆时针方向旋转 2α 而形成的。当 $\alpha = 90°$ 时,这两个连续一次像重合,并与物相对于棱镜对称。显然,只要双面镜夹角 α 不变,双面镜转动时,连续一次像不动。

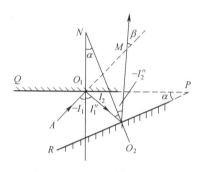
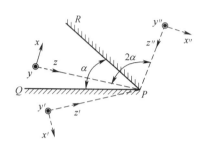

图2-6 双面镜对光线的变换　　　　图2-7 双面镜的连续一次成像

2.2　平　行　平　板

平行平板是由两个相互平行的折射平面构成的光学元件,如分划板、微调平板、保护玻璃等。平行平板的引入对成像的位置和成像的质量都有影响,下面将进行详细讨论。

2.2.1　平行平板的成像特性

如图 2-8 所示,轴上物点 A_1 发出一条孔径角为 U_1 的光线 A_1D。分别经平行平板前后两面折射后,其出射光线的延长线与光轴相交于 A_2',出射孔径角为 U_2',因此 A_2' 即为物点 A_1 经平行平板所成的像。光线在两折射面上的入射角和折射角分别为 I_1、I_1' 和 I_2、I_2'。对两个平面分别应用折射定律,得

$$\sin I_1 = n\sin I_1' = n\sin I_2 = \sin I_2'$$

其中,n 为平板玻璃的折射率,因为两折射面平行,则有 $I_2 = I_1'$,所以

$$I_2' = I_1, U_2' = U_1 \tag{2-8}$$

即出射光线平行于入射光线,亦即光线经平行平板后方向不变,这时

$$\begin{cases} \gamma = \dfrac{\tan U_2'}{\tan U_1} = 1 \\ \beta = 1/\gamma = 1 \\ \alpha = \beta^2 = 1 \end{cases} \tag{2-9}$$

这表明,平行平板不会使物体放大或缩小,对光束既不发散也不会聚。平行平板是一个无光焦度的光学元件。同时,物体经平行平板成正立像,物像始终位于平板的同侧,且虚实相反。

虽然平行平板不改变光线的方向,但可以看出经平行平板,入射光线和出射光线并不重合,产生了侧向位移 $\Delta T = DG$ 和轴向位移 $\Delta L' = A_1 A_2'$。

在图 2-8 中,$\triangle DEG$ 和 $\triangle DEF$ 的公共边为 DE,所以

$$\Delta T = DG = DE\sin(I_1 - I_1') = \frac{d}{\cos I_1'}\sin(I_1 - I_1')$$

将 $\sin(I_1 - I_1')$ 用三角函数式展开,并注意 $\sin I_1 = n\sin I_1'$,得侧向位移

$$\Delta T = d\sin I_1 \left(1 - \frac{\cos I_1}{n\cos I_1'} \right) \tag{2-10}$$

显然,侧向位移随孔径角的变化而变化。轴向位移由图 2-8 中关系,可得

$$\Delta L' = \frac{DG}{\sin I_1} = d\left(1 - \frac{\cos I_1}{n\cos I_1'} \right) \tag{2-11a}$$

应用折射定律 $\sin I_1 / \sin I_1' = n$,代入得

$$\Delta L' = d\left(1 - \frac{\tan I_1'}{\tan I_1} \right) \tag{2-11b}$$

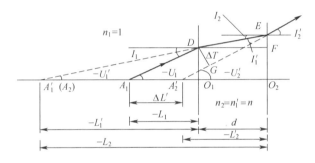

图 2-8　平行平板的成像特性

该式表明,轴向位移 $\Delta L'$ 与物体的位置无关,但随入射角 I_1(即孔径角 U_1)的不同而不同,即轴上点以不同孔径角发出的光线经平行平板后与光轴的交点不同,亦即同心光束经平板后不再是同心光束。因此,平行平板不能成完善像,它对成像质量的影响应纳入整个系统一同考虑。

计算出光线经过平行平板的轴向位移 $\Delta L'$ 后,像点 A_2' 相对于第二个面的距离可以按照图中的几何关系由下式直接给出,而不需要再逐面进行光线的光路计算。

$$L_2' = L_1 + \Delta L' - d$$

平行平板在近轴区域内以细光束成像时,由于 I_1 及 I_1' 都很小,角度的正切值和正弦值近似,且可以用角度代替,应用折射定律有

$$\frac{\tan I_1'}{\tan I_1} = \frac{\sin I_1'}{\sin I_1} = \frac{1}{n}$$

代入式(2-11b)得近轴区域的轴向位移为

$$\Delta L' = \Delta l' = d\left(1 - \frac{1}{n} \right) \tag{2-12}$$

该式表明,在近轴区,平行平板对物体的轴向位移只与其厚度 d 和折射率 n 有关,与物体的位置和入射角无关。对确定的平行平板 $\Delta l'$ 是个常数,即平行平板在近轴区以细光

束成像是完善的。这时,不管物体位置如何,其像可认为是由物体移动一个轴向位移而得到的。同样,近轴光线的侧向位移可简化为

$$\Delta t' = di\left(1 - \frac{1}{n}\right) \tag{2-13}$$

2.2.2 平行平板的等效光学系统

光学系统的外形尺寸计算经常要涉及光学元件的通光口径,也就是经常计算光线与光学元件相交的高度。在含有平行平板的光学系统中,如何方便地计算光线在平板上的相交高度,以及如何方便地计算与平板相邻的光学元件的通光口径? 由此引入等效空气层的概念来简化计算。

利用近轴区域轴向位移的特点,在光路计算时,可以将平行玻璃平板简化为一个等效空气平板。如图 2-9 所示,从透镜 L 发出的入射光线 PQ 经玻璃平板 ABCD 出射。所走的路径为 $P \to Q \to H \to A'$,出射光线 HA' 平行于入射光线。如果光线 PQ 不经过玻璃平板,而持续在空气中传播,其路径应为 $P \to Q \to G \to A$,过 H 点作光轴的平行线交 PA 于 G,过 G 点作光轴的垂线 EF。将玻璃平板的出射面 CD 及出射光线 HA' 一起沿光轴方向移

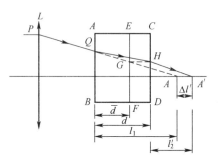

图 2-9　平行平板的等效作用

动 $\Delta l'$,则 CD 与 EF 重合,出射光线在 G 点与无玻璃平板的入射光线 PA 重合,A' 与 A 重合。这表明,光线经过玻璃平板的光路与无折射的通过空气层 ABEF 的光路完全一样。因此,从这个意义上讲,平行平板和空气层对光线的作用效果是等价的,这个空气层就称为玻璃平板的等效空气平板,其厚度为

$$\overline{d} = d - \Delta l' = \frac{d}{n} \tag{2-14}$$

当光学系统的会聚或发散光路中有平行平板(也可能由棱镜展开而成),将其等效为空气平板,对光学系统的外形尺寸计算将非常有利,只需计算出无平行平板时(即等效空气平板)的像面位置,再沿轴向移动一个轴向位移,就得到有平行平板时的实际像面位置:

$$l_2' = l_1 - d + \Delta l' \tag{2-15}$$

而无需对平行平板逐面进行计算。

值得注意的是,式(2-14)只是对于近轴光线计算的等效空气平板。当入射光线以一个较大的角度射入玻璃平板时,等效空气平板的厚度应该等于玻璃平板的厚度减去由式(2-11b)计算的实际像点位移量。此时,平板或棱镜的实际通光口径应按照相应的实际等效空气平板计算得到。

2.3　反　射　棱　镜

反射棱镜是将一个或多个反射平面做在同一块玻璃上的光学元件。在光学系统中,反射棱镜主要用于折转光路、转像、倒像和扫描等。如图 2-10 所示,将图 2-6 中双面镜

的两个反射面做在同一块玻璃上，就构成一个二次反射棱镜。在反射面上，若所有入射光线不能全部发生全反射，则须在该面镀上金属反射膜（如银、铝或金等），用以减少反射面的光能损失。

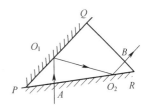

图 2-10　反射棱镜的主截面

光学系统光轴在棱镜中的部分称为棱镜的光轴，一般为折线，如图 2-10 中的 AO_1、O_1O_2 和 O_2B。在反射棱镜中作用于光线的面（包括透射面与反射面）称为棱镜的工作面。光线从一个折射面入射，从另一个折射面出射，因此，两个折射面分别称为入射面和反射面。大部分反射棱镜的入射面和出射面都与光轴垂直。工作面之间的交线称为棱，垂直于棱的平面称为主截面。在光路中，所取主截面与光学系统的光轴重合，一般总是以此截面来分析光线的传播，因此又称为光轴截面。

2.3.1　反射棱镜的类型

反射棱镜通常可分为简单棱镜、屋脊棱镜、立方角锥棱镜和复合棱镜四类，下面分别予以介绍。

2.3.1.1　简单棱镜

简单棱镜只含有一个光轴截面（简称主截面），它所有的工作面都与该主截面垂直。根据反射面数目的不同，又可分为一次、二次和三次反射棱镜。

1. 一次反射棱镜

一次反射棱镜具有一个反射面，与单个平面镜对应，使物体成镜像，即垂直于主截面的坐标方向不改变，位于主截面内的坐标改变方向。

如图 2-11 所示，是几种一次反射棱镜。最常用的一次反射棱镜是等腰直角棱镜，如图 2-11（a）所示，光从一个直角面入射，从另一个直角面出射，使光轴转 90°。另一种为等腰棱镜，如图 2-11（b）所示，它可以使光轴旋转任意角度。反射面角度的确定只需使反射面的法线与入射光轴和反射光轴夹角的平分线重合。这两种的光轴均垂直于入射平面和反射平面，在反射面上入射角大于临界角，可以发生全反射，反射面上不用镀反射膜。

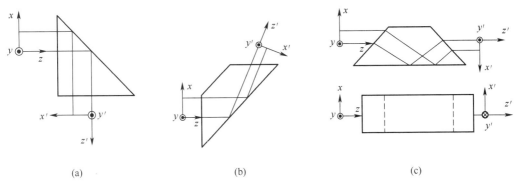

图 2-11　一次反射棱镜
（a）等腰直角棱镜；（b）等腰棱镜；（c）道威棱镜。

图 2-11(c)所示的棱镜叫做道威棱镜,它是将直角棱镜去掉多余的直角部分制成的。其入射面和出射面与光轴不垂直,出射光轴与入射光轴保持相同方向。道威棱镜的重要特性之一是,当其绕光轴旋转 α 角时,反射像同方向旋转 2α 角。图右手坐标系 xyz 经道威棱镜后,x 坐标,向上变为向下,y 坐标方向不变,从而形成左手坐标系 $x'y'z'$。如图 2-11(c)下图所示,当道威棱镜转动 90° 后,x 坐标方向不变,y 坐标由垂直纸面向外变为垂直纸面向里,这时的像相对于旋转前的像转了 180°,由于道威棱镜的入射面和出射面与光轴不垂直,所以只能用于平行光路。

在图 2-12 所示的周视瞄准仪中就应用了道威棱镜和直角棱镜的旋转特性。当直角棱镜以角速度 ω 在水平面内旋转时,道威棱镜绕其光轴以 $\omega/2$ 的角速度同向转动,可使在目镜中观察到的像的坐标方向不变。这样,观察者可以不改变位置,就能周视全景。

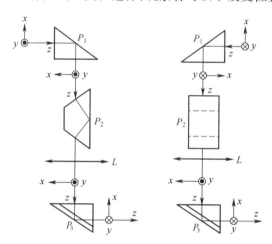

图 2-12 周视瞄准仪光路图

2. 二次反射棱镜

二次棱镜有两个反射面,相当于一个双面镜,其出射光线与入射光线的夹角取决于两反射面的夹角。由于是偶次反射,不存在镜像。常用的二次反射棱镜如图 2-13 所示,分别为半五角棱镜、30°直角棱镜、五角棱镜,两反射面的分别为 22.5°、30° 和 45°,对应出射光线与入射光线的夹角分别为 45°、60° 和 30°。半直角棱镜和 30°直角棱镜多用于显微镜观察系统,使垂直向上的光轴折转为便于观察的方向。五角棱镜取代一次反射直角棱镜或平面镜,使光轴折转 30°,而不产生镜像,且装调方便。

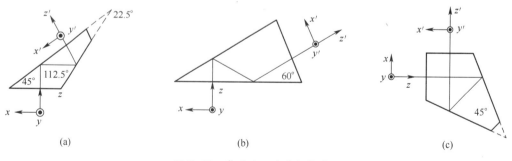

图 2-13 常用的二次反射棱镜

(a)半五角棱镜;(b)30°直角棱镜;(c)五角棱镜。

3. 三次反射棱镜

如图 2-14 所示的三次反射棱镜为斯密特棱镜,出射光线与入射光线的夹角为 45°,奇数次反射成镜像。其最大特点是因为光线在棱镜中的光路很长,可以折叠光路,使仪器结构紧凑。

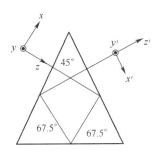

图 2-14　斯密特棱镜

2.3.1.2　屋脊棱镜

前面已经提到,奇数次反射使得物体成镜像。如果需得到物体的一致像,而又不宜增加反射棱镜时,可用两个相互垂直的反射面取代其中一个反射面,且两反射面的交线位于棱镜光轴面内,使垂直于主截面的坐标被这两个相互垂直的反射面依次反射而改变方向,从而得到物体的一致像(偶数次反射成像)。这个反射面叫做屋脊,其作用是增加一次反射,以改变物像的坐标关系。带有这样反射面的棱镜叫做屋脊棱镜,如图 2-15 所示。常用的屋脊棱镜有直角屋脊棱镜、半五角屋脊棱镜、五角屋脊棱镜和斯密特屋脊棱镜等。图 2-12 周视瞄准仪中就用到了直角屋脊棱镜。将图 2-14 中的斯密特棱镜底面换成屋脊面,就形成斯密特屋脊棱镜,由于变成 4 次反射成像,就能使像坐标与物坐标一致起来。

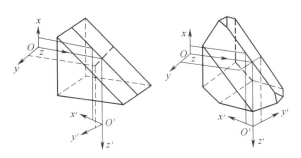

图 2-15　直角屋脊棱镜

2.3.1.3　立方角锥棱镜

这种棱镜是由立方体切下一个角而形成的,如图 2-16 所示。其三个反射工作面相交垂直,底面是一等腰三角形,为棱镜的入射面和出射面。立方角锥棱镜的重要特性在于,光线以任意方向从底面入射,经过三个直角面依次反射后,出射光线始终平行于入射光线。当立方角锥棱镜绕其顶点旋转时,出射光线方向不变,仅产生一个位移。立方角锥棱镜用途之一是和激光测距仪配合使用。激光测距仪发出一束准直激光束,经位于测站上的立方角锥棱镜反射,原方向返回,由激光测距仪的接收器接收,从而计算出测距仪到测站的距离。

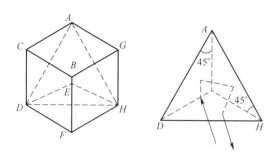

图 2-16　立方角锥棱镜

2.3.1.4　复合棱镜

将两个或两个以上的棱镜组合在一起使用便形成了复合棱镜。它可以实现一些单个棱镜不能实现的特殊功能。组合的方式主要分为主截面互相重合及主截面互相垂直两种情况。下面介绍几种常用的复合棱镜。

1. 分光棱镜

分光棱镜由一块直角棱镜和一块尺寸相同镀有半透半反析光膜的直角棱镜胶合在一起,如图 2-17 所示。它可以将一束光分成光强相等或光强呈一定比例的两束光,且这两束光在棱镜中的光程相等。这种分光棱镜具有广泛的应用。

2. 分色棱镜

分光棱镜可以将入射光分解为不同颜色,如图 2-18 所示,主要应用于彩色电视摄像机的光学系统中。图 2-18 中,a 面镀反蓝透红绿介质膜,b 面镀反红透绿介质膜,白光经过此分光棱镜后将被分解为红、绿、蓝三束单色光。

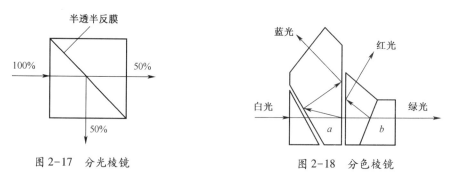

图 2-17　分光棱镜　　　　　　　　图 2-18　分色棱镜

3. 转像棱镜

如图 2-19 所示,转像棱镜的主要特点是出射光轴与入射光轴平行,实现完全倒像,并能折转很长的光路在棱镜中,可用于望远镜系统中实现倒像。

4. 双像棱镜

双像棱镜是由四块棱镜胶合而成,其中棱镜Ⅱ和Ⅲ的反射面镀有半透半反的析光膜,如图 2-20 所示。当物点 A 不在光轴上时,则双像棱镜输出两个像点 A'_1 和 A'_2;当物点 A 移向光轴 O 时,双个像棱镜输出的两个像点 A'_1 和 A'_2 重合在光轴 O' 上。双像棱镜与目镜联用,构成双像目镜,用于对圆孔的瞄准很方便。

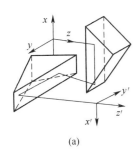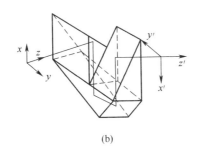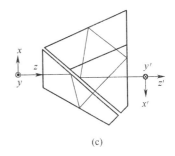

(a) (b) (c)

图 2-19　转像棱镜

（a）普罗Ⅰ型转像棱镜；（b）普罗Ⅱ型转像棱镜；（c）别汉棱镜。

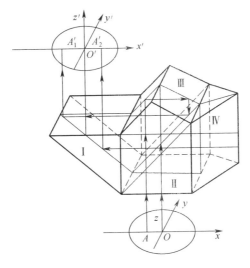

图 2-20　双像棱镜

2.3.2　棱镜系统的成像方向判断

实际光学系统中使用的平面镜和棱镜系统有时是比较复杂的。平面镜具有成镜像的特点，而反射棱镜又相当于一个或多个平面镜在玻璃内部的组合。如果判断不正确，使光学系统成镜像或倒像，会给系统操作者观测带来错觉，甚至出现操作上的失误。因此正确判断棱镜系统的成像方向对于光学系统设计是至关重要的。

图 2-17~图 2-20 中分别画出了几种典型棱镜的物像坐标变化，为简便分析，物体的三个坐标方向分别取：沿着光轴（如 z 轴）；位于主截面内（如 y 轴）；垂直于主截面（如 x 轴）。

用几何方法判断各坐标轴的变换，判断原则归纳如下：

（1）沿着光轴的坐标轴（$O'z'$ 轴）在整个成像过程中始终保持沿着光轴，并指向光的传播方向。

（2）垂直于主截面的坐标轴（$O'x'$ 轴）一般情况下保持垂直于主截面，并与物坐标同向。当遇到屋脊面时，要视屋脊面个数而定。如果有奇数个屋脊面，则其像坐标轴的方向与物坐标轴（Ox 轴）方向相反；有偶数个屋脊面，则相同。

（3）在主截面内的坐标轴($O'y'$轴)的方向视反射面的个数(屋脊面按两个反射面计算)而定。根据反射镜具有奇数次反射成镜像而偶数次反射成一致像的特点。首先确定反射面个数,再按系统成镜像还是一致像来决定该坐标轴的方向。成镜像左右手系改变,成一致像反射坐标系不变。

在对复合棱镜进行坐标判断时,可以根据复合棱镜中的主截面是否相同,决定是否将复合棱镜分解成简单棱镜,再按照上述判断原则逐个分析。

光学系统通常是由透镜和棱镜组成的。因此,还须考虑透镜系统的成像特性,透镜系统不改变坐标系的旋向,只考虑对物体成像正倒的问题。当透镜对物体成倒像时,像面上的两个垂直于光轴的坐标轴(如 x 轴和 y 轴)同时反向。整个光学系统成像的正倒是由透镜成像特性和棱镜转像特性共同决定的。

2.3.3　反射棱镜的等效作用与展开

反射棱镜是由两个折射面和若干个反射面组成,主要起着折转光路和转像的作用。如果忽略棱镜的反射作用,观察光轴在棱镜内所走的折线,设想将它"拉直",不难发现,光轴相当于穿过了一个平行平板。在对含有棱镜的光学系统做光路计算时,通常都是将棱镜简化成一个平行平板。

用一等效玻璃平板来取代光线在反射棱镜两折射面之间的光路,这种做法叫做棱镜的展开。如图 2-21 所示,棱镜展开的方法是:在棱镜主截面内,按反射面的顺序、以反射面与主截面的交线为轴,依次按反射面作镜像,便得到棱镜的等效平行平板。需要说明的是,若棱镜位于非平行光路中,则要求光轴与两折射面垂直,否则,展开的平行平板不垂直光轴,引起侧向位移,就会影响光学系统的成像质量。

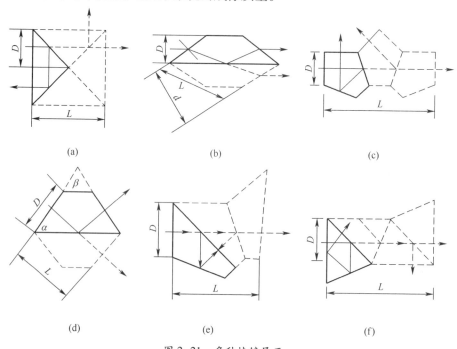

图 2-21　多种棱镜展开

（a)一次反射直角棱镜;(b)道威棱镜;(c)五角棱镜;(d)等腰棱镜;(e)半五角棱镜;(f)斯密特棱镜。

将棱镜简化为一个平行平板时,需要计算这一平行平板的厚度,它与光轴在棱镜中穿过的长度有关。大多数情况下,光轴垂直于棱镜入射与出射,光轴的长度 d 直接就等于展开成平行平板的厚度 L,即 $d=L$;而对于光轴与入射面不垂直的情况,展开的平行平板的厚度为棱镜光轴长度的函数。

由图 2-21 可以看出,各种棱镜的展开长度不仅取决于棱镜的结构形式,还与棱镜的通光口径有关。设棱镜光轴长度为 L,棱镜通光口径为 D,则

$$L = KD \tag{2-16}$$

式中,K 称为棱镜的结构参数,它是对棱镜结构形式的一种描述,每一个 K 值都对应于一种棱镜的结构形式。当通光口径 D 由光学系统的要求确定后,L 也随之确定。

屋脊棱镜的展开具有特殊性,现以一次反射直角屋脊棱镜(如图 2-22 所示)为例,说明屋脊棱镜展开的特殊性。如果反射棱镜的反射面被屋脊面所代替,将使原有口径被切割,即原充满棱镜口径的圆形光束将被屋脊面 PAR 切掉。为了确保棱镜的通光口径 D,必须加大棱镜的高度,使边 PAQ 变为 HEK,即入射面必须增加棱镜高度 AE。由于对称性,其出射面也必须增加棱镜长度 DG,而与 AE 和 DG 相对应的入射、出射面长度分别变为 FE 和 FG。可以证明,$AE=FC=DG=0.336D$。这样,直角屋脊棱镜的直角边高度,即光轴长度应为 $L=EF=D+2×0.336D=1.672D$。由于增加的 EAI,BFC,DGJ 部分不起通光作用,为减小棱镜的体积与重量,通常在加工过程中将其去掉。

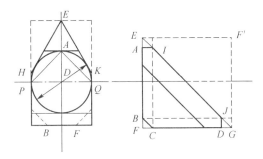

图 2-22　直角屋脊棱镜的展开

2.4　折　射　棱　镜

折射棱镜是将两个成一定夹角的折射面做在同一块玻璃上的器件。两个折射面的交线称为折射棱,两折射面间的二面角称为折射棱镜的折射角,用 α 表示。同样,垂直于折射棱的平面称为折射棱镜的主截面。

2.4.1　折射棱镜的偏向角

如图 2-23 所示,光线 AB 入射到折射棱镜 P 上,在其前后两个工作面上依次发生折射,出射光线 DE 相对于原入射光线的方向发生改变,它们之间的夹角称作棱镜偏向角,用 δ 表示。其正负规定为:由入射光线以锐角转向出射光线,顺时针方向为正,逆时针方向为负。

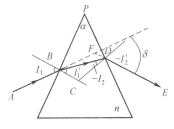

图 2-23　折射棱镜

设棱镜的折射率为 n，光线在两折射面上的入射角和折射角分别为 I_1、I_1' 和 I_2、I_2'，在两个折射面上分别用折射定律，有

$$\sin I_1 = n\sin I_1' \tag{2-17a}$$

$$\sin I_2' = n\sin I_2 \tag{2-17b}$$

将两式相减，并利用三角函数式中的和差化积式，有

$$\sin \frac{1}{2}(I_1 - I_2')\cos \frac{1}{2}(I_1 + I_2') = n\sin \frac{1}{2}(I_1' - I_2)\cos \frac{1}{2}(I_1' + I_2) \tag{2-18}$$

在 $\triangle BCD$ 中，有

$$\alpha = I_1' - I_2 \tag{2-19}$$

在 $\triangle BFD$ 中，有

$$\delta = \angle FBD + \angle FDB = (I_1 - I_1') + (I_2 - I_2')$$
$$= I_1 - I_2' - (I_1' - I_2) = I_1 - I_2' - \alpha$$

即

$$\alpha + \delta = I_1 - I_2' \tag{2-20}$$

代入式(2-18)得

$$\sin \frac{1}{2}(\alpha + \delta) = n\sin \frac{\alpha}{2} \frac{\cos \frac{1}{2}(I_1' + I_2)}{\cos \frac{1}{2}(I_1 + I_2')} \tag{2-21}$$

由式(2-21)可知，光线经过折射棱镜折射后，产生的偏向角 δ 与折射角 α、折射率 n 和入射角 I_1 有关。在棱镜确定以后，α 和 n 随之确定。于是，偏向角 δ 是光线入射角 I_1 的函数。可以证明，偏向角 δ 随着入射角 I_1 的变化可以得到一个极小值，称之为最小偏向角。

将式(2-20)两边对 I_1 微分，得

$$\frac{\mathrm{d}\delta}{\mathrm{d}I_1} = 1 - \frac{\mathrm{d}I_2'}{\mathrm{d}I_1} \tag{2-22}$$

将式(2-17)两边分别微分，得

$$\cos I_1 \mathrm{d}I_1 = n\cos I_1' \mathrm{d}I_1' , \cos I_2' \mathrm{d}I_2' = n\cos I_2 \mathrm{d}I_2 \tag{2-23}$$

对式(2-19)微分，得 $\mathrm{d}I_1' = \mathrm{d}I_2$，代入式(2-23)，并将两边相除，得

$$\frac{\mathrm{d}I_2'}{\mathrm{d}I_1} = \frac{\cos I_1 \cos I_2}{\cos I_1' \cos I_2'} \tag{2-24}$$

令 $\dfrac{\mathrm{d}\delta}{\mathrm{d}I_1}=0$，由式(2-22)可得 $\dfrac{\mathrm{d}I_2'}{\mathrm{d}I_1}=1$，代入式(2-24)得折射棱镜偏向角取得极值时必须满足的条件为

$$\frac{\cos I_1}{\cos I_1'} = \frac{\cos I_2'}{\cos I_2} \tag{2-25}$$

解这个三角方程式，可得

$$(1 - \sin^2 I_1)(1 - \sin^2 I_2) = (1 - \sin^2 I_1')(1 - \sin^2 I_2') \tag{2-26}$$

或

$$-\sin^2 I_1 - \frac{1}{n^2}\sin^2 I_2' + \sin^2 I_1\left(\frac{1}{n^2}\sin^2 I_2'\right) = -\frac{1}{n^2}\sin^2 I_1 - \sin^2 I_2' + \frac{1}{n^2}\sin^2 I_1\sin^2 I_2'$$

$$(2-27)$$

消去同类项,得

$$\sin^2 I_1 - \frac{1}{n^2}\sin^2 I_1 = \sin^2 I_2' - \frac{1}{n^2}\sin^2 I_2' \qquad (2-28)$$

最后得 $I_1 = \pm I_2'$,由图 2-23 可知,应取 $I_1 = -I_2'$。同理可得,$I_1' = -I_2$。这也说明,光线的光路对称于折射棱镜时,折射棱镜的偏向角取最小值。这就证明,折射棱镜偏向角随入射角 I_1 变化的过程中存在一个最小偏向角 δ_m。因此可得折射棱镜最小偏向角的表达式为

$$\sin\frac{1}{2}(\alpha + \delta_m) = n\sin\frac{\alpha}{2} \qquad (2-29)$$

最小偏向角常被用来测量棱镜材料的折射率。首先把被测玻璃加工成棱镜样品,利用测角仪测出棱镜的顶角 α(一般加工成 $60°$),测出棱镜的最小偏向角 δ_m 后,即可由式 (2-29)求解出玻璃的折射率 n。

2.4.2 光楔及其应用

折射角很小的折射棱镜可称为光楔,如图 2-24 所示。由于折射角很小,其偏向角公式可进行简化。当 I_1 为有限大小时,因为 α 很小,故可近似地将光楔看作平行平板,即 $I_1' \approx I_2$,$I_1 \approx I_2'$,代入式 (2-21),并用 α、δ 的弧度代替相应的正弦值,有

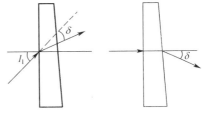

图 2-24 折射棱镜

$$\delta = \left(n\frac{\cos I_1'}{\cos I_1} - 1\right)\alpha \qquad (2-30)$$

当 I_1 很小时,I_1' 也很小,则上式的余弦用 1 代替,则有

$$\delta = (n-1)\alpha \qquad (2-31)$$

这表明,当光线垂直入射或接近垂直入射时,光楔的偏向角仅取决于折射棱镜的折射率和顶角,而与入射角无关。

光楔在小角度和小位移测量中有着广泛应用。如图 2-25 所示,双光楔折射角均为 α,相隔一微小间隙,当两光楔的主截面平行且同向放置如图(a)、(c)所示时,所产生的偏向角最大,为两光楔偏向角之和;当一个光楔绕光轴旋转 $180°$ 时,所产生的偏向角为零,如图(b)所示。当两个光楔绕光轴相对旋转,即一个光楔逆时针方向旋转 φ 角,另一个光楔同时顺时针方向旋转 φ 角,即由(a)→(b)→(c)变化时,总的偏向角 δ 将角 φ 由 $-2\delta_0$→ 0→$2\delta_0$(δ_0 为单个光楔的偏向角)作连续变化,即

$$\delta = 2(n-1)\alpha\cos\varphi \qquad (2-32)$$

这样实现了用两光楔间较大的旋转角度 φ 获得双光楔微小偏向角 δ 变化,从而实现微小角度的测量。

如图 2-26 所示,利用光楔测量位移。当两光楔沿轴相对移动时,出射光线相对于入射光线在垂轴方向产生的平移为

$$\Delta y = \Delta z \delta = (n-1)\alpha\Delta z \qquad (2-33)$$

从而实现了以沿轴方向的大位移量 Δz 获取垂轴方向的微小位移量 Δy 的距离测量。

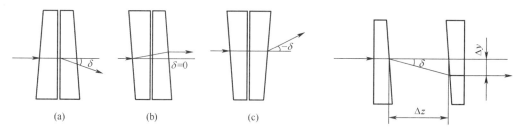

图 2-25　双光楔测量微小角度　　　　图 2-26　双光楔测量微小位移

2.4.3　棱镜色散

　　白光由许多不同波长的单色光组成。同一透明介质对于不同波长的单色光具有不同的折射率,因此,以同一角度入射到折射棱镜上的不同波长的单色光,将有不同的偏向角。因此,白光经过棱镜后将被分解为各种色光,在棱镜后面将会看到各种颜色,这种现象称为色散。通常,波长长的红光折射率低,波长短的紫光折射率高,因此,红光偏向角小,紫光偏向角大,如图 2-27 所示。狭缝发出的白光经透镜 L_1 准直为平行光,平行光经过棱镜 P 分解为各种色光,在透镜 L_2 的焦平面上从上到下地排列着红、橙、黄、绿、青、蓝、紫各色光的狭缝像。折射棱镜的主要作用之一就是利用其色散特性做成分光元件,形成各种分光光谱仪。

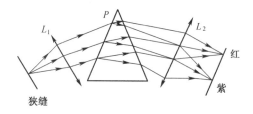

图 2-27　白光光谱的获取与分析

习　　题

1. 概念题

　　(1) 厚度为 L,折射率为 n 的平行玻璃板,能使(　　)产生位移,位移量等于(　　　),但并不影响光学系统的(　　)。

　　(2) 偶数个平面镜成像物像(　　),奇数个平面镜成像则成(　　)。单个平面镜绕着和入射面垂直的轴线转动 α 角时,反射光线和入射光线之间的夹角将改变(　　)。

　　(3) 单个平面镜成像有什么性质?

　　(4) 平行平板有什么成像特性?

　　(5) 反射棱镜在光学系统中的作用可作何种等效?

　　(6) 唯一能成完善像的光学元件是什么? 成像有何特性? 有何应用?

2. 计算题

（1）一光学系统由一透镜和平面镜组成,如图 2-28 所示。平面镜 MM' 与透镜光轴交于 D 点,透镜前方离平面镜 600mm 处有一物体 AB,经过透镜和平面镜后,所成虚像 $A''B''$ 至平面镜距离 150mm,且像高是物高的一半,试分析透镜焦距正负,确定透镜位置和焦距,并画出光路图。

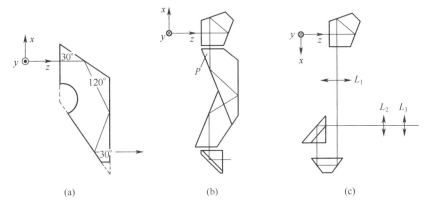

图 2-28　第（1）题图

（2）用焦距 $f'=450$mm 的翻拍物镜拍摄文件,文件上压一块折射率 $n=1.5$,厚度 $d=1.5$mm 的玻璃板,若拍摄倍率 $\beta=-1^{×}$,试求物镜后主面到玻璃平板第一面的距离。

（3）试判断图 2-29 所示各棱镜或棱镜系统转像情况。设输入为右手坐标系,画出相应输出坐标系。

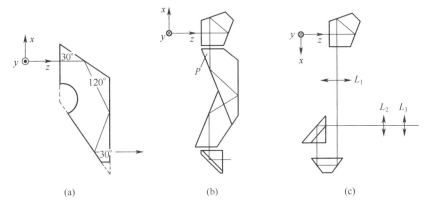

图 2-29　第（3）题图

（4）一物镜其像面与之相距 150mm,若物镜后置一厚度 $d=60$mm,折射率 $n=1.5$ 的平行平板,求

① 像面位置变化的方向和大小。

② 若使光轴向上、向下各偏移 5mm,平板应正转、反转多大的角度。

第3章 典型光学系统及其光束限制

光学系统作为一个成像系统,除了应满足前述的物像共轭关系和成像放大率的要求外,对于成像的范围和成像光束的粗细等也有一定的要求,所以在设计光学系统时,应按其用途、要求和成像范围,对通过光学系统的成像光束提出合理的要求,这实际上也就是光学系统中的光束限制问题。本章将介绍眼睛、放大镜、显微镜和望远镜等几种不同类型的典型光学系统,在阐明其结构组成和工作原理及放大本领的基础上,探讨其光束限制等问题。

3.1 光　阑

在光学系统中将限制光束的透镜边框或者特别设计的一些带孔的金属薄片,统称为光阑。光阑的内孔边缘就是限制光束的光孔,这个光孔对光学零件来说称为通光孔径。光阑的通光孔通常为圆形或矩形,其中心和光轴重合,光阑平面和光轴垂直。光学系统中的光束限制多种多样,按照功能和用途的不同,光阑主要有两类:孔径光阑和视场光阑。

3.1.1 孔径光阑和光瞳

如图 3-1(a)所示,设两个透镜有相等的孔径 D,透镜间的距离为 d。如果物点 P 在第一透镜 L_1 与其物方焦点 F_1 之间,那么从 L_1 透射出来的是发散光束,所以在已通过 L_1 的光束中只有与主轴夹角不超过 $u/2$ 的一部分光线能够通过第二个透镜 L_2,u 比 L_1 边缘对 P 点所张的顶角 u_{L_1} 小。如图 3-1(b)所示,如果 P 点在 F_1 之外,那么从 L_1 透射出来的是会聚光束,它只通过 L_2 的一部分。这时从 L_2 透射出来的光束与主轴的夹角不超过 $u'/2$,则 u' 比 L_2 边缘对像点 P' 所张的顶角 u_{L_2} 小。由此可见,实际起着限制光束作用的,在第一种情况中是透镜 L_2 的边缘;在第二种情况中则是透镜 L_1 的边缘。

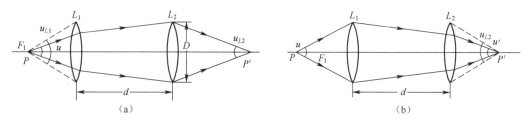

图 3-1　两个共轴薄透镜组成的光具组

现在要寻找一个普遍适用的方法,以便能确定任何复杂光具组的所有反射镜、透镜或开孔的屏中究竟哪一个在实际中起着限制光束的作用。在图 3-2 中,B 为光阑。B' 和 B'' 是 B 分别由光阑前的光具组和光阑后的光具组所成的像。由于这些边缘是共轭的,所以通过 B 的一切光线,都通过 B′ 和 B″,反之亦然。即通过 B 的边缘的一切光线也一定通过 B′ 和 B″ 的边缘。在所有各光阑中,限制入射光束最起作用的那个光阑,叫做孔径光阑。设图中 B 为孔径光阑,则它被前面的光具组所成的像叫做入瞳(B′);它被其后面的光具组所成的像叫做出瞳(B″)。这其实也就是入瞳被整个光具组所成的像,因为入瞳与出瞳对整个光具组来讲是共轭的。

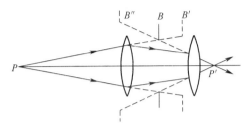

图 3-2　孔径光阑、入瞳和出瞳

在图 3-3 所示的光学系统中,孔径光阑就安放在透镜上,如果透镜可当薄透镜处理,则孔径光阑本身是系统的入瞳,也是系统的出瞳;在图 3-4 所示的光学系统中,孔径光阑在系统的最后面,因此系统的出瞳与孔径光阑重合,孔径光阑本身也是出瞳。

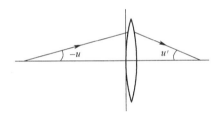

图 3-3　孔径光阑安放在透镜上

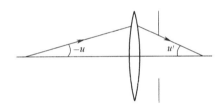

图 3-4　孔径光阑安放在透镜后

以薄透镜 L 和光阑 AB 所组成的最简单光具组(见图 3-5)为例。设光阑与透镜的距离小于透镜焦距 f',光阑的直径 D_1 小于透镜的孔径 D。先设发光点在物方焦点 F 处,由图可见,仅在 FM 和 FN 以内的光线能够通过光阑。现在讨论怎样决定边缘光线 FM 与 FN 之间的夹角 u。

假设 A 点经透镜 L 所成的像为 A′,显然 A′ 是在 FM 的延长线上(若假设光线反向时,即可从物点 A 得到像点 A′。作图时可从透镜中心作直线通过 A 点,再延长与 FM 延长线相交即为 A′)。所以由光阑 AB 通过透镜 L 所成像 A′B′ 的位置,便可确定 FM 和 FN 的夹角。因此通过整个光具组的光束的顶角 u,等于光阑像 A′B′ 对发光点 P 所张的顶角。u_L 为透镜边缘对同一发光点 P 所张的顶角。由于 $D_1<D$,从图中可以直接看出 $u<u_L$,因而 AB 实际上起着限制光束的作用,所以它是光具组对于 F 点的孔径光阑。反过来,如果光阑直径大于透镜孔径,则 $u_L<u$,在这种情况下,透镜边缘将成为光具组对于发光点的孔径光阑。

如果发光点 P 不在 F 处,仍可用同样方法来确定从 P 发出并能通过光阑 AB 的光束的顶角。此时 u 以 PM 和 PN 为边缘(见图 3-6),而光阑的像 A′B′ 仍在 PM 和 PN 的延长线上。该图表示光阑 AB 的直径小于透镜的孔径且 P 点在焦点以内的情况,因为 u 仍小于透镜边缘对 P 点的张角 u_L,故 AB 仍然是孔径光阑。

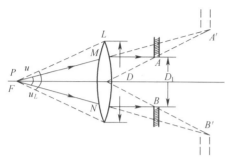

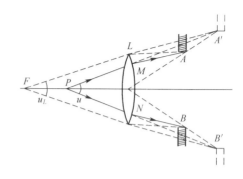

图 3-5　光具组　　　　　　　　　　　图 3-6　P 不在 F 处的光具组

综上所述,确定任何光具组孔径光阑的方法是:先求出每一个给定光阑或透镜边缘由其前面(向着物空间方向)那一部分光具组所成的像,找出所有这些像和透镜边缘对指定物点所张的角,在这些张角中找出最小的那一个,和这最小的张角所对应的光阑就是对于该物点的孔径光阑。由此可求得入瞳和出瞳。

如果孔径光阑在整个光具组的最前面,则它和入瞳重合;如果是在整个光具组的最后面,则它和出瞳重合。任何一个光瞳(入瞳与出瞳的统称)可能是虚像,也可能是实像。出瞳的位置可能在入瞳的前面,也可能在它的后面。例如图 3-5 和图 3-6 中,像 $A'B'$ 便是入射光瞳。AB 是孔径光阑,同时也是出瞳。

入瞳半径两端对物平面与主轴的交点所张的角,称为入射孔径角(或简称孔径角)。出瞳半径两端对像平面与主轴的交点所张的角,我们定义为出射孔径角(或简称投射角)。

对一定位置的物体,入瞳决定了能进入系统成像的最大光束孔径,并且是物面上各点发出并进入系统成像光束的公共入口。出瞳是物面上各点的成像光束经过系统后射出系统的公共出口。入瞳通过整个光学系统所成的像就是出瞳,二者对于整个光学系统是共轭的。如果孔径光阑在整个光学系统的像空间,其本身就是出瞳。反之,若在物空间,其本身就是入瞳。

通过入瞳中心的光线称为主光线。由于共轭的关系,对于理想光学系统,主光线也必然通过孔径光阑中心和出瞳中心。显然,主光线是各个物点发出的成像光束的光束轴线。当物体位于物方无限远时,只须比较各光阑通过其前面光组在整个系统的物空间所成像的大小,以直径最小者为入瞳。

应该指出,光学系统的孔径光阑是对一定位置的物体而言的,如果物体位置发生变化,原来限制光束的孔径光阑将会失去限制光束的作用,光束被其他光阑所限制。对于无限远的物体而言,光学系统的所有光阑被其前方光组在物空间所成的像中,直径最小的一个光阑的像就是系统的入瞳,能进入系统成像的光束直径就等于入瞳的直径。

3.1.2　视场光阑

视场光阑在光学系统中起着限制成像范围(或称视场大小)的作用。一般情况下,视场光阑多设置在像面或物面上,有时也设置在系统成像过程中的某个中间实像面上,如图 3-7 所示。这样,物或像的大小直接受视场光阑口径的限制,口径以外的部分将被阻挡而不能成像,系统成像的范围有着非常清晰的边界。

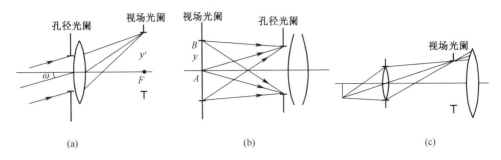

图 3-7　视场光阑

(a)视场光阑设在像面;(b)视场光阑设在物面;(c)视场光阑设在中间像面。

视场光阑的大小通常由光学系统的设计要求来决定。例如,在照相系统中,视场光阑就是底片框,它决定了照相机的摄取范围,只有与底片框相对应的物面范围才能成像。又如在投影仪中,被投影的图片框是视场光阑,只有在框内的图案或文字才能在投影屏上成像。前者是将视场光阑设在像面(底片)上,后者是将视场光阑直接设在物面(图片)上。又例如在望远镜系统和显微镜系统中,视场光阑则设置在物镜和目镜之间的物镜实像面(称中间像面)上。根据光束限制的共轭原理,无论视场光阑设置在物面、像面或者是中间实像面上,它对视场范围的限制都是等价的。视场光阑是对一定位置的孔径光阑而言的,当孔径光阑位置改变时,原来的视场光阑将可能被另外的光阑所代替。

先讨论孔径光阑或入瞳为无限小的情况。此时只有主光线附近的一束无限细的光束能通过光学系统。因此,光学系统的成像范围,由对主光线发生限制的光孔所决定。图 3-8 中,孔径光阑、入瞳和出瞳均为无限小,过物平面上不同高度的两点 B 和 C 作主光线 BP 和 CP,它们与光轴的夹角不同,并分别经过光组 L_1 的下边缘和 L_2 的上边缘。由图可见,主光线 CP 虽能通过光组 L_1,但被光组 L_2 的镜框拦掉,主光线 BP 能通过 L_1,也恰好能通过 L_2。也就是说,此时物面上 AB 范围以内的物点,都可以被系统成像,而 B 点以外的点,如 C 点,已不能通过系统成像,因为这些点发出的光线受到光组 L_2 镜框的阻拦。因此,光组 L_2 的框子是决定物面上成像范围的光孔,是视场光阑。

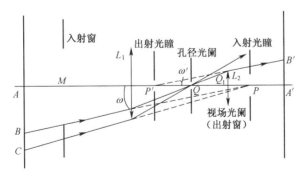

图 3-8　视场光阑、入射窗和出射窗

视场光阑通过它前面的光学系统在整个光学系统的物空间所成的像称为入射窗,通过后面的光学系统在整个光学系统的像空间所成的像称为出射窗。

如果把系统中除孔径光阑以外的所有光阑通过其前面的光组成像,由于入射窗限制着整个系统物空间的成像范围,所以入瞳中心对入射窗的张角为最小。据此,可以找出系统中哪一个光阑是视场光阑。同理,出瞳中心对出射窗的张角最小,出射窗限制了像方视场。

入射窗和出射窗简称为入窗和出窗,它们对整个系统共轭。在物空间,边缘物点的主光线与光轴夹角,即是入瞳中心对入射窗的张角的一半,称为物方半视场角,用 ω 表示。在像空间,边缘像点的主光线与光轴夹角,即是出瞳中心对出射窗张角的一半,称为像方半视场角,用 ω' 表示。

3.2 渐 晕

3.2.1 渐晕的概念与渐晕视场

如图 3-9 所示,第一透镜为孔径光阑和入瞳,轴上物点和轴外物点的光束都能通过该透镜,但是第二透镜却将轴外光束挡住了一部分,这种使轴外光束被孔径光阑以外的元件(通常为透镜边框)限制的现象称为渐晕。有些光学系统无法在像面或是物面的任一处设置视场光阑,系统也不存在中间实像面。例如伽利略望远镜,物在无限远,像也在无限远,系统中间成虚像,这些位置都无法设置视场光阑,因此渐晕现象必然会产生。

下面先来考虑图 3-10 所示的视场情况。系统由一个透镜 L 和一个光孔 P_1P_2 组成,光孔为孔径光阑,也是系统的入瞳。物面上未设置视场光阑,物面从中心向外所有点都可以向入瞳射入光束。该图描绘了物面上的若干点射入系统的光束情况。图中的虚线圆为透镜的通光口径,实线圆为物点经入瞳射入的光束在透镜面上相交的截面。在垂轴物面上,当物点自中心 A 点向下分别移至 B_1、B_2、B_3 各点时入射光束与透镜相交的截面在透镜上逐渐上移。由于受到透镜的口径限制,光线被逐渐拦截在透镜框以外,直至 B_3 点入射的光束全部上移至透镜外。自 B_3 点再向外物面上的点射进入瞳的光线全部不能进入透镜成像,因此,B_3 点成为系统的视场截止点(或称极限视场点),此时系统的成像极限范围由 B_3 决定。由于透镜框的限制,视场由中心向外各点射入系统的光束从 B_1 点开始逐渐减弱到零,视场的范围将以光束下降到预定的阈值为界,此时透镜框对视场的限制作用是显而易见的,因此透镜即为视场光阑。该视场光阑与物面或像面都不重合,轴外物点的成像光束逐渐减弱直至全无,当变化缓慢时将显现出没有明显的视场边界,这样的视场称为渐晕视场。

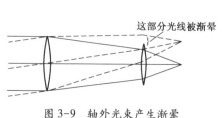

图 3-9 轴外光束产生渐晕

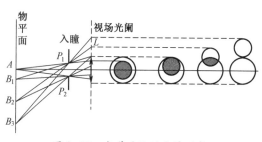

图 3-10 光学系统的渐晕现象

由以上分析可以发现,当视场光阑与物面或像面都不重合时,视场必然产生渐晕。渐晕的大小可以定量计算。如图 3-11 所示,把入瞳面上轴外物点通过系统的光束直径 D_ω 与轴上物点通过系统的光束直径 D_0 之比称为线渐晕系数 K_D,即

$$K_D = \frac{D_\omega}{D_0} \tag{3-1}$$

另有一种描述渐晕的方法是采用轴外物点通过系统的光束面积 S_ω 与轴上物点通过系统的光束面积 S_0 之比,称为面渐晕系数 K_S。为方便计算,多采用线渐晕系数。图 3-10 描述了物面上不同视场点的渐晕情况。可知,B_1、B_2 和 B_3 各点的线渐晕系数分别为 1、0.5 和 0。

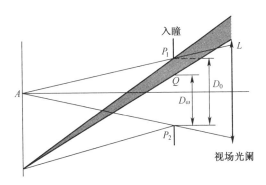

图 3-11　线渐晕系数

3.2.2　渐晕视场的计算

视场光阑与物(或像)面不重合必然会产生渐晕,从视场中心向外,垂轴物面上的渐晕系数值逐点下降,此时所说的成像范围是指达到或超过某个渐晕系数阈值的视场范围,因此称为渐晕视场。例如,对图 3-10 而言,物面半径为 AB_1 的范围为渐晕系数达到 1.0 的最大视场,而渐晕系数恰好为 0 的视场(称为极限视场)半径为 AB_3。

3.2.3　渐晕光阑

由前面已经知道,视场光阑与像(或物)面不重合,客观上必然会产生渐晕。因此,可以说视场光阑与物(或像)面重合是系统不产生渐晕的必要条件。但当必要条件满足时,人们也会根据需要使光学系统产生一些渐晕,于是就有了渐晕光阑。设置渐晕光阑不是为了限制视场,其目的通常是减小系统的横向尺寸或改善轴外物点的成像质量。渐晕光阑不是光学系统必备的,不必刻意设置,而有的时候也可以不止一个。如图 3-12 所示的望远系统,视场光阑设置在中间实像面,用于限制视场范围,其位置满足不产生渐晕的必要条件,但出于结构需要,适当地减小其后面目镜的口径,允许边缘视场的部分光束被目镜拦截掉一部分,使得边缘视场产生渐晕而减弱光束。通常这种情况下,允许的线渐晕系数为 0.5,必要时也可达到 0.3。

在光学系统中经常涉及外形尺寸的计算问题。外形尺寸的计算内容之一就是根据视场的大小以及渐晕的要求,计算各光学零件应满足的口径。当光学系统不允许有渐晕,而又不希望透镜有过大的口径时,通常采用场镜来实现这一目的。场镜就是在系统的中间

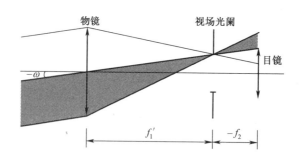

图 3-12　望远系统中目镜的渐晕作用

像面或其附近加入的正透镜。场镜对轴外物点光束作用而对轴上物点的光束不产生影响,因此场镜不影响系统的光学特性。在本章的 3.6 节中,将进一步介绍场镜在光学系统中的作用。

3.3　眼　　睛

人们用眼睛观察世间万物,其实眼睛本身就是一个光学系统,眼睛将所有看到的外界事物成像在视网膜上,形成了对外界事物的感官认知。下面将从光学系统的角度去认识眼睛,了解其基本结构和成像特性。

3.3.1　眼睛的结构

人的眼睛相当于一个光学系统,形状大致为球形,主要包括角膜、瞳孔、水晶体和视网膜等多个组成部分。角膜位于眼球前室中央,略向前凸,为透明的横椭圆形组织。外界光线首先通过角膜进入眼睛,眼睛对光的折射作用有 2/3 的比例发生的眼角膜外表面,它是眼睛光学系统的主要光焦度所在。瞳孔是动物或人眼睛内虹膜中心的小圆孔,是光线进入眼睛的通道。虹膜上平滑肌的伸缩,可以使瞳孔的直径随物体的明暗进行缩小或放大,控制进入瞳孔的光能量。水晶体是由多层薄膜组成的一个双凸透镜,眼睛对光的折射有 1/3 的比例由水晶体完成,在自然状态下,其前表面的半径约为 10.2mm,后表面的半径约为 6mm。其中央的折射率为 1.32,最外层的折射率为 1.373。借助水晶体周围肌肉的作用,可以使前表面的半径发生变化,以改变眼睛的焦距,便于看清不同距离的物体。眼球壁的最内层由视神经细胞和神经纤维构成的膜,称为视网膜,它是眼睛的感光部分,有许多对光线敏感的细胞,能感受光的刺激,可分为视部和盲部。

3.3.2　眼睛的调节和适应

为了使远近不同的物体都能被人眼成像在视网膜上,眼球通过肌肉的作用使水晶体的曲率发生改变,相应的水晶体的焦距发生改变,眼睛的这种自动改变光焦度以看清远近不同物体的过程,称为眼睛的调节。

设人眼能看清的物面的位置到人眼的距离为 l(单位为 m),其倒数就是视度,用 SD 表示,其单位为屈光度

$$SD = 1/l(1\ 屈光度 = 1/m) \tag{3-2}$$

当肌肉完全放松时,眼睛能看清楚的最远的点称为远点;当肌肉在最紧张时,眼睛能看清楚的最近的点称为近点。

以 p 表示近点到眼睛物方主点的距离(m),则其倒数为 $1/p=P$,称为近光点。以 r 表示远点到眼睛物方主点的距离(m),则其倒数为 $1/r=R$,称为远光点。两者的差值以 $\overline{A}$ 表示,即

$$\overline{A} = R - P \tag{3-3}$$

就是眼睛的调节范围或调节能力。对每个人来说,远点距离和近点距离随年龄而变化。随着年龄的增大,肌肉调节能力衰退,近点逐渐变远,而使调节范围变小。

在阅读时,或者眼睛观察其他物体时,为了达到舒适状态,习惯上把物置于眼前250mm处,称此距离为明视距离。

人眼除了能随物体距离改变而调节水晶体的曲率以外,还可以通过瞳孔调节进入视网膜的通光量,眼睛所能感受的光亮度的变化范围是非常大的,其比值可达 $10^{12}:1$。这是因为眼睛对不同的亮度条件有适应的能力,这种能力称为眼睛的适应。

一般在明亮处,瞳孔自动缩小到 2mm,当进入黑暗环境时,瞳孔会自动扩大到 6mm,使进入眼睛的光能增加,此时,眼睛的灵敏度大为提高。同样,由暗处到光亮处也要产生眩目现象,表明对光的适应也有一个过程。此时,瞳孔自动缩小,眼睛灵敏度大大降低。

3.3.3 眼睛的缺陷和校正

正常眼睛在肌肉完全放松的自然状态下,能够看清无限远处的物体,即眼睛的远点应在无限远,眼睛的像方焦点正好和视网膜重合,如图 3-13(a)所示。如果眼睛在肌肉完全放松的状态下,眼睛的像方焦点未与视网膜重合,说明视力不正常,最常见的有近视眼和远视眼。

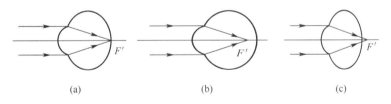

图 3-13 眼睛的缺陷
(a)正常眼睛;(b)近视眼;(c)远视眼。

近视眼就是远点在眼睛的前面有限距离处,这是由于眼球太长,像方焦点位于视网膜之前所致。因此,只有眼前有限距离处的物体才能成像在视网膜上,无限远处的物体只能成像在视网膜之前,如图 3-13(b)所示。

远视眼就是远点在眼睛之后,这是由于眼球变短,像方焦点位于视网膜之后所致。也就是说远视眼把无限远处的物体成像在视网膜之后,如图 3-13(c)所示。

为了弥补眼睛的缺陷常用的办法就是戴眼镜。对于近视眼应戴负透镜,因为近视眼是水晶体把光线会聚过度才使像成在网膜之前,所以必须使光线进入眼睛前先发散一下,然后进入眼睛,从而使像成在视网膜上,如图 3-14(a)所示。对于远视眼应该配戴一个正

透镜,正透镜的像方焦点应与远视眼的远点重合,无限远处的物体经过正透镜成像后,再经过人眼成像在视网膜上,如图3-14(b)所示。

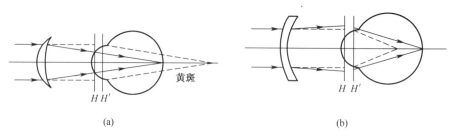

图 3-14　眼睛缺陷的校正
(a)近视眼;(b)远视眼。

3.3.4　眼睛的分辨力和对准精度

通过视网膜,眼睛能把两个相邻的点分辨开。视觉神经能够分辨的两个像点之间的最小距离应该至少等于两个视觉神经细胞直径,如果在视网膜上所成的两个像点落在相邻两个视觉神经细胞上,视觉神经则无法分辨开两点(两像点至少落在相隔细胞上,才能分辨)。眼睛能够分辨最靠近两相邻点的能力称为眼睛的分辨力。

物体对人眼的张角称作视角,对应视觉周围很小范围,根据波动光学中的衍射理论分析可知,其极限分辨角为

$$\psi = \frac{1.22\lambda}{D} \tag{3-4}$$

式中,D 为瞳孔的直径。白天当瞳孔直径为 2mm 时,人眼的分辨角约为 $70''$。

在设计目视光学仪器时,应使仪器本身由衍射决定的分辨能力与眼睛的视角分辨力相适应,即光学系统的放大率和被观察物体所需要的分辨率的乘积应等于眼睛的分辨力。

分辨力和对准精度是两个概念,前者是对静止的相邻点的辨别,后者是对运动的两个点重合的判断。同时又是相互联系的,可以用下式说明两者的关系

$$\alpha = \frac{\varepsilon}{K} \tag{3-5}$$

式中,α 为对准精度;ε 为分辨角。K 与对准方式相关。最高对准精度为分辨力的 1/6~1/10。

3.3.5　双目立体视觉

用单眼和双眼都可以观察空间物体,单眼观察空间物体是不能产生立体感觉的,但对于熟悉的物体,凭借生活经验,在大脑中把一平面上的像想象为一个空间物体。

当用双目观察物体时,同一物体在左右两眼中分别产生一个像,这两个像在视网膜上的分布只有适合几何上某些条件时才可以产生单一视觉,即两眼的视觉汇合到大脑中成为一个像,这是从心理和生理产生的像。成像落在两眼视网膜的黄斑中心处,A 点周围的点成像于视网膜的对称点。对称点是指两视网膜上距离黄斑中心有同样距离并偏向同一侧的两个对称点,如图3-15 中的 A_1' 和 A_2' 所示,这时满足单一成像条件。因此,双目观察

判断的结果要比单眼观察正确得多。

当双目观察点 A 时,眼球发生转动,使两眼的视轴对准 A 点,设双目的节点分别是 J_1 和 J_2,J_1 和 J_2 的连线称为视觉基线,其长度用 b 表示,是双目间的瞳距,物体的远近不同视角差不同,使眼球发生转动的肌肉紧张程度不同,依据这种不同的感觉,双目才能判断物体的远近。

两点连线距离观察点的垂直距离为 L,两视轴之间的夹角 θ_A 称为视差角,视差角表示为

$$\theta_A = \frac{b}{L} \tag{3-6}$$

如果两个物点和观察者的距离不同,则所对应的视差角便会不同,如图 3-16 所示,不同物点对应的视差角不同,其差异 $\Delta\theta$ 称为立体视差,简称为视差,因为有视差的存在,人眼便有了对物体的深度感觉。$\Delta\theta$ 小,则人眼感觉两物体的纵向深度小,$\Delta\theta$ 大,则人眼感觉两物体的纵向深度大,$\Delta\theta$ 的极限值 $\Delta\theta_{\min}$ 称为体视锐度,$\Delta\theta_{\min}$ 大约为 $10''$,经过训练可以达到 $5''\sim3''$。

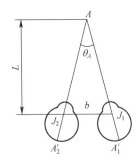

图 3-15 双目观察物体图

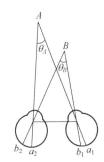

图 3-16 双目立体视觉

无限远处的物点对应的视差角 $\theta_\infty = 0$,当物点对应的视差角 $\theta = \Delta\theta_{\min}$ 时,人眼刚好能分辨它和无限远处物点的距离差别,这就是人眼分辨远近的最大距离,人眼两瞳孔间的平均距离 $\overline{b} = 62\text{mm}$,则

$$L_{\max} = \overline{b}/\Delta\theta_{\min} = 62 \times 206265/10'' \approx 1200\text{m} \tag{3-7}$$

式中,$L_{\max}$ 称为立体视觉半径。在立体视觉半径以外的物体,人眼则不能分辨其远近。双眼能分辨两点间的最短深度距离称为立体视觉阈,用 ΔL 表示,将式(3-6)微分,可得

$$\Delta L = \Delta\theta L^2/b \tag{3-8}$$

当 $\Delta\theta = \Delta\theta_{\min}$ 时,对应的 ΔL 即为双眼立体视觉误差。将 $\overline{b} = 62\text{mm}$,$\Delta\theta_{\min} = 10'' \approx 0.00005\text{rad}$ 代入式(3-8),得

$$\Delta L = 8 \times 10^{-3}L^2 \tag{3-9}$$

由上式可知,物体的距离越远,立体感觉误差越大。例如,物点在 200m 距离上,对应的立体视觉误差为 32m;而在明视距离上(0.25m),立体视觉误差只有约 0.05m。只有当 L 小于 1/10 立体视觉半径时,才能应用式(3-8),否则误差较大。由式(3-6)和式(3-8)可知,若通过双目观测系统来增大基线 b 或者增大体视锐度 $\Delta\theta_{\min}$(即减小 $\Delta\theta_{\min}$ 的值),则可以增大体视半径和减少立体视觉误差。

3.4 放 大 镜

物体对眼睛的折射球面曲率中心的张角称为视角。视角愈大,物体在视网膜上生成的像愈大。视网膜上受到激发的感光细胞愈多,人眼对物体的感觉也愈大,对物体的细微部分也分辨得愈清楚。物体通过这些仪器后,其像对人眼的张角大于人眼直接观察物体时对人眼的张角。放大镜、显微镜和望远镜等助视光学仪器就是为增大物体对人眼的视角而设计的。

3.4.1 视觉放大率

人眼通过放大镜看物体时,物体应位于放大镜的焦点上或者焦点以内很靠近焦点处,以便于物体经过放大镜后成像在无限远或明视距离以外,这样眼睛就可以毫不费力地进行观察。因此,与眼睛一起使用的目视光学仪器,其放大作用不能单由前面所讲的光学系统本身的放大率来表征。因为眼睛通过目视光学仪器观察物体时,有意义的是在眼睛上的像的大小。所以,放大镜的放大率应该为:通过放大镜观察物体时其像对眼睛所张角度的正切 $\tan\omega'$,与眼睛直接观察物体时物体对眼睛所张角度的正切 $\tan\omega$ 之比,通常称为视觉放大率,并用 Γ 表示。即

$$\Gamma = \frac{\tan\omega'}{\tan\omega} \qquad (3-10)$$

式中,ω' 是用仪器观察物体时,物体的像对人眼所张的视角;ω 是人眼直接观察物体时,对人眼所张的视角。

图 3-17 是放大镜成像的光路图。为了得到放大的像,物体应位于放大镜物方焦点 F 附近并且靠近透镜的一侧。物为 AB,大小为 y,它被放大成一个大小为 y' 的虚像 $A'B'$。这一放大的虚像对眼睛所张角度的正切为

$$\tan\omega' = \frac{y'}{x'_z - x'} \qquad (3-11)$$

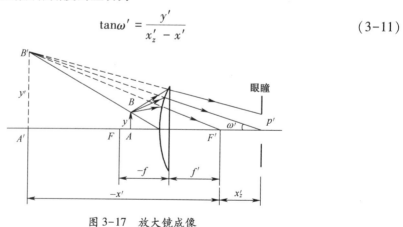

图 3-17 放大镜成像

当眼睛直接观察物体时,通常情况是将物体置于明视距离,即相距人眼 250mm 处。此时物体对眼睛张角的正切为

$$\tan\omega = \frac{y}{250} \qquad (3-12)$$

根据式(3-9),则放大镜的放大率 Γ 为

$$\Gamma = \frac{\tan\omega'}{\tan\omega} = \frac{250y'}{y(x'_z - x')} \tag{3-13}$$

将 $\dfrac{y'}{y} = -\dfrac{x'}{f'}$ 代入上式得

$$\Gamma = \frac{250y'}{f'(x' - x'_z)} \tag{3-14}$$

由式(3-14)可知,放大镜的视觉放大率并非常数,除了和焦距有关外,还取决于眼睛离放大镜的距离。在实际应用过程中,由于正常眼正好能把入射的平行光束聚焦于视网膜上,因此在使用放大镜时应使物体位于物方焦面上,于是有

$$\Gamma = \frac{250}{f'} \tag{3-15}$$

由上式可知,放大镜的放大率仅由其焦距决定,焦距越短则放大率越大。由于单透镜有像差存在,不能期望以减小凸透镜的焦距来获得大的放大率。简单放大镜的放大率都在 3[×]("×"表示倍率)以下。如能使用组合透镜减小像差,则放大率可达20[×]。

3.4.2　放大镜的光束限制和线视场

人眼用放大镜观察物体时,放大镜和人眼构成了组合系统,在这个组合系统中有两个光阑:放大镜镜框和眼瞳,如图 3-18 所示。由于放大镜镜框的直径比眼瞳直径大得多,所以眼瞳是系统的孔径光阑,也是出射光瞳。而镜框称为渐晕光阑,也是入射窗和出射窗。由于放大镜通光口径的限制,视场的外围渐晕而无明晰的边界。图 3-18 画出了决定像方无渐晕成像范围的 B'_1 点、50%渐晕的点 B'_2 和可能成像的最边缘点 B'_3 点,对应的视场角分别为 ω'_1、ω'_2、ω'_3。由图可知

$$\tan\omega'_2 = \frac{h}{d} \tag{3-16}$$

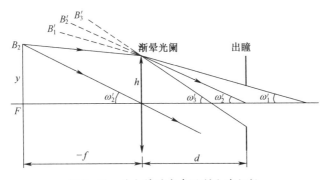

图 3-18　放大镜的光束限制和线视场

其中,h 是放大镜镜框半径,d 为眼睛至放大镜的距离。由此可见,放大镜镜框越大,眼睛越靠近放大镜,则视场就越大。

通常,通过放大镜所能看到的物平面上的圆直径或线视场 $2y$ 来表示放大镜的视场。当物平面位于放大镜物方焦点上时,像平面在无限远,则

$$2y = 2f'\tan\omega' \tag{3-17}$$

利用式(3-12)和式(3-14),上式变为

$$2y = \frac{500h}{\Gamma d} \qquad (3-18)$$

可见,放大镜的放大率越大,视场越小。

3.5 显微镜及其光束限制

借助放大镜可观察不易为肉眼看清的微小物体,但如果是更微小的观察对象或其微观结构,则须采用结构复杂的显微镜才能观察和分析。因此,显微镜是一种应用广泛的重要光学仪器。显微镜的光学系统主要由两个透镜组构成,每组都相当于一个正透镜,其中靠近物体的透镜组是物镜,靠近眼睛的透镜组是目镜。

3.5.1 显微镜的工作原理

尽管显微镜的种类很多,结构也相差很大,但是它们的工作原理都是一样的。其成像原理如图 3-19 所示,显微镜所要观察的物体 AB 处于物镜的两倍焦距之内一倍焦距之外,它首先通过物镜形成一个放大倒立的实像 $A'B'$,且使之位于目镜的物方焦平面上或焦平面以内很靠近的地方,然后经过目镜将这一实像再次成一个正立虚像 $A''B''$ 于无限远处或者人眼明视距离之外,以供眼睛观察。

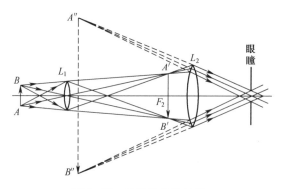

图 3-19 显微镜成像原理

由于物体经过两次放大,所以显微镜总的放大率 Γ 应该是物镜垂轴放大率 β 和目镜视觉放大率 Γ_2 的乘积。显然,与放大镜相比,显微镜可以具有高很多的放大率,并且通过调换不同放大率的物镜和目镜,能够方便地改变总的放大率。由于显微镜中存在中间实像,因此可以在物镜实像平面上放置分划板,从而对被观察物体进行测量;还可以在该处设置视场光阑,消除渐晕现象。

3.5.2 显微镜的视觉放大率

根据视觉放大率的定义,可以得到显微镜的视觉放大率为

$$\Gamma = \beta \Gamma_2 \qquad (3-19)$$

式(3-19)说明显微镜的视觉放大率 Γ 应该是物镜放大率 β 和目镜放大率 Γ_2 的乘积,实际上对物体实施了两级放大。

因为物体被物镜成的像位于目镜的物方焦平面上或者附近,所以像相对于物镜像方焦点的距离 $x' = \Delta$。这里,Δ 为物镜和目镜的焦点间隔,在显微镜中称它为光学筒长。则物镜的放大率为

$$\beta = -\frac{x'}{f_1'} = -\frac{\Delta}{f_1'} \tag{3-20}$$

式中 f_1' 为物镜的焦距。

物镜的像被目镜再次放大,目镜的放大率为

$$\Gamma_2 = \frac{250}{f_2'} \tag{3-21}$$

式中 f_2' 为物镜的焦距。因此,显微镜的总放大率为

$$\Gamma = \beta \Gamma_2 = -\frac{250\Delta}{f_1' f_2'} \tag{3-22}$$

由式(3-22)可知,显微镜的放大率和光学筒长 Δ 成正比,和物镜及目镜的焦距成反比。负号表示当显微镜具有正物镜和正目镜时,则整个显微镜给出倒像。

把显微镜看作一个组合系统,其组合焦距为

$$f' = -\frac{f_1' f_2'}{\Delta} \tag{3-23}$$

将上式代入式(3-22)中,得

$$\Gamma = \frac{250}{f'} \tag{3-24}$$

此式与放大镜的放大率形式是相同的。由此可知,显微镜实质上就是一个具有更高放大率的复杂化了的放大镜。若物镜和目镜都是组合系统时,则在放大率很高的情况下,仍能获得清晰的像。

3.5.3 显微镜的光束限制

显微镜的光阑设置有其特殊性,将直接影响显微镜的使用性能和成像质量,在此进行详细分析。

3.5.3.1 显微镜中的孔径光阑

对于单组低倍显微镜的物镜,镜框就是孔径光阑。物镜框经目镜所成的像,就是显微镜的出瞳。高倍物镜一般是以最后一组透镜框作为孔径光阑。除此之外,用于测量的显微镜,为消除调焦不准对测量精度的影响,一般将专门的孔径光阑设置在物镜的像方焦平面上,形成物方远心光路。在目视光学系统中,眼瞳和出瞳重合很重要,这可以避免因为额外的渐晕而造成的视场减小。

假设出射光瞳和该系统的像方焦平面重合,如图 3-20 所示,$A'B'$ 是物体 AB 被显微镜放大后的虚像,其大小为 y',由图可知,出射光瞳半径 a' 为

$$a' = x' \tan u' \tag{3-25}$$

式中,u' 为像方孔径角,由于显微镜像方孔径角 u' 很小,可以用其正弦值代替正切,则

$$a' = x' \sin u' \tag{3-26}$$

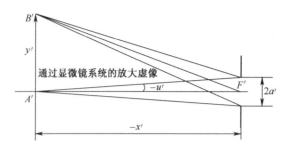

图 3-20　显微镜的出射光瞳

对于显微镜物镜,设计时通常要求光轴附近接近于理想成像,于是满足

$$\beta = \frac{y'}{y} = \frac{n\sin u}{n'\sin u'} \tag{3-27}$$

将 $n' = 1$ 代入式(3-27),利用牛顿式,则有

$$\sin u' = -\frac{f'}{x'}n\sin u \tag{3-28}$$

将式(3-28)代入式(3-26),可得

$$a' = -f'n\sin u = -f'NA = \frac{250}{\Gamma}NA \tag{3-29}$$

式中,$NA = n\sin u$,NA 称为数值孔径。由式(3-29)可以得知,当显微镜数值孔径一定时,显微镜放大倍率越高,出射光瞳的直径就越小。实际上,因显微镜的放大倍率都比较高,所以出射光瞳直径一般都很小,都小于眼睛的瞳孔直径,只有显微镜为低倍率时才能达到眼睛瞳孔的直径。

3.5.3.2　显微镜中的视场光阑

在显微镜中间实像平面上有专门设置的视场光阑,其大小是物面上的可见范围与物镜放大率的乘积。设分划板直径为 D,则显微镜的视场为

$$2y = D/\beta \tag{3-30}$$

视场光阑的大小应与目镜的视场角一致,即

$$D = 2f_2'\tan\omega' \tag{3-31}$$

用目镜的视觉放大率表示为

$$D = 500\tan\omega'/\Gamma_2 \tag{3-32}$$

将式(3-32)代入式(3-30)可得

$$2y = \frac{500\tan\omega'}{\beta\Gamma_2} = \frac{500\tan\omega'}{\Gamma} \tag{3-33}$$

由此可知,在选定目镜后,显微镜的视觉放大率越大,其在物方的可见范围越小。因此,显微镜属于小视场系统。

3.6　望远镜及其光束限制

显微镜和望远镜都用于观察物体,但是两者存在不同之处,显微镜是观察近距离物

体,而望远镜是观察远距离物体。当物体距离观察者很远时,物体对人眼的张角小于人眼的分辨角,人眼看不清物体,就需要用望远镜将视角放大。

3.6.1 望远镜的工作原理

最简单的望远镜是由物镜和目镜两部分组成的,其物镜的像方焦点与目镜的物方焦点重合,如图3-21所示。这种望远系统没有专门设置孔径光阑,物镜框就是孔径光阑,也是入瞳,出瞳位于目镜像方焦点之外,观察者就在此处观察物体的成像情况。系统的视场光阑设在物镜的像平面处,入射窗和出射窗分别位于系统的物方和像方的无限远处,各与物平面和像平面重合。

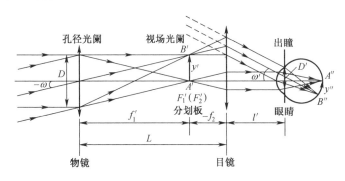

图3-21　望远镜工作原理图

3.6.2 望远镜的放大率

根据前面给出的放大率公式可以导出望远镜系统的各种放大率。

横向放大率为

$$\beta = -\frac{f_2'}{f_1'} \tag{3-34}$$

角放大率为

$$\gamma = -\frac{f_1'}{f_2'} \tag{3-35}$$

轴向放大率为

$$\alpha = \left(\frac{f_2'}{f_1'}\right)^2 \tag{3-36}$$

式中,f_1'和f_2'分别是物镜和目镜的焦距。由式(3-36)可知,望远系统的放大率仅取决于望远系统的结构参数。

视觉放大率是目视光学系统的重要参数,通过望远镜观察物体时,物体的像对人眼的张角ω'的正切值与人眼直接观察物体时,物体对眼睛的视角$\overline{\omega}$的正切之比,称为视觉放大率。可以认为$\tan\omega = \tan\overline{\omega}$,因此,望远镜的视觉放大率与望远镜的角放大率相同。根据视觉放大率的定义可得

$$\varGamma = \frac{\tan\omega'}{\tan\overline{\omega}} = \frac{\tan\omega'}{\tan\omega} = \gamma = -\frac{f_1'}{f_2'} \tag{3-37}$$

可以用出射光瞳直径 D' 与入射光瞳直径 D 的比值来表示望远镜的横向放大率 β，因此，式(3-37)可表示为

$$\Gamma = \gamma = -\frac{f_1'}{f_2'} = \frac{1}{\beta} = -\frac{D}{D'} \tag{3-38}$$

由望远镜视觉放大率公式可见，视觉放大率仅取决于望远系统的结构参数，其值等于物镜和目镜的焦距之比。

当物镜和目镜都为正焦距($f_1'>0$,$f_2'>0$)的光学系统时，如开普勒望远镜，则放大率 Γ 为负值，系统成倒立的像；而物镜的焦距为正($f_1'>0$)，目镜焦距为负($f_2'<0$)时，如伽利略望远镜，则放大率 Γ 为正值，系统成正立的像。

确定望远镜的视觉放大率，需要考虑许多因素，如仪器的精度要求、目镜的结构形式、望远镜的视场角、仪器的结构尺寸等。

表示观测仪器精度的指标是极限分辨角 ϕ。望远镜的设计必须符合有效放大率的要求，若以 $60''$ 为人眼的分辨率极限，为使望远镜所能分辨的细节也能被人眼分辨，则望远镜的视放大率和它的极限分辨角 ϕ 应满足

$$\phi = \frac{60''}{\Gamma} \tag{3-39}$$

由式(3-39)可知，若要求分辨角减小，视放大率应该增大。

望远镜的极限分辨角是刚好能分辨两点对物镜入瞳中心所张的角度表示，其值可由衍射理论得出

$$\phi = \left(\frac{130}{D}\right)'' \tag{3-40}$$

式中，D 为望远镜系统的入瞳直径(mm)。

将式(3-40)代入式(3-39)，就可以得到望远镜系统应具有的最小视觉放大率为

$$\Gamma = \frac{60}{\dfrac{130}{D}} \approx \frac{D}{2.3} \tag{3-41}$$

由式(3-41)计算的视觉放大率是满足人眼分辨率要求的最小视觉放大率，按此设计的望远镜观测时易于疲劳，所以设计望远镜时宜用大于正常放大率的值，通常用工作放大率作为望远镜的视觉放大率。工作放大率常为正常放大率的 1.5~2 倍。

3.6.3 望远镜的类型和光束限制

望远镜分为伽利略型和开普勒型，两者的目镜不同，伽利略望远镜具有负目镜，开普勒望远镜具有正目镜。本节将对两种类型望远镜进行介绍，并对两种类型望远镜的光束限制进行分析。

3.6.3.1 伽利略望远镜

伽利略望远镜的物镜是一块正透镜，目镜是一块负透镜，如图3-22所示。伽利略望远镜是以人眼的瞳孔作为孔径光阑，同时又是望远镜的出瞳。成像位于眼睛之后，是一个放大的虚像。物镜框作为视场光阑，同时又是望远镜的入射窗。由于望远镜的入射窗与

物面不重合,因此,伽利略望远镜的系统视场边缘点成像存在渐晕现象,如图 3-23 所示。

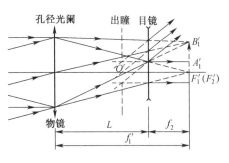

图 3-22　伽利略望远镜

当望远镜的物镜确定后,下面以 50% 渐晕来计算视场大小。入射窗到入射光瞳的距离为 l,出射光瞳到出射窗的距离为 l',l'_z 是目镜到出射光瞳的距离,L' 为出射窗到目镜的距离,可知

$$l = \Gamma^2 l' = \Gamma^2(-L' + l'_z) \qquad (3\text{-}42)$$

根据高斯公式有

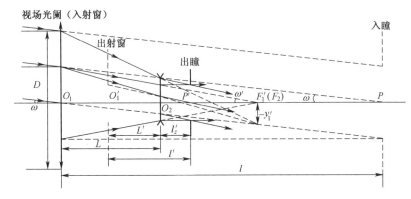

图 3-23　伽利略望远镜成像

$$L' = \frac{-Lf'_2}{-L + f'_2} = \frac{-Lf'_2}{-f'_1} = -\frac{L}{\Gamma} \qquad (3\text{-}43)$$

式中,$L = f'_1 + f'_2$ 为望远镜的机械筒长。将式(3-43)代入式(3-42)可得

$$l = \Gamma^2\left(\frac{L}{\Gamma} + l'_z\right) = \Gamma(L + \Gamma l'_z) \qquad (3\text{-}44)$$

设物镜直径为 D,由图 3-23 得

$$\tan\omega = \frac{D}{2l} \qquad (3\text{-}45)$$

将式(3-44)代入式(3-45),可得

$$\tan\omega = \frac{D}{2\Gamma(L + \Gamma l'_z)} \qquad (3\text{-}46)$$

这也说明,伽利略望远镜的物镜直径确定后,其视觉放大率越大,视场越小。因此,为了使视场不至于过小,其视觉放大率不宜过大。

3.6.3.2　开普勒望远镜

开普勒望远镜的物镜就是系统的孔径光阑,也是入瞳,如图 3-24 所示。物体经过物镜成一实像,实像处可以设置分划板,同时分划板的边框作为系统的视场光阑,其直径为 $2y'$,由物镜的焦距 f' 和视场角 ω 决定,即

$$\tan\omega = \frac{y'}{f'} \qquad (3\text{-}47)$$

开普勒望远镜的视场一般不超过15°,人眼必须位于望远镜的出瞳处,才能观察到望远镜的全视场。一般情况下,最大视场允许有50%的渐晕,依照式(3-47)可以计算出目镜的最小口径。

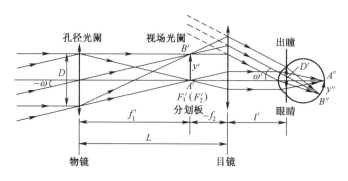

图 3-24　开普勒望远镜

3.6.3.3　转像系统

开普勒望远镜由两个正光焦度的物镜和目镜组成,系统成倒立的像,为了人眼的观察习惯,通过加入转像系统获得正立的像。转像系统分为转像透镜和转像棱镜。这里只介绍透镜转像系统。

转像系统的作用有两个,其一是实现正像,其二是使系统加长。根据仪器要求不同,常见的透镜转像系统又分为单组透镜转像系统和双组透镜转像系统。在成像要求不太严格的系统内,常用单组透镜转像系统来转像;若对成像有较高的要求,则必须利用双组透镜转像系统来转像。

在望远镜中加入单组转像系统后的光路图如图 3-25 所示。转像系统把物镜形成的倒像 $A'B'$ 变成正像 $A''B''$,$A''B''$ 位于目镜的物方焦平面上,经目镜后成像于无穷远处。由图 3-25 可知,转像系统的物面就是望远镜物镜的像方焦平面,它的像面就是目镜的物方焦平面。转像系统没有加入之前,物镜的像方焦平面和目镜的物方焦平面是重合的,加入转像系统后,它们两个被分开了,系统的轴向长度增加了 L_0。这对于希望轴向长度较大的仪器来说是有利的。但对于希望轴向长度小一些的仪器来说,显然 L_0 不宜过大。下面讨论 L_0 取极小值的条件。

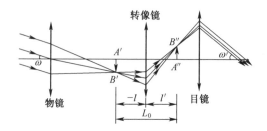

图 3-25　望远镜中加入单组转像系统

设转像系统的焦距为 f',物体和像距离转像透镜的距离分别为 $-l$ 和 l'。则增加的距离 L_0 表示为

$$L_0 = l' - l \tag{3-48}$$

对转像系统用高斯式

$$\phi = \frac{1}{f'} = \frac{1}{l'} - \frac{1}{l} \tag{3-49}$$

式中,ϕ 为转像透镜的光焦度。由式(3-48)和式(3-49)可得

$$L_0 = -\frac{\phi l^2}{1 + \phi l} \tag{3-50}$$

由式(3-50)可知 L_0 是 l 的函数,可以让 L_0 对 l 的一阶导数为零,得到 l 的解,然后代入到上式获得 L_0 的极值。L_0 对 l 的一阶导数为

$$\frac{\mathrm{d}L_0}{\mathrm{d}l} = -\frac{\phi l(2 + \phi l)}{(1 + \phi l)^2} = 0$$

解上式,得到两个解为

$$l = 0, l = -2f'$$

显然 $l=0$ 无意义,$l=-2f'$ 表明转像透镜位于距离物镜像方焦平面两倍于转像透镜距离的地方,把 $l=-2f'$ 代入式(3-49)可得 $l'=2f'$,把 l 和 l' 代入式(3-50),得到 L_0 的极限值为

$$L_{0m} = 4f'$$

双组透镜转像系统由转像透镜 I 和转像透镜 II 组成,双组透镜转像系统的望远镜光路图如图3-26所示。为了获得理想的成像质量,转像透镜 I 的物方焦平面和物镜的像方焦平面重合,转像透镜 I 的像方焦平面和目镜的物方焦平面重合。这样,转像透镜 I 和转像透镜 II 之间的光束是平行光束。

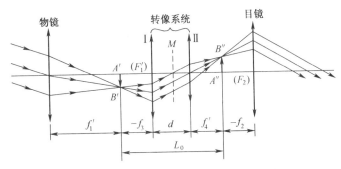

图 3-26　双组透镜转像系统的望远镜光路

如果把望远镜的转像系统从中间分开,则整个望远镜系统可以看作前后两个望远镜系统组合而成。由视觉放大率的定义可知,前后两个望远镜系统的视觉放大率为

$$\Gamma_1 = -\frac{f'_1}{f'_3}, \Gamma_2 = -\frac{f'_4}{f'_2} \tag{3-51}$$

整个望远镜系统的视角放大率 Γ 为

$$\Gamma = \Gamma_1\Gamma_2 = \frac{f'_1 f'_4}{f'_3 f'_2} \tag{3-52}$$

Γ 恒为正值,望远镜的像为正像,如果转像透镜 I 和转像透镜 II 的焦距相等,即 $f'_3 = f'_4$,则

$$\Gamma = \frac{f'_1}{f'_2} \qquad\qquad (3-53)$$

望远镜未加入转像系统时,其放大率为

$$\Gamma = -\frac{f'_1}{f'_2}$$

此式与式(3-53)比较可知,转像系统仅仅用来转像,而不改变原像的大小。

在加入转像系统后系统的长度增长量 L_0 可以表示为

$$L_0 = f'_3 + d + f'_4 \qquad\qquad (3-54)$$

式中,d 为转像透镜 I 和转像透镜 II 之间的空气间隔。若 $f'_3 = f'_4 = f'$,则

$$L_0 = 2f' + d \qquad\qquad (3-55)$$

若在其中间位置上设置光阑,作为系统的孔径光阑,则这样的转像系统称为对称式转像系统。

在望远镜视场不大的情况下,每组可采用双胶合物镜组作为转像系统。若视场大时,转像系统的结构也随之变得复杂。转像系统可以安置在目镜里,成为正像目镜。

3.6.3.4 场镜

在具有透镜转像系统的光学系统中,为了使通过物镜后的轴外光束折向转像系统,以减小转像系统的横向尺寸,通常在物镜镜像平面上或其附近增设一块透镜,该透镜称为场镜。

在具有透镜转像系统的光学系统中,物镜和转像系统之间形成了一个中间像,使得轴外光束在转像系统上的高度增加,如图 3-27(a)所示。为了减小转像系统的口径,减小仪器的外形尺寸并有利于转像系统的像差校正及其结构简化,需在物镜的像平面或像平面附近加入一块透镜,如图 3-27(b)所示,此透镜称为场镜。场镜通常只改变成像光束的位置,不改变系统的光学特性,即不改变系统的视场与视觉放大率。

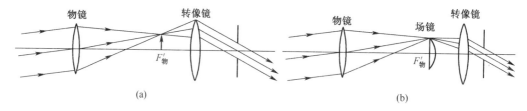

图 3-27 具有透镜转像系统的光学系统设置场镜前后

在具有透镜转像系统的光学系统中放置场镜,通过主点的共轭光线方向不变,故轴上点成像光束的孔径不变。由像差理论可知,场镜不产生球差、彗差、像散和色差,只产生少量的场曲和畸变。因此它除了聚光作用外,有时也被用来校正系统的场曲和畸变。

3.7 光学系统的景深与远心光路

3.7.1 光学系统的景深

前面所讨论的只是垂直于光轴的平面上点的成像问题,属于这一类成像的光学仪器

有生物显微镜、照相制版物镜和电影放映物镜等。实际上还有很多光学仪器要求对整个空间或部分空间的物点成像在一个像平面上,例如,普通的照相机物镜和望远镜就是这一类。对一定深度的空间在同一像平面上要求所成的像足够清晰,这就是光学系统的景深问题。能够在像平面上获得足够清晰像的空间深度,称为成像空间的深度,或称为景深。

位于空间中的物点 B_1、B_2 分别在距光学系统入瞳不同的距离处,如图 3-28 所示,P 为入瞳中心,P' 为出瞳中心,A' 为像平面,称为景像平面。在物空间与景像平面共轭的平面 A 称为对准平面。

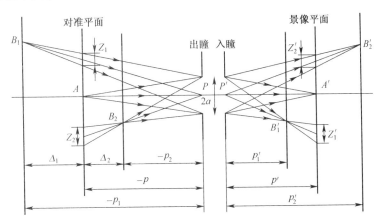

图 3-28　光学系统的景深

当入瞳有一定大小时,由不在对准平面上的空间物点 B_1 和 B_2 发出并充满入瞳的光束,将与对准平面相交为弥散斑 Z_1 和 Z_2,它们在景像平面上的共轭像为弥散斑 Z_1' 和 Z_2'。显然像平面上的弥散斑的大小与光学系统入瞳的大小和空间点距对准平面的距离有关。如果弥散斑足够小,例如,它对人眼的张角小于眼睛的最小分辨角(约为 1′),那么眼睛看起来并无不清晰的感觉,这时,弥散斑可认为是空间点在平面上成像。何况任何光能接收器都不是完善的,并不要求像平面上所有像点均为一几何点,只要光能接收器所接受的影像认为是清晰的就可以了。

这样能成足够清晰像的最远平面(如物点 B_1 所在的平面)称为远景,能成清晰像的最近平面(如物点 B_2 所在的平面)称为近景。两者离对准平面的距离分别表示为 Δ_1 和 Δ_2,称为远景深度和近景深度。可见,景深就是远景深度与近景深度之和 $\Delta=\Delta_1+\Delta_2$。

设对准平面、远景与近景离入瞳的距离分别以 p、p_1 和 p_2 表示,并以入瞳中心为坐标原点,则上述各量为负值,在像空间对应的共轭面离出瞳距离以 p'、p_1' 和 p_2' 表示,并以出瞳中心为坐标原点,所以这些量是正值。并设入瞳和出瞳的直径分别为 $2a$ 和 $2a'$。

因为景像平面上的弥散斑 z_1' 和 z_2' 与对准平面上的弥散斑 z_1 和 z_2 是物像关系,所以
$$z_1' = \beta z_1, z_2' = \beta z_2 \tag{3-56}$$
式中,β 为共轭平面 A 和 A' 间的垂轴放大率。

由图 3-28 中的相似三角形关系可得
$$\frac{z_1}{2a} = \frac{p_1 - p}{p_1}, \frac{z_2}{2a} = \frac{p - p_2}{p_2} \tag{3-57}$$

由此,可得

$$z_1 = 2a \frac{p_1 - p}{p_1}, z_2 = 2a \frac{p - p_2}{p_2} \tag{3-58}$$

则

$$z_1' = 2a\beta \frac{p_1 - p}{p_1}, z_2' = 2a\beta \frac{p - p_2}{p_2} \tag{3-59}$$

可见,景像平面上的弥散斑大小除与入瞳直径有关外,还与距离 p、p_1 和 p_2 有关。至于弥散斑直径 z_1' 和 z_2' 的允许值为多少,要视光学系统的用途而定。例如,一个普通的照相物镜,当照片上各点的弥散斑对人眼的张角小于人眼的最小分辨角($1'\sim2'$)时,则看起来好像是点像,可认为图像是清晰的,用 ε 表示弥散斑对人眼的极限分辨角。当极限角度值 ε 确定之后,允许的弥散斑大小还与眼睛到照片的观察距离有关,因此还需确定这一距离。

为了得到正确的空间感觉而不发生景像弯曲,必须要以适当的距离来观察照片,就是应该使照片上图像各点对眼睛的张角与直接观察空间时各对应点对眼睛的张角相等。符合这一条件的距离,称为正确透视距离,用 D 表示。如图 3-29 所示,眼睛在 R 处。为了得到正确的透视,景像平面上的像 $A'B'$(即$-y'$)对 R 的张角应与物空间的共轭线段 AB(即y)对入瞳中心 p 的张角 ω 相等,由此得

$$\frac{-y'}{-D} = \tan\omega = \frac{y}{-p}$$

则

$$D = -\frac{y'}{y}p = -\beta p \tag{3-60}$$

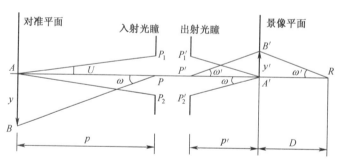

图 3-29　正确透视

因此,景像平面上或照片上弥散斑直径的允许值(为方便起见,以下不再考虑符号)为

$$z' = z_1' = z_2' = D\varepsilon = \beta p \varepsilon \tag{3-61}$$

对应于对准平面上弥散斑的允许值为

$$z = z_1 = z_2 = \frac{z'}{\beta} = p\varepsilon \tag{3-62}$$

当 z_1 和 z_2 确定之后,便可代入式(3-58)求得近景和远景到入瞳的距离 p_1 和 p_2

$$p_1 = \frac{2ap}{2a - z_1}, p_2 = \frac{2ap}{2a + z_2} \tag{3-63}$$

由此可得远景和近景到对准平面的距离,即远景深度 Δ_1 和近景深度 Δ_2 为

$$\Delta_1 = p_1 - p = \frac{pz_1}{2a - z_1}, \Delta_2 = p - p_2 = \frac{pz_2}{2a + z_2} \tag{3-64}$$

将 $z_1 = z_2 = p\varepsilon$ 代入上式,则得

$$\Delta_1 = \frac{p^2\varepsilon}{2a - p\varepsilon}, \Delta_2 = \frac{p^2\varepsilon}{2a + p\varepsilon} \tag{3-65}$$

由式(3-65)可知,当光学系统的入瞳大小 $2a$ 和对准平面的位置 p 以及极限角 ε 一定时,远景深度 Δ_1 较近景深度 Δ_2 要大。

总的成像空间深度即景深 Δ 为

$$\Delta = \Delta_1 + \Delta_2 = \frac{3ap^2\varepsilon}{3a^2 - p^2\varepsilon} \tag{3-66}$$

如果用孔径角 U 代替入瞳直径,由图 3-29 可知它们有以下关系:

$$2a = 2p\tan U \tag{3-67}$$

这样,光学系统的景深式(3-66)变为

$$\Delta = \frac{3p\varepsilon\tan U}{3\tan U^2 - \varepsilon^2} \tag{3-68}$$

由式(3-67)和式(3-68)可知,入瞳直径愈小,即孔径角愈小,景深就愈大。在拍照时,把光圈缩小,可以获得大的空间深度的清晰像就是这个道理。

下面讨论两种具体情况。

(1)如果要使对准平面以后的整个物空间都能在景像平面上成清晰像。即 $\Delta_1 = \infty$ 对准平面应位于何处?

由式(3-65)可知,当 $\Delta_1 = \infty$ 时,分母 $(2a - p\varepsilon)$ 应等于零。故

$$p = \frac{2a}{\varepsilon} \tag{3-69}$$

即从对准平面中心看入瞳时,其对眼睛的张角应等于极限角 ε。当 $p = 2a/\varepsilon$ 时,近景位置 p_2 为

$$p_2 = p - \Delta_2 = p - \frac{p^2\varepsilon}{2a + p\varepsilon} = \frac{p}{2} = \frac{a}{\varepsilon} \tag{3-70}$$

因此,把照相机物镜调焦于 $p = 2a/\varepsilon$ 的距离时,在景像平面上可以得到自入瞳前距离为 a/ε 的平面起到无限远的整个空间内物体的清晰像。

(2)如果把照相机物镜调焦于无限远,即 $p = \infty$ 时,近景位于何处?

以 $z_2 = p\varepsilon$ 代入式(3-63)的第二式中,并对 $p = \infty$ 求极限,则可求得近景位置

$$p_2 = \frac{2a}{\varepsilon} \tag{3-71}$$

也就是说,这时的景深等于从物镜前距离为 $p_2 = 2a/\varepsilon$ 的平面开始到无限远。显然,第二种情况下近景距离较第一种情况大 1 倍。所以,把对准平面调在无限远时,景深要小一些。

前面的讨论是假定在正确透视距离来看照片,此时景深与物镜的放大率无关,即与物镜的焦距无关。有时规定景像平面上的弥散斑不能超过某一数值,此时景深就与物镜的

焦距有关,因为 $z'=\beta z=-f'z/x$,当 z' 一定时,对一定的对准平面位置,f 愈大,z 就愈小,即在对准平面上的弥散斑就愈小,因此景深就小了。所以景深随着焦距的增大而减小。

3.7.2 远心光路

在光学仪器中,有很大一部分仪器是用来测量长度的。它通常分为两种情况:

(1)光学系统有一定的放大率,使被测物的像和一刻尺相比,以求得被测物体的长度,如工具显微镜等计量仪器。

在仪器的光学系统的实像平面上,放置有已知刻值的透明刻尺(分划板),分划板上的刻尺刻度值已考虑了物镜的放大率,因此按刻度读得的像高即为物体的长度。按此方法完成物体的长度测量,刻尺与物镜之间的距离应保持不变,以使物镜的放大率保持常数,这种测量方法的测量精度在很大程度上取决于像平面与刻尺平面的重合程度。这一般是通过对整个光学系统(连目镜)相对于被测物体进行调焦来达到的。但是,由于景深及调焦误差的存在,不可能做到使像平面和刻尺平面完全重合,这就难免要产生一些误差。像平面与刻尺平面不重合的现象称为视差。由于视差而引起的测量误差可由图 3-30 来说明。图中,$P_1'P'P_2'$ 是物镜的出瞳,$B_1'B_2'$ 是被测量物体的像,M_1M_2 是刻尺平面,由于两者不重合,像点 B_1' 和 B_2' 在刻尺平面上形成弥散斑 M_1 和 M_2,实际量得的长度为 M_1M_2,显然这比真实像 $B_1'B_2'$ 要长一些。视差越大,光束对光轴的倾角越大,其测量的误差也越大。

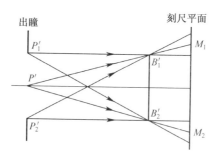

图 3-30 由于视差而引起的测量误差

如果适当地控制主光线的方向,就可以消除或大为减少视差对测量精度的影响,这只要把孔径光阑设在物镜的像方焦平面上即可。如图 3-31(a)所示,光阑也是物镜的出瞳。此时,由物镜射出的每一光束的主光线都通过光阑中心所在的像方焦点,而物方主光线都是平行于光轴的,如果物体 B_1B_2 正确地位于与刻尺平面 M 共轭的位置 A_1 上。那么它成像在刻尺平面上的长度为 M_1M_2;如果由于调焦不准,物体 B_1B_2 不在位置 A_1 而在位置 A_2 上,则它的像 $B_1'B_2'$ 将偏离刻尺,在刻尺平面上得到的将是由弥散斑所构成的 $B_1'B_2'$ 的投影像。但是,由于物体上同一点发出的光束的主光线并不随物体的位置移动而发生变化,因此通过刻尺平面上投影像两端的两个弥散中心的主光线仍通过 M_1 和 M_2 点,按此投影像读出的长度仍为 M_1M_2。这就是说,上述调焦不准并不影响测量结果。因为这种光学系统的物方主光线平行于光轴,主光线的会聚中心位于物方无穷远处,故称为物方远心光路。

(2)把一标尺放在不同位置,通过改变光学系统的放大率,使标尺像等于一个已知值,以求得仪器到标尺间的距离,如大地测量仪器中的视距测量等。

物体的长度已知(一般是带有分划的标尺),位于望远物镜前要测定其距离的地方,物镜后的分划板平面上刻有一对间隔为已知的测距丝。欲测量标尺所在处的距离时,调焦物镜或连同分划板一起调焦目镜,以使标尺的像和分划板的刻线平面重合,读出与固定间隔的测距丝所对应的标尺上的长度,即可求出标尺到仪器的距离。同样,由于调焦不准,标尺的像和分划板的刻线平面不重合,使读数产生误差而影响测距精度。为消除或减小这种误差,可以在望远镜的物方焦平面上设置一个孔径光阑,如图 3-31(b)所示,光阑也是物镜的入瞳,此时进入物镜光束的主光线都通过光阑中心所在的物方焦点。在像方空间这些主光线都平行于光轴。如果物体 B_1B_2(标尺)的像 $B_1'B_2'$ 不与分划板的刻线平面 M 重合,则在刻线平面 M 上得到的是 $B_1'B_2'$ 的投影像,即弥散斑 M_1 和 M_2。但由于在像方空间的主光线平行于光轴,因此按分划板上弥散斑中心所读出的距离 M_1M_2 与实际的像长 $B_1'B_2'$ 相等。M_1M_2 是分划板上所刻的一对测距丝,不管它是否和 $B_1'B_2'$ 相重合,它与标尺所对应的长度总是 B_1B_2,显然,这不会产生误差。这种光学系统,因为像方的主光线平行于光轴,其会聚中心在像方无穷远处,故称为像方远心光路。

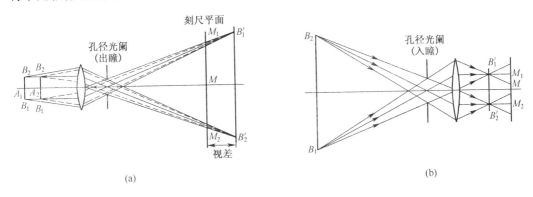

图 3-31 远心光路
(a)物方远心光路;(b)像方远心光路。

习　题

1. 概念题

(1) 采用远心光路的显微镜中,孔径光阑位于(　　　)。

(2) 光学系统的孔径光阑限制(　　　),视场光阑限制(　　　)。

(3) 孔径光阑的作用是(　　　),视场光阑的作用是(　　　),孔径光阑在系统像空间的共轭像称为(　　　),孔径光阑在系统空间的共轭像称为(　　　)。照相物镜的相对孔径为(　　　)与(　　　)之比。

(4) 什么是光学系统中的孔径光阑、入瞳、出瞳?

(5) 什么是场镜? 场镜有什么作用?

(6) 什么叫出瞳和出瞳距离?

(7) 光学系统中与孔径光阑共轭的是(　　　)。

(8) 限制轴上物点成像光束宽度的光阑是(　　　),而(　　　)在其基础上进一步限制轴外物点的成像光束宽度。

（9）为减少测量误差,测量仪器一般采用(　　)光路。

（10）什么叫望远镜的有效放大率?如何根据望远镜出瞳直径大小来判定望远镜实际视觉放大率大于、小于还是等于有效放大率?

（11）照相物镜的作用是什么?表示照相物镜光学特性的参量有哪些?

（12）显微镜视觉放大率与显微镜物镜、目镜放大率的关系为(　　)。

（13）照相物镜的视场光阑为(　　),开普勒望远镜的孔径光阑通常取在(　　);伽利略望远镜的孔径光阑与(　　)重合;测量显微镜中孔径光阑位于(　　),入瞳位于(　　),因此称为(　　)。

（14）目视光学仪器的视觉放大率等于使用仪器与不使用仪器观察时(　　)之比,对望远镜来说也就是(　　)和(　　)正切之比。

（15）什么是物方远心光路?什么是像方远心光路?

2.计算题

（1）一个人近视程度$-2D$(屈光度),调节范围$8D$,求:

① 远点距离;

② 近点距离;

③ 戴上100度近视镜,求该镜焦距;

④ 戴上该镜后,求看清的远点距离;

⑤ 戴上该镜后,求看清的近点距离;

（2）如果双目望远镜系统的出射瞳孔离开目镜像方主平面距离是15mm,求在物镜焦面上加入的场镜的焦距。

（3）在开普勒望远镜中,物镜焦距$f'_1=108$mm,目镜焦距$f'_2=18$mm,假定物镜的口径为30mm,目镜的通光口径为20mm,问该望远镜的最大极限视场角等于多少?渐晕系数$K=0.5$的视场角等于多少?

（4）一显微镜的筒长为150mm,如果物镜的焦距为20mm,目镜的视觉放大率为12.5,求:

① 总的视觉放大率;

② 如果数值孔径为0.1,问该视觉放大率是否在适用范围内?

（5）有一双星,两星之间距离为1亿km,它们距地球是9.5×10^{12}km,试问欲看清两星,需多大口径的望远镜物镜,为充分发挥望远镜的衍射分辨率,应采用多大倍率的望远镜?

（6）用两个焦距都是50mm的正透镜组成一个10倍的显微镜,问物镜的倍率、目镜的倍率以及物镜和目镜之间的间隔各为多少?

（7）为了看清楚4km处相隔150mm的两个点(设$l'=0.0003$rad),若用开普勒望远镜观察,则:

① 求开普勒望远镜工作放大率;

② 若筒长$L=100$mm,求物镜和目镜的焦距;

③ 物镜框是孔径光阑,求出射光瞳距离;

④ 视度调节在$\pm5D$(屈光度),求目镜移动量;

⑤ 若物方视场角 $2\omega = 8°$，求像方视场。

（8）一个浸油的显微镜每毫米能分辨 4400 对线，用波长为 450nm 的蓝光倾斜照明，求该显微物镜的数值孔径。

（9）有一架开普勒望远镜，目镜焦距为 100mm，出瞳直径 $D' = 4$mm，求当望远镜视觉放大率分别为 10 和 20 时，物镜和目镜之间的距离各为多少？假定入瞳位于物镜框上，物镜通光口径各为多大（忽略透镜厚度）？

（10）一显微镜垂直放大倍率 $\beta = -3^×$，数值孔径 $NA = 0.1$，共轭距 $L = 180$mm，物镜框是孔径光阑，目镜距离 $f'_e = 25$mm。

① 求显微镜视觉放大率；

② 求出射光瞳距离；

③ 求出射光瞳直径；

④ 求物镜通光孔径；

⑤ 设物高 $2y = 6$mm，渐晕系数 $K = 50\%$，求目镜通光孔径。

（11）欲分辨 0.000725mm 微小物体，使用波长 $\lambda = 0.00055$mm，斜入射照明，问：

① 显微镜视觉放大率最小应该是多少？

② 数值孔径取多少合适？

（12）已知显微镜目镜 $\Gamma = 15^×$，问其焦距为多少？物镜 $\beta = -2.5^×$，共轭距离 $L = 180$mm，求其焦距及物像方截距为多少？显微镜总视觉放大率为多少？总焦距为多少？

第4章 像差理论及像质评价

像差就是由于实际光路与近轴光路之间的差别而引起的成像缺陷,它反映了实际成像与理想成像之间的差异。在几何像差中,如果只考虑单色光成像,光学系统可能产生五种性质不同的像差,分别为球差、彗差、像散、场曲和畸变,统称为单色像差。但是,绝大多数光学系统用的是白光或复色光成像。白光是不同波长单色光的组合,它们对于同一光学介质具有不同的折射率。因而白光进入系统后,就会因色散而使其中的不同色光有不同的传播光路,从而呈现出因不同色的光路差别而引起的像差,称为色差。几何色差有两种,分别为位置色差和倍率色差。

4.1 球　　差

由光轴上一点发出的光线经球面折射后所得的截距 L',随入射孔径角或入射高度 h 而异。这样,轴上点发出的同心光束经光学系统各个球面折射后,将不再是同心光束。不同倾角的光线交光轴于不同位置上,相对于理想像点的位置有不同的偏离。这是单色光的成像缺陷之一,称为球差。

由于轴上点光束具有轴对称的特点,而且绝大多数光学系统的光瞳为圆形,其成像光束的光束轴与光轴是对称的。因此,一般选取上半个光束进行计算,就可以了解整个系统的光束经系统后的会聚情况和描述球差。

光学系统成像如图 4-1 所示,轴上点 A 的理想成像为 A_0',它相对于系统最后一面的像距为 l'。由 A 发出的光线经过光学系统后,交光轴于 A',它相对于系统最后一面的像距为 L',L' 与 l' 之差就是这条光线的球差 $\delta L'$,其表示为

$$\delta L' = L' - l' \tag{4-1}$$

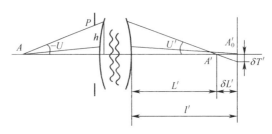

图 4-1　光学系统的球差

显然,以不同的孔径角 U 入射的光线有不同的轴向球差,若轴上物点以最大的孔径角 U_m 成像,则其球差称为边缘光球差 $\delta L_m'$,如果用孔径角 $U = 0.707U_m$ 成像,则相对应的球差称为 0.707 带球差,用 $\delta L_{0.707}'$ 表示,依此类推。

当 $\delta L' < 0$ 时,称为球差校正不足,当 $\delta L' > 0$ 时,称为球差过校正,当 $\delta L' = 0$ 时,光学系统对这条光线校正了球差。大部分光学系统只能做到对一条光线进行球差校正,一般是对边缘光线校正,这样的光学系统称为消球差光学系统。

球差也可以在垂轴方向度量,通常是在高斯像面上以轴向球差所引起的弥散圆半径来度量,称为垂轴球差,用 $\delta T'$ 表示,它与轴向球差 $\delta L'$ 有如下关系:

$$\delta T' = \delta L' \tan U' \tag{4-2}$$

由上式可知,球差和像方倾斜角越大,高斯面上的弥散越大,这将使像模糊不清。所以光学系统为使成像清晰,必须校正球差。对大孔径系统,即使球差较小也会形成较大的弥散,因此,必须严格校正球差。

平常所称的球差都是指轴向球差,对于单色光而言,轴上点成像只会产生球差。球差是 U_1 或者 h_1 的函数,但是 L' 与 U_1 或者 h_1 被一套包括系统结构参数在内的光路计算公式所联系,无法将球差和 U_1 或者 h_1 之间的关系用显函数表示出来。

为了深入了解,将球差展开成 h_1 的幂级数。当 h_1 变号时,轴向球差 $\delta L'$ 不变,因此,级数展开式中只能包含 h_1 的偶次方项。并且 $h_1 = 0$ 时,$\delta L' = 0$,展开式中不可能有常数项,轴向球差 $\delta L'$ 表示为

$$\delta L' = a_1 h_1^2 + a_2 h_1^4 + a_3 h_1^6 + \cdots \tag{4-3}$$

展开式中第一项称为初级球差,第二项称为二级球差,二级以上的球差称为高级球差,a_1 和 a_2 分别为初级球差系数和二级球差系数。大部分光学系统的二级以上的高级球差已经很小了,可以略去。因此,轴向球差公式可以表示为

$$\delta L' = a_1 h_1^2 + a_2 h_1^4 \tag{4-4}$$

经过以上分析可知,当孔径较小时,主要存在初级球差,当孔径较大时,二级球差将会增大。将式(4-4)中的孔径因子 h 用相对值 h/h_m 表示

$$\delta L' = a_1 \left(\frac{h}{h_m}\right)^2 + a_2 \left(\frac{h}{h_m}\right)^4 \tag{4-5}$$

使式(4-5)中的初级球差系数 a_1 和二级球差系数 a_2 符号相反,并且具有一定比例,使初级球差和二级球差大小相等,符号相反。该球差为零。在实际设计光学系统时,通过使初级球差和高级球差相互补偿,将球差校正为零。$h = h_m$ 时,$\delta L'_m = 0$,则有 $a_1 = -a_2$。将 $a_1 = -a_2$ 代入式(4-5)得

$$\delta L' = a_1 \left(\frac{h}{h_m}\right)^2 - a_1 \left(\frac{h}{h_m}\right)^4 \tag{4-6}$$

将上式对 h 微分,并令其等于零。球差的极大值对应的高度为

$$h = 0.707 h_m \tag{4-7}$$

将式(4-7)代入式(4-6)可得

$$\delta L'_{0.707} = 0.24 a_1 \tag{4-8}$$

通过上式可知,对于只含有初级球差和二级球差的光学系统,当边缘带球差为零时,$h = 0.707 h_m$ 的剩余球差值最大,约为初级球差的 0.24 倍。

当计算球差之后,需要画出球差曲线。以 h/h_m 为纵坐标绘制球差曲线如图 4-2 所示。以 $(h/h_m)^2$ 为纵坐标,画出球差曲线和初级球差,初级球差为一条直线,且与球差曲线相切于原点,如图 4-3 所示。以孔径的平方为纵坐标来绘制球差曲线,此图与波像差

联系密切,而且很容易反映系统的球差性质。

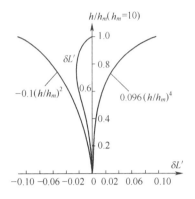 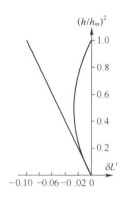

图 4-2 球差曲线图　　　　　　　图 4-3 孔径的平方为纵坐标的球差曲线

4.2 正弦差和彗差

4.2.1 正弦差

对于轴外物点,主光线不是系统的对称轴,对称轴是通过物点和球心的辅助轴。由于球差的影响,对称于主光线的同心光束。经光学系统后,它们不再相交于一点,在垂轴方向也不与主光线相交。正弦差即用来表示小视场时宽光束成像的不对称性。

若近轴物点用宽光束成像,球差总是存在的。近轴物点和轴上的点具有同样程度的成像缺陷,只能要求其成像光束的结构和轴上点的一样,既对称又有等量球差。为达到此要求,光学系统必须满足

$$1 - \frac{n\sin U}{\beta n'\sin U'} = \frac{\delta L'}{l'_z - l'} \tag{4-9}$$

这个条件称为渐晕条件,它是当光学系统轴上点成像有球差时,近轴点或者垂轴小面积成像质量相同的充要条件。满足等晕条件的成像称为等晕成像,如图 4-4 所示。当物面位于无穷远时,式(4-9)可以表示为

$$1 - \frac{h}{f'\sin U'} = \frac{\delta L'}{l'_z - l'} \tag{4-10}$$

若轴上点的球差 $\delta L' = 0$,则式(4-9)和式(4-10)可以表示为

$$\frac{n\sin U}{n'\sin U'} = \beta = \frac{y'}{y} \tag{4-11}$$

$$\frac{h}{\sin U'} = f' \tag{4-12}$$

这就是正弦条件。若系统不满足等晕条件,则式(4-9)和式(4-10)两端不相等,存在正弦差 SC'。由式(4-9)和式(4-10)可以导出,物体在有限远时,正弦差 SC' 可以表示为

86

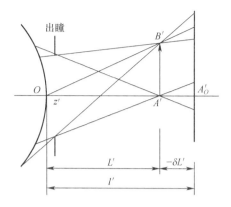

图 4-4　等晕成像

$$SC' = 1 - \frac{n\sin U}{\beta n'\sin U'} - \frac{\delta L'}{l'_z - l'} = \frac{\beta - \dfrac{n\sin U}{n'\sin U'}}{\beta} - \frac{\delta l'}{l'_z - l'} \qquad (4-13)$$

当物体在无穷远时,正弦差 SC' 可以表示为

$$SC' = 1 - \frac{h}{f'\sin U'} - \frac{\delta L'}{l'_z - l'} = \frac{f' - \dfrac{h}{\sin U'}}{f'} - \frac{\delta L'}{l'_z - l'} \qquad (4-14)$$

正弦差 $SC' = 0$,球差 $\delta L' \neq 0$,则满足等晕成像条件。正弦差 $SC' = 0$,球差 $\delta L' = 0$,则满足正弦条件。因此,可以认为正弦条件是等晕条件的特殊情况。

$\beta - n\sin U/n'\sin U'$ 和 $f' - h/\sin U'$ 相当于光学系统中的正弦条件的偏离,分别用 $\delta\beta$ 和 $\delta f'$ 表示,则式(4-9)和式(4-10)可以表示为

$$SC' = \frac{\delta\beta}{\beta} - \frac{\delta L'}{l'_z - l'} \qquad (4-15)$$

$$SC' = \frac{\delta f'}{f'} - \frac{\delta l'}{l'_z - l'} \qquad (4-16)$$

通过公式可以计算出系统的正弦差,并将其绘制成曲线,此曲线称为正弦差曲线,如图 4-5 所示。

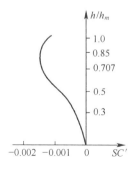

图 4-5　正弦差曲线

4.2.2　彗差

不在主轴上的物点所发出的宽光束通过薄透镜后,如果球差已经消除,则所有光线都将交于同一平面(理想像平面,垂直于主轴),但仍不能交于这个面上的同一点。

正弦差和彗差的区别在于正弦差仅适用于具有小视场的光学系统,而彗差适用于任何视场的光学系统。

彗差是一种描述轴外点光束关于主光线不对称的像差,图 4-6 清楚地描述了这种像差的成因。轴外点 A 发出的子午光束中的上、主、下三条光线,由于它们在球面上的入射点相对于辅轴有不同的高度,即有不同的球差,使本对称于主光线的上、下光线经球面折射以后,失去了对称性。轴外物点在理想的像面上形成的像点如同彗星状的光斑,靠近主光线的细光束交于主光线形成一个亮点,而远离主光线的不同孔径的光线束形成的像点是远离主光线的不同圆环,故这种成像缺陷称为彗差。整个光束系统,由光轴与主光线决定的面,称为子午面,另一个面是过主光线并且与子午面垂直的面,称为弧矢面,如图 4-7 所示。

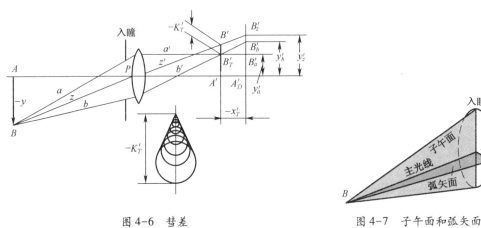

图 4-6　彗差　　　　　　　　　　图 4-7　子午面和弧矢面

为了更清楚地形象地理解光线的分布情况,可引入一些空间平面的概念。通过光具组主轴的任何一个平面都称为主截面,物点在主轴上时,由物点发出的所有光线处于不同的主截面内。在这种情况下,只要讨论一个主截面内光线的分布即可。将它绕主轴转过 180°,即得光线在空间分布的完整图像。但是只要物点不在主轴上,情况就没有这样简单。物点所在的主截面称为子午面,显然子午面不同于其他所有的主截面。如图 4-8 所示,如果物点离轴不远,在物点所在的子午面内,通过透镜中心部分的光线交于一点 Q',与近轴区域理论的结果相符合。而通过透镜边缘的光线则交于另一些点 Q'' 等,所以即使在子午面内,像也已不是一点,而是一条线段。显然,轴外物点所发出的宽光束大部分都不在这个子午面内。在成像时,不在这个子午面内的光线有极重要的作用。这种光线的折射,可用图 4-9 表示。图 4-9(a)为透镜的截面,这个截面是垂直于主轴的,从物点发出的光线到达这个面上某一个环带上的各点时,所经历的光程是不等的。经过这个环带的所有光线在理想像面上并不交于一点,而是交成一个圆,如图 4-9(b)所示。设环带的 A、A′ 两点在物点所在的子午面上,经过这两点的光线相交于像面上的点 A_0（相当于图 4-8 的 Q''）。经过 C、C' 两点的光线虽不在上述子午面上，但是关于子午面是对称的，所以通过这两点的光线相交于圆的点 C_0，仍在这子午面上。依此类推，经过透镜不同环带的光线在理想像面上交成一系列大小不同的圆，圆心在同一直线上，与主轴有不同的距离，形成一个有尖端的亮斑，尖端最亮，带着一个逐渐扩大、逐渐变暗的尾巴，形似彗星，所以叫做彗差。这是假定其他像差都已消除时的情况，实际上其他像差都要比彗差显著得多。当其他像差也存在时，彗差就随之改变形状，因此仅在特殊情形下，方可观察到纯粹的彗差。彗差的大小通常在子午面和弧矢面内用不同孔径的光线对在像空间的交点到主光线的垂轴距离表示。子午面内的光线对的交点到主光线的垂轴距离称为子午彗差，用 K'_T 表示，如图 4-10 所示，KT 对应的线段是光线 a 和 b 的子午彗差，可以表示为

$$K'_T = \frac{1}{2}(y'_a + y'_b) - y'_z \tag{4-17}$$

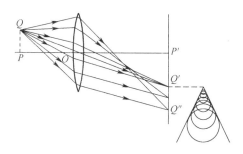

图 4-8　轴外点的慧差

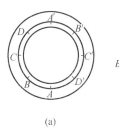

图 4-9　宽光束的折射成像

　　弧矢面内的光线对的交点到主光线的距离称为弧矢彗差，用 K'_S 表示，如图 4-11 所示，KS 对应的线段是光线 c 和 d 的弧矢彗差，可以表示为

$$K'_S = y'_c - y'_z = y'_d - y'_z \tag{4-18}$$

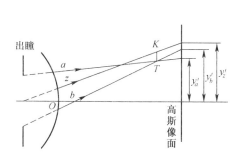

图 4-10　子午彗差

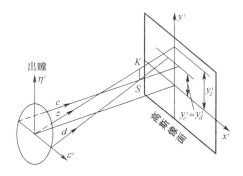

图 4-11　弧矢彗差

　　彗差的像差曲线如图 4-12 所示，横轴表示光线在入瞳上的相对孔径高度，纵轴为光线在像面上交点偏离主光线的距离，图 4-12(a) 和 (b) 分别是轴外某物点的子午和弧矢垂轴像差曲线。

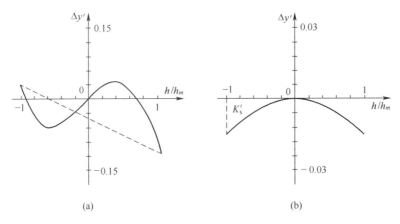

(a)   (b)

图 4-12　彗差的像差曲线

（a）子午彗差；（b）弧矢彗差。

4.3　场曲和像散

4.3.1　场曲

对于一个较大的发光平面，即使光具组的像散已经消除，像面也不是平面而是一个曲面。这表现在光屏放在一定位置时，各个不同的圆环的清晰程度不同。当光屏移动时，一些圆环像变得更为清晰，而另一些圆环像变得更为模糊。可以这样来解释：在像散没有消除以前，一个物点离主轴越远，像散差越大，近似地按照主光线（通过出射光瞳中心的光线）倾角的正切的平方而增加，所以和垂直于主轴的平面物对应的，无论是弧矢像面或是子午像面，都是弯曲的，越到边缘区域差别越大（见图 4-13）。即使设法消除了光具组的像散，也就是说使图中的两个像面合并为一个，合并后像面仍将是弯曲的，平面物的像仍不是平面的。

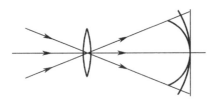

图 4-13　垂直主轴的平面物对应的像

在实际系统中，垂轴平面上的物体不可能成像在理想的垂轴像平面上，这种偏离现象随视场的增大而逐渐增大，使得垂直于光轴的平面物体经球面成像后变得弯曲。平面物体得到的是弯曲的像面，这种成像缺陷称为场曲。

如图 4-14 所示，子午像面和弧矢像面对于理想像面的偏离 x'_t 和 x'_s，称为子午像面的弯曲和弧矢像面的弯曲，简称子午场曲和弧矢场曲。

子午场曲和弧矢场曲可以表示为

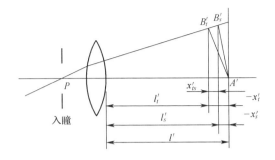

图 4-14 场曲

$$x'_t = l'_t - l' \tag{4-19}$$

$$x'_s = l'_s - l' \tag{4-20}$$

计算子午像点和弧矢像点位置的公式为

$$\frac{n'\cos^2 xI'}{t'} - \frac{n\cos^2 I}{t} = \frac{n'\cos I' - n\cos I}{r} \tag{4-21}$$

$$\frac{n'}{s'} - \frac{n}{s} = \frac{n'\cos I' - n\cos I}{r} \tag{4-22}$$

式中，t 和 t' 分别为物方子午光束汇聚点和像方子午光束汇聚点到主光线在球面上入射点的距离；s 和 s' 为物方弧矢光束汇聚点和像方弧矢光束汇聚点到主光线在球面上入射点的距离。

对于整个系统进行像散光束的计算，需要用沿主光线的转面过渡公式。光学系统的第二个折射面如图 4-15 所示，从图可知

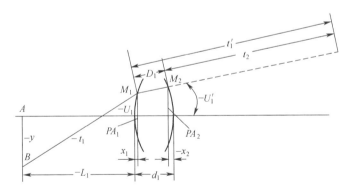

图 4-15 光学系统折射面

$$\begin{cases} t_2 = t'_1 - D_1 \\ s_2 = s'_1 - D_1 \end{cases} \tag{4-23}$$

一般式可以表示为

$$\begin{cases} t_{i+1} = t'_i - D_i \\ s_{i+1} = sx'_i - D_i \end{cases} \tag{4-24}$$

式中，D_i 表示两相邻面之间沿主光线的距离。根据图 4-15 可知

$$D_i = \frac{h_i - h_{i+1}}{\sin U_i'} \tag{4-25}$$

或者

$$D_i = \frac{d_i - x_i + x_{i+1}}{\cos U_i'} \tag{4-26}$$

式中，h_i 和 x_i 可分别表示为

$$h_i = r_i \sin \varphi_i = r_i \sin(U_i + I_i) \tag{4-27}$$

$$x_i = PA_i^2/2r_i \tag{4-28}$$

对于实际物点发出的光束，t_1 和 s_1 是相等的。当物体位于无穷远时，$t_1 = s_1 = \infty$；当物体位于有限远时，则有

$$t_1 = s_1 = \frac{h_1 - y}{\sin U_1} \tag{4-29}$$

或者

$$t_1 = s_1 = \frac{L_1 - x_1}{\cos U_1} \tag{4-30}$$

式中，物距 L_1、物高 y 和角度 U_1 均已知，h_1 或者 x_1 可以由式(4-27)和式(4-28)求得。

求得最后一面的 t_k' 和 s_k' 后，将其换算为最后一面的轴向距离 l_t' 和 l_s'，根据图4-16可得轴向距离为

$$\begin{cases} l_t' = t_k' \cos U_k' + x_k \\ l_s' = s_k' \cos U'_k + x_k \end{cases} \tag{4-31}$$

图4-17是子午场曲和弧矢场曲的像差曲线，从图可以看出，随着视场的增大，场曲在迅速增大。

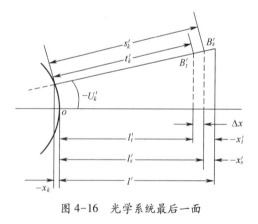

图4-16　光学系统最后一面

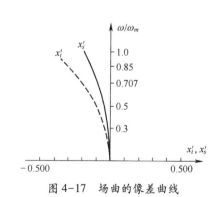

图4-17　场曲的像差曲线

4.3.2　像散

在球差和彗差都已被消除了的光具组中，凡与主轴成较大倾斜角的单心光束，例如从远离主轴的物点发出的光束，即使是狭窄的，出射时也不能保持单心。实际上只要狭窄光束的波面不是球面，就有像散发生（宽光束入射还将引起球差、彗差等）。像散的特征是

对应于一个物点有子午焦线和弧矢焦线同时出现,物点离轴愈远,像散愈显著。

随着视场的增大,远离光轴的物点,即使在沿主光线周围的细光束范围内,也会明显地表现出不对称性质。与此细光束对应的波面也非对称,其在不同方向上有不同的曲率。数学上可以证明,一个微小的非轴对称曲面,其曲率是随方向的变化而渐变的,但存在两条曲率分别为最大和最小的相互垂直的主截线。在光学系统中,这两条主截线正好与子午方向和弧矢方向相对应。这样,使得子午细光束和弧矢细光束,虽因很细而能各自会聚于主光线上,但前者的会聚点 B'_t(子午像点)和后者的会聚点 B'_s(弧矢像点)并不重合。子午光束的会聚度大时,子午像点 B'_t 比弧矢像点 B'_s 更靠近系统。反之,B'_s 更靠近系统。描述子午细光束和弧矢细光束会聚点之间位置差异的像差即称为像散,以 B'_t 与 B'_s 之间的沿轴距离来度量,属于细光束像差。

图 4-18 所示是整个非对称细光束的聚焦情况。在子午像点 B'_t 处聚焦成一条垂直于子午平面的短线,称子午焦线;在弧矢像点 B'_s 处,聚焦成一条位于子午平面上的铅垂短线,称弧矢焦线,且两条焦线互相垂直。在两条短线之间,从子午焦线开始,光束的曲面先表现为长轴与子午平面垂直的椭圆,至中间位置变为圆,再变到长轴在子午平面上的椭圆,然后再次聚焦为弧矢焦线。在两焦线之外,光束截面均为椭圆。图 4-18 所示是子午光束具有最大会聚度的情况,相当于负像散。反之,若弧矢光束具有最大会聚度,相当于具有正像散。上述这种能在两个位置聚焦的非对称细光束称为像散光束。轴外物点成像有像散时,在高斯像面上呈现为椭圆形弥散斑,对成像质量有严重的危害。

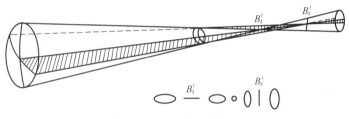

图 4-18　光束的聚焦情况

若光学系统对直线成像,那么,由于像散的存在,其像的质量与直线的方向密切相关。垂轴平面上 3 种不同方向的直线被子午光束和弧矢光束成像情况,如图 4-19 所示。情况 1 是垂直于子午平面的直线,因为其每一点均被子午光束成一垂直于子午面的短线,所以其子午像是一系列与直线方向相同的短线叠合,像是清晰的,其弧矢像则是并列的一系列短线构成,是不清晰的。情况 2 是位于子午面上的直线。同理可知,其子午像是许多并列的短线构成,是模糊的,而弧失像仍为在子午平面上的清晰直线。情况 3 是既非垂直又非位于子午平面的倾斜直线,显然它的子午像和弧矢像都是模糊不清的。

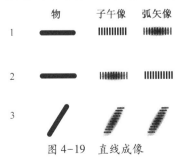

图 4-19　直线成像

根据像散定义、式(4-20)和式(4-31)可知,像散 x'_{ts} 可以表示为

$$x'_{ts} = x'_t - x'_s = (t'_k - s'_k)\cos U'_k \tag{4-32}$$

4.4 畸 变

在讨论理想光学系统成像时,在一对共轭的物像平面上,其放大率是常数,因此,物和所成的像是相似的。但是,对于实际光学系统,当视场较小时具有这一性质,而当视场较大或很大时,物和像面之间的放大率并不是常数,将随视场的增大而变化,这使得轴上的点和视场边缘的点具有不同的放大率,物和像因此完全不相似,这种像对物变形的缺陷称为畸变。

实际像点以主光线定位,用主光线与像点的交点描述实际像点的位置,它与理想像点的偏差就是畸变,如图4-20所示,B 点是平面物体的轴外点,过物点 B 及球心 C 点作辅助光轴与像面交于 B'_0,点 B'_0 为点 B 的理想像点。B 点成像时交于辅助光轴上的 B' 点。当 B 点以主光线成像时,交辅助光轴于 B'_1 点,B'_1B' 为 B 点的球差。主光线最终经 B'_1 点交像面于 B'_z 点,偏离了理想像点 B'_0,产生了畸变。位于光轴上的 A 点,主光线与光轴重合,主光线的像点与理想像点在像面中心 A' 点重合,因此轴上的点不存在畸变,从而导致轴上和轴外视场具有不同的实际放大率。

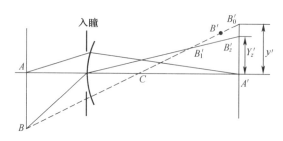

图 4-20 主光线畸变

设某一视场的实际放大率为 $\bar{\beta}$,理想放大率为 β,两者之差除以 β 的百分数就可作为该视场的畸变量度,用符号 q 表示,则有

$$q = \frac{\bar{\beta} - \beta}{\beta} \times 100\% \tag{4-33}$$

式中,实际放大率 $\bar{\beta}$ 以实际主光线与高斯面的交点高度 Y'_z 与物高 y 之比表示,则上式可以写为

$$q = \frac{Y'_z - y'}{y'} \times 100\% \tag{4-34}$$

式中,y' 为理想像高。

上式称为相对畸变,实际主光线与高斯面的交点高度 Y'_z 与理想像高 y' 之差表示畸变,畸变用 $\delta Y'_z$ 表示,则有

$$\delta Y'_z = Y'_z - y' \tag{4-35}$$

一般情况下,畸变随视场的增大而增大,以视场为纵坐标,畸变值为横坐标,作畸变曲线,如图 4-21 所示。

由于畸变并不影响成像的清晰程度而只改变像的几何形状,因而它与其他像差不同。在一些实际光学系统中,不但允许它存在,而且还设法造成巨大的畸变,以满足某方面的要求。例如,由拍摄宽银幕电影的照相物镜所得的像,是严重畸变的,像的水平方向和垂直方向的比例与原物的不一样:由矮胖变成瘦长。例如,广阔的原野在底片上的像只占很窄的一条,这样,就能将水平方向较大范围内的景物拍下来。

当物体成像不存在畸变时,如图 4-22(a)所示。当光学系统的实际像高大于理想像高,称为正畸变,如图 4-22(b)所示,正方形的像变成枕形,正畸变又称枕形畸变。当光学系统的实际像高小于理想像高,称为负畸变,如图 4-23(c)所示,正方形的像变成桶形,负畸变又称桶形畸变。

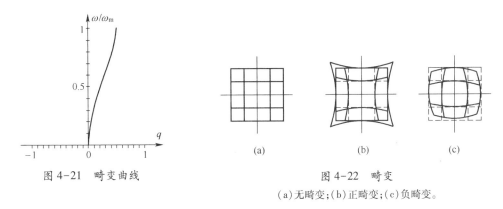

图 4-21　畸变曲线　　　　　　　　　图 4-22　畸变

(a)无畸变;(b)正畸变;(c)负畸变。

畸变仅引起像的形变,而对像的清晰度不产生影响。因此,对于一般的光学系统,只要感觉不到成像的变形,这种像差就无妨碍。但是对于一些要用成像来测量物体大小和轮廓的光学系统,畸变直接影响测量精度,必须予以校正。

产生畸变的原因有两点:光阑位置的正弦差和角倍率,所以,只满足光阑位置的正弦条件

$$ny_z \sin U_z = n'y'_z \sin U'_z$$

则不能消除畸变,角倍率还必须满足正切条件

$$ny \tan U_z = n'y' \tan U'_z$$

对于单个折射面,若孔径光阑和球面的球心重合,则该球面不产生畸变,如图 4-23 所示,主光线沿着辅助轴通过球心,交于像面,与理想像点重合,不产生畸变。对于单个薄透镜或者薄透镜组,当光阑与之重合,也不产生畸变,如图 4-24 所示,主光线通过透镜的主点,沿着理想光线出射,其高斯面的交点高度与理想高度相等,故不产生畸变。

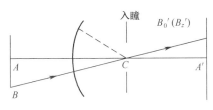

图 4-23　孔径光阑和球面的球心重合

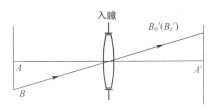

图 4-24　光阑与透镜重合

当光阑位于透镜之前时,如图 4-25 所示,实际成像高度小于理想成像高度,产生负畸变。

当光阑位于透镜之后时,如图4-26所示,实际成像高度大于理想成像高度,产生正畸变。

对于结构完全对称的光学系统,以$\beta=-1$的倍率成像时,畸变可以自动消除,如图4-27所示,根据图,此系统实际放大率$\bar{\beta}$可以表示为

$$\bar{\beta}=\frac{Y'_z}{y}=\frac{(L'_z-l')\tan U'_z}{(L_z-l)\tan U_z} \tag{4-36}$$

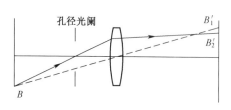

图4-25 光阑位于透镜之前

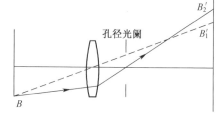

图4-26 光阑位于透镜之后

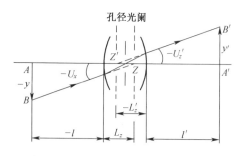

图4-27 对称式光学系统且$\beta=-1$

不论U'_z为何值,由于系统的结构对称于孔径光阑,$\tan U'_z/\tan U_z$总等于1,(L'_z-l')总与(L_z-l)数值相等,符号相反,因此实际放大率恒为1,使系统的畸变恒为0。

4.5　色　　差

前面几节讨论的各种像差都是假设光源是单色光的情况统称为单色像差。但是在大多数情况下,物体都是复色光成像。任何光学介质,对透明波段中不同波长的单色光具有不同的折射率,波长越短折射率越大。光学系统多半用白光成像,白光入射于任何形状的介质分界面时,只要入射角不为零,各种色光将因色散而有不同的传播路径,结果导致各种色光有不同的成像位置和不同的成像倍率,这种成像的差异称为色差。通常按接收器的性质选定两种单色光来描述色差。对于目视光学系统,都选为蓝色的F光和红色的C光。

色差有两种,其中描述两种色光对轴上物点成像位置差异的色差称为位置色差或者轴向色差,因不同色光成像倍率的不同而造成物体像的大小差异的色差称为倍率色差或者垂轴色差。

4.5.1　位置色差

如图4-28所示,以白光为光源的轴上物点A发出的光线,经过光学系统后,其中蓝

色的 F 光(波长为 486.1nm)和红色的 C 光(波长为 656.3nm)分别交光轴于 A'_F 和 A'_C , A'_F 和 A'_C 是 A 点被蓝光和红光所成的高斯像点,它们的像方截距分别是 L'_F 和 L'_C ,两者之差就是位置色差 $\Delta L'_{FC}$,即

$$\Delta L'_{FC} = L'_F - L'_C \tag{4-37}$$

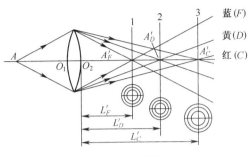

图 4-28 位置色差

若物点 A 点以近轴光成像,蓝光和红光所成的高斯像点的像方截距分别为 l'_F 和 l'_C 。近轴区域的位置色差为

$$\Delta l'_{FC} = l'_F - l'_C \tag{4-38}$$

若位置色差 $\Delta L'_{FC} > 0$,称为色差校正过头,若 $\Delta L'_{FC} < 0$,称为色差校正不足,若 $\Delta L'_{FC} = 0$,称为光学系统对这两种色光消色差。消色差系统是指对两种选定的色光消除位置色差的光学系统。

需要说明的是,以复色光成像的物体即使近光轴点也不能获得复色光的清晰的像,从图 4-28 可以看出,若设点 A 发出光仅为红、蓝两种色光。如果接收屏设在 A'_F 点,则成像是一个中心为蓝色,外圈为红色的彩色弥散斑。如果接收屏设在 A'_C 点,则成像是一个中心为红色,外圈为蓝色的彩色弥散斑。不同孔径的光线有不同的色差值,一般对 0.707 带的光线校正色差后,其他带仍然存在色差,如图 4-29(a)所示。由图可知,在 0.707 带校正色差之后,边缘带色差 $\Delta L'_{FC}$ 和近轴色差 $\Delta l'_{FC}$ 并不相等,两者之差称为色球差 $\delta L'_{FC}$,它也等于 F 光的球差 $\delta L'_F$ 和 C 光的球差 $\delta L'_C$ 之差,即

$$\delta L'_{FC} = \Delta L'_{FC} - \Delta l'_{FC} = \delta L'_F - \delta L'_C \tag{4-39}$$

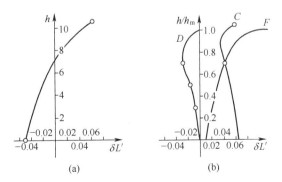

图 4-29 色差曲线

从图 4-29(b)可知,在 0.707 带对 F 光和 C 光校正了色差,一般情况下,校正色差只能对个别孔径进行,特别应对 0.707 带校正色差,这样可以使最大孔径的色差与近轴区域

绝对值相近,符号相反,整个孔径内的色差将会获得最佳的状况。当0.707带消色差后,但是两色光的交点与D光球差曲线并不相交,此交点到D光曲线的轴向距离称为二级光谱,用$\Delta L'_{FCD}$表示,则有

$$\Delta L'_{FCD} = L'_{F0.707} - L'_{C0.707} \tag{4-40}$$

校正二级光谱是非常困难的,一般光学系统不要求校正二级光谱,只有当系统有相当复杂的结构时才有可能校正二级光谱,同时校正位置色差和二级光谱的系统,可称为复消色差系统。

4.5.2　倍率色差

同一光学系统相对于两种色光的焦距不同,即使校正了位置色差,使两种色光的像点或者像面重合在一起,两种色光的焦距也并不一定能就此相等。此时两种色光具有不同的放大率,使同一物体的像大小不等因而存在着倍率色差。倍率色差是指因不同色光成像倍率不同而造成物体的像大小存在差异的色差。

如图4-30所示,以白光为光源的轴上物点A发出的光线,经过光学系统后,其中蓝色的F光和红色的C光分别交光轴于A'_F和A'_C,A'_F和A'_C是A点被蓝光和红光所成的高斯像点,它们的像方截距分别是Y'_F和Y'_C,二者之差就是倍率色差Y'_{FC},即

$$\Delta Y'_{FC} = Y'_F - Y'_C \tag{4-41}$$

若物点A点以近轴光成像,蓝光和红光所成的高斯像点的像方截距分别为y'_F和y'_C。近轴区域的位置色差为

$$\Delta y'_{FC} = y'_F - y'_C \tag{4-42}$$

倍率色差的存在,使物体像的边缘呈现不同颜色,影响像的清晰度。所以,具有一定大小视场的光学系统,必须校正倍率色差。

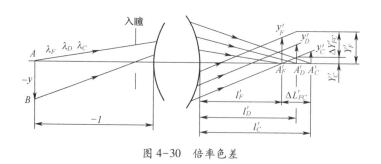

图4-30　倍率色差

4.6　像质评价

像质评价就是对光学系统的成像质量进行评价,既包括设计完成后对成像进行仿真模拟也包括样品装配后,投入生产前严格实验评价像质。就成像质量而言,若不考虑衍射效应,像质主要与像差有关,利用几何光学方法通过大量的光路追迹计算来评价成像质量,如绘制点列图或各种像差特征曲线等。若考虑衍射效应,几何方法不能完全描述成像能量分布,因此有基于衍射理论的评价方法,如绘制实际的成像波面或光学传递函数曲

线。下面简要介绍几种主要光学系统成像质量的评价方法。

4.6.1 波像差

如果光学系统成像符合理想的情况,则各种几何像差都等于零,由同一物点发出的全部光线均会聚于理想像点。根据光线和波面的对应关系,光线是波面的法线,波面为与所有光线垂直的曲面。因此,在理想成像的情况下,对应的波面应该是一个以理想像点为中心的球面——理想波面。如果光学系统成像不符合理想的情况,存在几何像差,则对应的波面也不再是一个以理想像点为中心的球面。可以把实际波面和理想波面之间的光程差,作为衡量该像点质量优劣的指标,称为波像差,如图 4-31 所示。

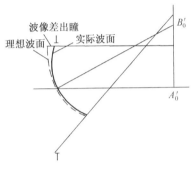

图 4-31　波像差

一般认为最大波像差小于 1/4 波长,则系统质量与理想光学系统没有显著差别。这是长期以来评价高质量光学系统质量的一个经验标准,称为瑞利准则。

不同的几何像差对应的波像差如图 4-32 所示。图中(a)、(b)、(c)、(d)和(e)分别为球差、慧差、像散、场曲和畸变对应的波像差。色差的波像差则用 C 光和 F 光波面之间的光程差表示,称为波色差。波像差的优势在于,便于实际应用,实际波面可由像差计算,由几何像差曲线积分可求出波像差,由此判断成像质量,也可以由波像差求出对应的几何像差公差范围。在很多情况下,波像差比几何像差更能反映系统的成像质量。而此种方法的劣势在于,判断准则不够严密,仅考察最大波像差公差,没有考虑缺陷在系统中所占的比例,如光学元件中的小气泡或划痕都可能引起大的误差,在该判断中是不允许的。然而,实际应用中,局部小区域缺陷对系统的成像质量影响较小。波像差属于较严格的评价方法,适用于小像差系统,如望远物镜、显微物镜、微缩物镜和制版物镜。

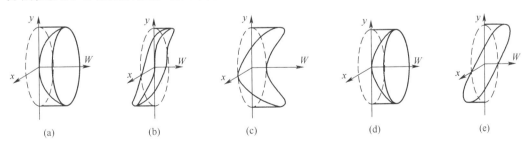

图 4-32　不同像差对应的波像差

(a)球差;(b)慧差;(c)像散;(d)场曲;(e)畸变。

4.6.2　中心点亮度

波像差是根据成像波面的变形程度来判断成像质量的,而中心点亮度则是依据光学系统存在像差时,其成像衍射斑的中心亮度和不存在像差时衍射斑的中心亮度之比来表示光学系统的成像质量的,此比值用 $S.D$ 来表示,当 $S.D \geqslant 0.8$ 时,认为光学系统的成像质量是完善的,这就是有名的斯托列尔准则。

斯托列尔准则同样是一种高质量的像质评价标准,它也只适用于小像差光学系统。但由于其计算比较复杂,在实际中较少应用。

波像差和中心点亮度是从不同角度提出来的像质评价方法,但研究表明,对一些常用的像差形式,当最大波像差为 $\lambda/4$ 时,其中心点亮度 $S.D \approx 0.8$,这说明这两种评价成像质量的方法是一致的。

4.6.3　分辨率

分辨率是反映光学系统能分辨物体细节的能力,是一个很重要的参数指标。实际光学系统将几何物点成像作为一个弥散斑,弥散斑越大则该系统的分辨率越差。通常,也可以用分辨率来作为光学系统的成像质量评价方法。

若这两点离得很远时,如图 4-33(a)所示,则光能接收器很容易分辨这两点。瑞利指出,能分辨的两个等亮度点之间的距离刚好对应艾里斑的半径,即一个亮点的衍射图案中心与另一个亮点的衍射图案的第一暗环重合时,这两个亮点则刚好能被分辨,如图 4-33(b)所示。若两亮点更靠近时,如图 4-33(c)所示,则光能接收器就不能再分辨出它们是分开的两点了。在刚好被分辨时,如图 4-34 在两个衍射图案光强分布的叠加曲线中有两个极大值和一个极小值,其极大值与极小值之比为 $1:0.735$,这与光能接收器(如眼睛或照相底版)能分辨的亮度差别相当。

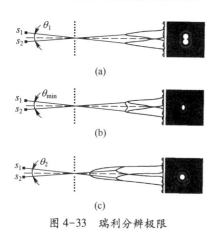

图 4-33　瑞利分辨极限

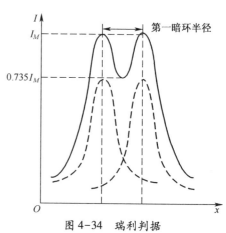

图 4-34　瑞利判据

根据衍射理论,无限远物体被理想光学系统形成的衍射图案中,第一暗环半径对出射光瞳中心的张角为(详见后面衍射部分)

$$\Delta\theta = 1.22\lambda/D \qquad (4-43)$$

式中,$\Delta\theta$ 为光学系统的最小分辨角;D 为出瞳直径;对于 $\lambda = 0.444\mu m$ 的单色光,最小分

辨角以(″)为单位,D 以 mm 为单位时,有

$$\Delta\theta = 140''/D \tag{4-44}$$

式(4-43)是计算光学系统理论分辨率的基本公式,对于不同类型的光学系统,可由式(4-43)推导出不同的表达形式。

分辨率作为光学系统成像质量的评价方法并不是很完善,这是因为:

(1)虽然光学系统的分辨率与其像差大小直接有关,即像差可降低光学系统的分辨率,但在小像差光学系统(例如望远系统)中,实际分辨率几乎只与系统的相对孔径有关,受像差的影响很小,而在大像差光学系统(例如照相物镜),分辨率才与系统的像差有关,并常以分辨率作为系统的成像质量指标。

(2)由于用于分辨率检测的鉴别率板为黑白相间的条纹,这与实际物体的亮度背景有着很大的差别,而且对同一光学系统,使用同一块鉴别率板来检测其分辨率,由于照明条件和接收器的不同,其检测结果也是不相同的。

(3)对照相物镜等作分辨率检测时,有时会出现"伪分辨现象"即分辨率在鉴别率板的某一组条纹时已不能分辨,但对更密一组的条纹反而可以分辨,这是因为对比度反转而造成的。因此,用分辨率来评价光学系统的成像质量也不是一种严格而可靠的像质评价方法,但由于其指标单一,且便于测量,在光学系统的像质检测中得到了广泛应用。

4.6.4 点列图

几何光学的成像过程中,由一点发出的许多条光线经光学系统成像后,由于像差的存在,使其像面不再集中于一点,而是形成一个分布在一定范围内的弥散图形,称为点列图。在点列图中利用这些点的密集程度来衡量光学系统成像质量的方法称为点列图法。

对大像差光学系统(例如照相物镜等),利用几何光学中的光线追迹方法可以精确地表示出点物体的成像情况。其作法是把光学系统入瞳的一半分成为大量的等面积小面元,并把发自物点且穿过每一个小面元中心的光线,认为是代表通过入瞳上小面元的光能量。在成像面上,追迹光线的点子分布密度就代表像点的光强或光亮度。因此对同一物点,追迹的光线条数越多,像面上的点子数就越多,越能精确地反映像面上的光强度分布情况。实验表明,在大像差光学系统中,用几何光线追迹所确定的光能分布都与实际成像情况的光强度分布相等。图4-35列举了光瞳面上选取面元的方法,可以按直角坐标或极坐标来确定每条光线的坐标。对轴外物点发出的光束,当存在拦光时,只追迹通光面积内的光线。

利用点列图法来评价照相物镜等的成像质量时,通常是利用集中60%以上的点或光线所构成的图形区域作为其实际有效弥散斑,如图4-36所示,弥散斑直径的倒数为系统的分辨率。

利用点列图法来评价成像质量时,需要做大量的光路计算,一般要计算上百条甚至数百条光线,工作量非常大,所以只有利用计算机才能实现上述计算任务。但它又是一种简便而易行的像质评价方法,因此常在大像差的照相物镜等设计中得到应用。

4.6.5 光学传递函数

前面介绍的几种光学系统成像质量的评价方法,都是把物体视为发光点的集合,并以

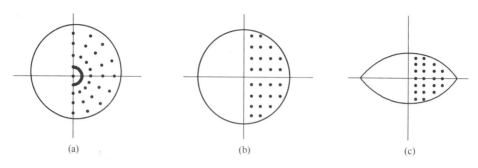

图 4-35 光瞳面上选取面元的方法

(a)极坐标布点;(b)直角坐标布点;(c)遮挡效应。

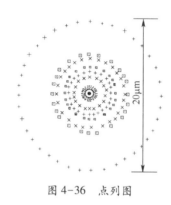

图 4-36 点列图

一点成像时的能量集中程度来表征光学系统的成像质量。利用光学传递函数来评价光学系统的成像质量,是基于把物体视为由各种频率的谱组成的,也就是把物体的光场分布函数展开成傅里叶级数(物函数为周期函数)或傅里叶积分(物函数为非周期函数)的形式。若把光学系统看成是线性不变的系统,那么物体经光学系统成像,可视为物体经光学系统传递后,其传递效果是频率不变,但其对比度下降,相位要发生推移,并在某一频率处截止,即对比度为零。这种对比度的降低和相位推移是随频率不同而不同的,其函数关系可称为光学传递函数。由于光学传递函数既与光学系统的像差有关,又与光学系统的衍射效果有关,故用它来评价光学系统的成像质量,具有客观和可靠的优点,在大像差和小像差光学系统中同样适用。

光学传递函数是反映物体不同频率成分的传递能力的。一般来说,高频部分反映物体的细节传递情况,中频部分反映物体的层次传递情况,而低频部分则反映物体的轮廓传递情况。表征各种频率传递情况的则是调制传递函数。因此下面简要介绍两种利用调制传递函数来评价光学系统成像质量的方法。

4.6.5.1 利用 MTF 曲线来评价成像质量

所谓 MTF 是表示各种不同频率的正弦强度分布函数经光学系统成像后,其对比度(即振幅)的衰减程度。当某一频率的对比度下降到零时,说明该频率的光强分布已无亮度变化,即该频率被截止。这是利用光学传递函数来评价光学系统成像质量的主要方法。

设有两个光学系统(Ⅰ和Ⅱ)的设计结果,其 MTF 曲线如图 4-37 所示,图中的调制传递函数 MTF 曲线为频率 ν 的函数。曲线Ⅰ的截止频率较曲线Ⅱ小,但曲线Ⅰ在低频部分的值较曲线Ⅱ大得多。对这两种光学系统的设计结果,不能轻易判断哪种设计结果较好,要根据光学系统的实际使用要求来判断。若把光学系统作为目视系统来应用,由于人眼的对比度阈值大约为 0.03 以下,因此 MTF 曲线下降到 0.03 以下时,曲线Ⅱ的 MTF 值大于曲线Ⅰ,如图 4-37 中的虚线所示,说明光学系统Ⅱ用作目视系统较光学系统Ⅰ有较高的分辨率。若把光学系统Ⅰ作为摄影系统来使用,其 MTF 值要大于 0.1 才能被感光器件所分辨,从图中可知,此时曲线Ⅰ的频率要高于曲线Ⅱ的频率,即光学系统Ⅰ较光学系统Ⅱ有较高的分辨率。另外,光学系统Ⅰ在低频部分有较高的对比度,用光学系统Ⅰ作摄影使用时,能拍摄出层次丰富、真实感强的对比图像。所以在实际评价成像质量时,不同的使用目的,其 MTF 的要求是不一样的。

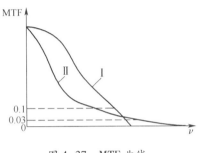

图 4-37　MTF 曲线

4.6.5.2　利用 MTF 曲线的积分值来评价成像质量

上述方法虽然能评价光学系统的成像质量,但只能反映 MTF 曲线上少数几个点处的情况,而没有反映 MTF 曲线的整体性质。从理论上可以证明,像点的中心点亮度值等于 MTF 曲线所围的面积,像点所围的面积越大,表明光学系统所传递的信息量越多,光学系统的成像质量越好,图像越清晰,因此在光学系统的接收器截止频率范围内,利用 MTF 曲线所围面积的大小来评价光学系统的成像质量是非常有效的。

图 4-38(a)的阴影部分为 MTF 曲线所围面积,从图中可以看出,所围面积的大小与 MTF 曲线有关,在一定的截止频率范围内,只有获得较大的 MTF 值,光学系统才能传递较多的信息。图 4-38(b)的阴影部分为两条曲线所围的面积,曲线Ⅰ是光学系统的 MTF 曲线,曲线Ⅱ是接收器的分辨率极值曲线。此两曲线所围的面积越大,表示光学系统的成像

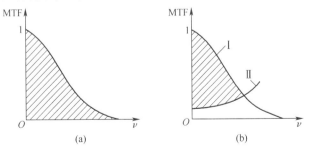

图 4-38　MTF 曲线所围的面积

(a)MTF 曲线所围的面积;(b)两条曲线所围的面积。

质量越好。两条曲线的交点处为光学系统与接收器共同使用时的极限分辨率。说明此种成像质量评价方法也兼顾了接收器的性能指标。

习　题

概念题

（1）共轴光学系统轴上点有哪几种像差？

（2）光学系统成像范围比较小时，主要应校正哪几种像差？

（3）轴外像点有哪几种像差和色差？

（4）什么叫球差、慧差、像散、场曲、畸变、轴向色差和垂轴色差？简述它们的基本性质。

（5）轴上点像差有哪些？

（6）在球差、慧差、像散、场曲、畸变、位置色差和倍率色差这七种几何像差中，只与孔径相关的像差为（　　　　）和（　　　　），只与视场有关的像差为（　　　　），与视场和孔径都有关的像差有（　　　　）种。

（7）单正透镜产生（　　　　）球差，单负透镜产生（　　　　）球差，因此它们组合可以校正球差。单折射面成像时，有三对不产生像差的共轭点，称为（　　　　）。

（8）轴外点单色光以细光束成像时产生的像差有（　　　　）、（　　　　）和（　　　　）。

（9）望远镜是一种（　　　　）、（　　　　）的光学系统，因此要校正的像差是（　　　　）、（　　　　）和（　　　　），这些像差是与（　　　　）有关的。

（10）照相系统属于（　　　　）、（　　　　）的光学系统，因此要校正的像差是（　　　　）。

第5章　辐射度学与光度学基础

发光体实际上是一个电磁波辐射源,光学系统可以看作是辐射能的传输系统。光学系统中传输辐射能的强弱,是光学系统除了光学特性和成像质量以外的另一个重要性能指标。波长在 380~780nm 范围内的电磁波称为可见光。研究电磁被辐射的测试、计量和计算的学科称为辐射度学,研究可见光的测试、计量和计算的学科称为光度学。

本章将介绍有关辐射度学和光度学的一些基本概念、基本量的定义和度量单位,以及有关的基本公式,进而讨论几个有关辐射度和光度的计算问题。

5.1　基本辐射量

5.1.1　立体角

辐射角都是在它周围一定空间内辐射能量的,因此有关辐射能量的讨论和计算问题,将是一个立体空间问题。因此,介绍一个在光度学中常用的几何量——立体角。在平面几何中,把整个平面以某一点为中心分成 360° 或 2π 弧度。与平面角相似,把整个空间以某一点为中心,划分成若干个立体角。立体角的定义是:一个任意形状的封闭锥面所包含的空间称为立体角,用 Ω 表示,如图 5-1 所示。

以锥体顶点为球心,任意 r 为半径作一球面,此锥体在球面上的截面为 S,则立体角表示为

$$\Omega = \frac{S}{r^2} \tag{5-1}$$

假定以锥顶为球心,以 r 为半径作一圆球,如果锥面在圆球上所截出的面积等于 r^2,如图 5-2 所示,则该立体角为一个球面度(sr)。整个球面的面积为 $4\pi r^2$,因此对于整个空间有

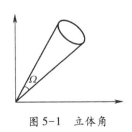

图 5-1　立体角

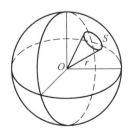

图 5-2　空间几何中的立体角

$$\Omega = \frac{4\pi r^2}{r^2} = 4\pi \qquad (5-2)$$

即整个空间立体角为 4π 球面度，则上半空间或下半空间立体角为 2π 球角度。

对于平面半顶角为 α 的锥面所包含的空间立体角为

$$\Omega = 4\pi \sin^2 \frac{\alpha}{2} \qquad (5-3)$$

当 α 较小时，可用 $\frac{\alpha}{2}$ 代替 $\sin \frac{\alpha}{2}$，则得

$$\Omega = \pi \alpha^2 \qquad (5-4)$$

5.1.2 辐射量

1. 辐射能 Q_e

同其他电磁辐射一样，可见光辐射也是一种能量传播形式。以电磁辐射形式发射、传输或接收的能量称作辐射能，通常用 Q_e 表示。其单位为焦耳(J)。

2. 辐射能通量 Φ_e

单位时间内发射、传输或接收的辐射能称为辐射能通量，通常用 Φ_e 表示。若在 dt 时间内发射、传输或接收的辐射能为 dQ_e，相应的辐通量 Φ_e 为

$$\Phi_e = \frac{dQ_e}{dt} \qquad (5-5)$$

辐通量与功率有相同的单位，为瓦[特]（W）。

3. 辐出度 M_e

如图5-3(a)所示。辐射源单位发射面积发出的辐通量，定义为辐射源的辐出度，用 M_e 表示。假定辐射源的微面积 dS 发出的辐射能通量为 $d\Phi_e$，则辐出度 M_e 为

$$M_e = \frac{d\Phi_e}{dS} \qquad (5-6)$$

其单位为瓦每平方米（W/m²）。

(a)　　　　　(b)

图5-3　辐出度和辐照度

4. 辐照度 E_e

如图5-3(b)所示。辐射照射面单位受照面积上接收的辐通量，定义为受照面的辐照度，以 E_e 表示。假定受照面的微面积 dS 上接收的辐通量为 $d\Phi_e$，则辐照度 E_e 为

$$E_e = \frac{d\Phi_e}{dS} \qquad (5-7)$$

辐照度和辐出度有相同的单位，为瓦每平方米（W/m²）。

5. 辐射强度 I_e

如图 5-4 所示。点辐射源向各方向发出辐射,在某一方向,在元立体角 $\mathrm{d}\Omega$ 内发出的辐通量为 $\mathrm{d}\varPhi_e$,则辐射强度 I_e 为

$$I_e = \frac{\mathrm{d}\varPhi_e}{\mathrm{d}\Omega} \tag{5-8}$$

图 5-4　辐射强度

辐射强度的单位为瓦每球面度(W/sr)。

6. 辐亮度 L_e

为了表征具有有限尺寸辐射源辐射能通量的空间分布,定义了辐亮度这一辐射量。元面积为 $\mathrm{d}A$ 的辐射面,在和表面法线 N 成 θ 角方向上,在元立体角 $\mathrm{d}\Omega$ 内发出的辐射能通量为 $\mathrm{d}\varPhi_e$,则辐亮度 L_e 为

$$L_e = \frac{\mathrm{d}\varPhi_e}{\cos\theta \mathrm{d}A\mathrm{d}\Omega} \tag{5-9}$$

图 5-5 表示了辐亮度定义中各要素的含义。

根据定义可以认为,元面积 $\mathrm{d}A$ 在 θ 方向的辐亮度 L_e 就是该辐射面在垂直于 θ 方向的平面上的单位投影面积在单位立体角内发出的辐射量。辐亮度的单位是瓦每球面度平方米 $[\mathrm{W}/(\mathrm{sr}\cdot\mathrm{m}^2)]$。

上述的六种辐射量,对于所有的光辐射都是适用的,它们是纯物理量。而对于可见光,通常用光度量进行度量。

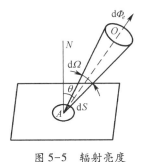

图 5-5　辐射亮度

5.2　光　度　量

5.2.1　光度量

1. 光通量 $\varPhi_v$

标度可见光对人眼的视觉刺激程度的量称为光通量,通常以 $\varPhi_v$ 表示。光通量的单

位为流明(lm)。

2. 光出射度 M_v

光源单位发光面积发出的光通量,定义为光源的光出射度,以 M_v 表示。假定光源的微发光面积发出的光通量为 $\mathrm{d}\Phi_v$,则光出射度 M_v 可表示为

$$M_v = \frac{\mathrm{d}\Phi_v}{\mathrm{d}A} \tag{5-10}$$

光出射度的单位为流明每平方米($\mathrm{lm/m}^2$)。

3. 光照度 E_v

单位受照面积接收的光通量,定义为光照面的光照度,通常用 E_v 表示。假定光照面微面积 $\mathrm{d}A$ 上接收的光通量为 $\mathrm{d}\Phi_v$,则该微面上的光照度 E_v 可用下式表示:

$$E_v = \frac{\mathrm{d}\Phi_v}{\mathrm{d}A} \tag{5-11}$$

光照度的单位是勒克斯(lx)。$1\mathrm{lx} = 1\mathrm{lm/m}^2$。

4. 发光强度 I_v

点光源向各方向发出可见光,在某一方向,在元立体角 $\mathrm{d}\Omega$ 内发出的光通量为 $\mathrm{d}\Phi_v$,则点光源在该方向上的发光强度 I_v 为

$$I_v = \frac{\mathrm{d}\Phi_v}{\mathrm{d}\Omega} \tag{5-12}$$

式(5-12)表明,点光源的发光强度等于点光源在单位立体角内发出的光通量。其单位为坎德拉(cd)。1979 年第十六届国际计量大会对发光强度的单位坎德拉做了明确的规定:"一个光源发出的频率为 $540×10^{12}\mathrm{Hz}$(赫兹)的单色光,在一定方向的辐射强度为 $1/683\mathrm{W/sr}$,则此光源在该方向上的发光强度为 1 坎德拉"。

发光强度是光学基本量,是国际单位制中七个基本量之一。从发光强度的单位坎德拉可以导出光通量的单位流明:发光强度为 $1\mathrm{cd}$ 的点光源,在单位立体角内发出的光通量为 $1\mathrm{lm}$。

5. 光亮度 L_v

为了描述具有有限尺寸的发光体发出的可见光在空间分布的情况,采用了光亮度 L_v 这样一个光学量。若发光面的微元面积为 $\mathrm{d}A$,在和发光表面法线 N 成 θ 角的方向,在元立体角 $\mathrm{d}\Omega$ 内发出的光通量为 $\mathrm{d}\Phi_v$,则光亮度 L_v 为

$$L_v = \frac{\mathrm{d}\Phi_v}{\cos\theta \mathrm{d}A \mathrm{d}\Omega} \tag{5-13}$$

在式(5-13)中,$\dfrac{\mathrm{d}\Phi_v}{\mathrm{d}\Omega} = I_v$,它相当于发光面在 θ 方向的发光强度,故式(5-13)可写成

$$L_v = \frac{I_v}{\cos\theta \mathrm{d}A} \tag{5-14}$$

由此可知,微元发光面 $\mathrm{d}A$ 在 θ 方向的光亮度 L_v 等于微元面积 $\mathrm{d}A$ 在 θ 方向的发光强度 I_v 与该面微元面积在垂直于该方向平面上的投影 $\cos\theta \mathrm{d}A$ 之比。如果把图 5-5 中的字符 $\mathrm{d}\Phi_e$ 改为 $\mathrm{d}\Phi_v$,则该图也能表示出光亮度定义中各要素的含义。光亮度的单位是坎德拉每平方米($\mathrm{cd/m}^2$),也可用尼特表示。表 5-1 给出了常见发光表面的光亮度值。

表 5-1　常见发光表面的光亮度值

表面名称	光亮度/(cd·m^{-2})	表面名称	光亮度/(cd·m^{-2})
在地面上看到的太阳表面	$(1.5 \sim 2.0) \times 10^9$	仪用钨丝灯	1×10^7
日光下的白纸	2.5×10^4	6V 汽车头灯	1×10^7
白天晴朗的天空	3×10^4	放映灯	2×10^7
在地面上看到的月亮的表面	$(3 \sim 5) \times 10^3$	卤钨灯	3×10^7
月光下的白纸	3×10^2	碳弧灯	$1.5 \times 10^8 \sim 1 \times 10^9$
蜡烛的火焰	$(5 \sim 6) \times 10^3$	超高压球形汞灯	$1 \times 10^8 \sim 2 \times 10^9$
50W 白炽钨丝灯	4.5×10^6	超高压毛细管汞灯	$2 \times 10^7 \sim 1 \times 10^9$
100W 白炽钨丝灯	6×10^6		

5.2.2　光谱光视效能和光谱光视效率

光度量是辐射量对人眼视觉的刺激值,是具有"标准人眼"视觉响应特性的人眼对所接收到的辐射量的度量。这样,光度学除了包括辐射能客观物理量的度量外,还应考虑人眼视觉机理的生理和感觉印象等心理因素。评定辐射能对人眼引起视觉刺激值的基础是辐射的光谱光视效率 $K(\lambda)$,即人眼对不同波长的光能产生光感觉的效率。有了 $K(\lambda)$ 就可以定义光通量等一些光度量了。

光视效能 K 定义为光通量 Φ_v 与辐射通量 Φ_e 之比,即

$$K = \frac{\Phi_v}{\Phi_e} \tag{5-15}$$

这表明,即使辐射通量不变,光通量也随着波长不同而变化。K 是个比例,但不是常数,是随波长变化的,于是人们又定义了光谱光视效率

$$K(\lambda) = \frac{\Phi_{v,\lambda}}{\Phi_{e,\lambda}} \tag{5-16}$$

式中,$\Phi_{v,\lambda}$ 为在波长 λ 处的光通量;$\Phi_{e,\lambda}$ 为在波长 λ 处的辐射通量。在波长 555nm 处,一些国家的实验室测得平均光谱光视效能的最大值为 $K_m = 683\text{lm/W}$,即同样的辐射能量在该波长上引起的光辐射量最大(或效率最高,或对人眼的刺激最大)。为了表达人眼对辐射的感觉,定义了光视效率的概念:

$$V = \frac{K}{K_m} \tag{5-17}$$

其物理意义是以光视效能最大处的波长为基准来衡量其波长处引起的视觉。

因为在相同的辐射能量下,看到的亮度不同。即随着 λ 变化,V 值也在变化,如图 5-6所示。由此,又定义了光谱光视效率,即

$$V(\lambda) = \frac{K(\lambda)}{K_m} \tag{5-18}$$

光视效率与光谱光视效率的关系为

$$V(\lambda) = \int V(\lambda)\,\mathrm{d}\lambda = \frac{1}{K_m} \cdot \frac{\int \Phi_{v,\lambda}\,\mathrm{d}\lambda}{\int \Phi_{e,\lambda}\,\mathrm{d}\lambda} = \frac{\int V(\lambda)\Phi_{e,\lambda}\,\mathrm{d}\lambda}{\int \Phi_{e,\lambda}\,\mathrm{d}\lambda} \tag{5-19}$$

人眼视网膜上分布有很多感光细胞,它们吸收入射光后产生视觉信号。当光强变化时,视觉的恢复需要一定的时间。例如从亮环境进入暗环境要达到完全适应大约需要30min。因此,将亮适应的视觉称为明视觉(或亮视觉及白昼视觉),将暗适应的视觉称为暗视觉(或微光视觉)。明视觉一般指人眼已适应在亮度为几个尼特(光亮度单位)以上的亮度水平;暗适应一般指人眼已适应在亮度为百分之几个尼特以下的很低的亮度水平,如果亮度处于明视觉和暗视觉所对应的亮度水平之间,则称为介视觉。通常明视觉和暗视觉的光谱光视效率分别用 $V(\lambda)$ 和 $V'(\lambda)$ 表示,参见图5-6。

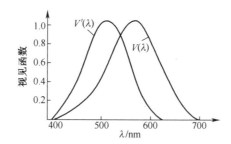

图5-6 人眼的光谱光视效率曲线

不同人的视觉特性是有差别的。1924年国际照明委员会(CIE)根据几组科学家对200多名观察者测定的结果,推了一个标准的明视觉函数,从400~750nm每隔10nm用表格的形式给出,若将其画成曲线,如图5-6所示,是一条有一中心波长,两边大致对称的光滑的钟形曲线。这个视见函数所代表的观察者称为CIE标准观察者。表5-12(a)所列是经过内插和外推的以5nm为间隔的标准 $V(\lambda)$ 函数值。在大多数情况下,用这个表所列值来进行的各种光度计算,可达到足够高的精度。

图5-6和表5-2(b)给出了 $V'(\lambda)$ 的函数曲线和数值。这是1951年由国际照明委员会公布的暗视见函数的标准值,并经内插而得到,峰值波长为507nm。有了 $V(\lambda)$ 和 $V'(\lambda)$ 便可借助下面关系式,通过光谱辐射量的测定来计算光度量或光谱光度量。这些关系式为

$$X_{v,\lambda} = K_m V(\lambda) X_{e,\lambda} \tag{5-20}$$

$$X_v = \int X_{v,\lambda}\,\mathrm{d}\lambda = K_m \int V(\lambda) X_{e,\lambda}\,\mathrm{d}\lambda \tag{5-21}$$

式中, X_v 为光度量; $X_{v,\lambda}$ 为光谱光度量; $X_{e,\lambda}$ 为光谱辐射量。

如前所述,光通量表示用"标准人眼"来评价的光辐射通量,由式(5-19)可知,光通量的表达式,对于明视觉为

$$\Phi_v = K_m \int_{380\mathrm{nm}}^{780\mathrm{nm}} V(\lambda) \Phi_{e,\lambda}\,\mathrm{d}\lambda \tag{5-22}$$

对于暗视觉为

$$\Phi'_v = K'_m \int_{380\mathrm{nm}}^{780\mathrm{nm}} V'(\lambda) \Phi_{e,\lambda}\,\mathrm{d}\lambda \tag{5-23}$$

表 5-2（a） $V(\lambda)$ 的简略表

波长/nm	$V(\lambda)$	波长/nm	$V(\lambda)$	波长/nm	$V(\lambda)$
380	0.00004	520	0.71	650	0.107
390	0.00012	530	0.862	660	0.061
400	0.0004	540	0.954	670	0.032
410	0.00021	550	0.995	680	0.017
420	0.0040	555	1	690	0.0082
430	0.0116	560	0.995	700	0.0041
440	0.023	570	0.952	710	0.0021
450	0.038	580	0.87	720	0.00105
460	0.06	590	0.757	730	0.00052
470	0.091	600	0.631	740	0.00025
480	0.039	610	0.503	750	0.00012
490	0.028	620	0.381	760	0.00006
500	0.323	630	0.265	770	0.00003
510	0.503	640	0.175	780	0.000015

表 5-2（b） $V'(\lambda)$ 的简略表

波长/nm	$V'(\lambda)$	波长/nm	$V'(\lambda)$	波长/nm	$V'(\lambda)$
380	0.0006	490	0.904	590	0.0655
390	0.0022	500	0.982	600	0.0332
400	0.0093	507	1	610	0.0159
410	0.0348	510	0.997	620	0.0074
420	0.0966	520	0.935	630	0.0033
430	0.1998	530	0.811	640	0.0015
440	0.3281	540	0.650	650	0.0007
450	0.4550	550	0.481	660	0.0003
460	0.5670	560	0.3288	670	0.0001
470	0.6760	570	0.2076	680	0.0001
480	0.7930	580	0.1212		

在标准明视觉函数 $V(\lambda)$ 的峰值波长 555nm 处的光谱光效能 K_m ,是一个重要的常数。这个值经过各国的测定和理论计算,确定为 683（lm/W）,并且指出这个值是 555nm 的单色光的光效率,即每瓦光功率发出 683lm 的可见光。

对于明视觉,由于峰值波长在 555nm 处,因此它自然就是最大光谱光效能值,即

$$K_m = 683（\text{lm/W}） \tag{5-24}$$

但对于暗视觉, $\lambda = 555\text{nm}$,所对应的 $V'(555) = 0.402$,而峰值波长是 507nm,即 $V'(507) = 1.000$,所以暗视觉的最大光谱光效率为

$$K'_m = 683 \times \frac{1.000}{0.402} = 1699 \text{lm/W} \qquad (5-25)$$

国际计量委员会将其标准化为

$$K'_m = 1700 \text{lm/W} \qquad (5-26)$$

由式(5-22)和式(5-23)可知,辐射通量与光通量之间的变换并不简单,这是因为光谱光视效率 $V(\lambda)$ 没有简单的函数关系,因而,积分值只能用图解法或离散数值法计算。例如,对线光谱,其光通量为

$$\Phi_v = \sum_{\lambda_i = 380\text{nm}}^{780\text{nm}} 683 V(\lambda_i) \Phi_{e\lambda}(\lambda_i) \Delta\lambda \qquad (5-27)$$

该范围之外, $V(\lambda)$ 和 $V'(\lambda)$ 的值为零。因此,在可见光范围外不管光辐射功率多大,对光通量的贡献均为零,即不可见。

与1W的辐射通量相当的光通量(lm)随波长的不同而异。在红外区和紫外区,与1W相当的光通量(lm)为零。而在 $\lambda = 555\text{nm}$ 处,光谱光视效能最大,即 $K_m = 683\text{lm/W}$,并规定 $V(555) = 1$,则1W相当于683lm。对于其他波长,1W的辐射通量相当于 $683V(\lambda)\text{lm}$。例如,对于650nm的红光而言, $V(\lambda) = 0.1070$,所以1W的辐射通量就相当于 $0.1070 \times 683 = 73.08\text{lm}$。相反,对于 $\lambda = 555\text{nm}$ 时,由于 $V(555) = 1$,要得到1lm的光通量,需要的辐射通量的值最小,为1/683W,即为 1.46×10^{-3} W。一般来说,不能从光通量直接变到辐射通量,除非光通量的光谱分布已知,且所研究的全部波长在光谱的可见区。

5.3　光传播过程中光学量的变化规律

5.3.1　点光源在与之距离为 r 处的表面上形成的照度

一点光源 S,其发光强度为 I,在距光源为 r 处有一微元面积为 $\text{d}A$ 的平面,其法线与 r 方向成 θ 角。点光源 S 在 $\text{d}A$ 面上形成的照度,根据照度的定义,有

$$E = \frac{\text{d}\Phi}{\text{d}A} \qquad (5-28)$$

在所考虑情况下, $\text{d}\Phi = I\text{d}\Omega$,其中 $\text{d}\Omega$ 为 $\text{d}A$ 面对点光源 S 所张的立体角。

由图5-7可知

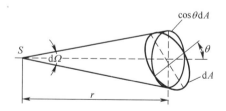

图5-7　点光源在与之距离 r 处的表面上形成的照度

$$\text{d}\Omega = \frac{\cos\theta \text{d}A}{r^2} \qquad (5-29)$$

所以

$$\mathrm{d}\Phi = \frac{I\cos\theta\mathrm{d}A}{r^2} \tag{5-30}$$

根据式(5-28),得到 dA 面上的光照强度

$$E = \frac{I}{r^2\cos\theta} \tag{5-31}$$

从式(5-21)可以看出,点光源在被照表面上形成的照度与被照面到光源距离的平方成反比。这就是照度平方反比定律。

5.3.2 面光源在与之距离为 r 处的表面上形成的照度

在图 5-8 中,$\mathrm{d}A_s$ 代表光源的元发光面积,它在与之距离为 r、面积为 $\mathrm{d}A$ 的平面上形成的光照度为 E,则

$$E = \frac{\mathrm{d}\Phi}{\mathrm{d}A} = \frac{L\mathrm{d}A_s\cos\theta_1\cos\theta_2}{r^2} \tag{5-32}$$

式中,L 为光源的光亮度;θ_1 和 θ_2 分别为发光面 $\mathrm{d}A_s$ 和受照面 $\mathrm{d}A$ 的法线与距离 r 方向的夹角。

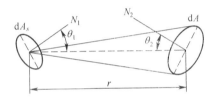

图 5-8　面光源在与之距离为 r 的表面上形成的照度

式(5-32)表明,面光源在与之距离为 r 的表面上形成的光照度与光源亮度 L、面积 $\mathrm{d}A_s$ 和两个表面的法线分别与距离 r 方向的夹角的余弦成正比,与距离 r 的平方成反比。

5.3.3 单一介质元光管内光亮度的传递

两个面积很小的截面构成的直纹曲面包围的空间就是一个元光管。光在元光管内传播,不从侧壁溢出,即无光能损失。如图 5-9 表示出一个元光管,$\mathrm{d}A_1$ 和 $\mathrm{d}A_2$ 为元光管两个微小截面 1 和 2 的微小面积,两截面的法线 N_1 和 N_2 与两截面中心连线的夹角分别为 θ_1 和 θ_2,两截面中心距离为 r。

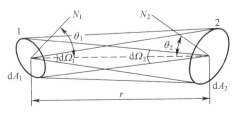

图 5-9　光在光元管内的传播

下面考察光在元光管内传播时光束在不同截面上的光亮度,假定图5-9所示的元光管两截面 1 和 2 的光亮度分别为 θ_1 和 θ_2,通过 1 面的光通量等于其发出的光通量,此量可表示为

$$\mathrm{d}\Phi_1 = L_1\cos\theta_1\mathrm{d}A_1\mathrm{d}\Omega_1 = L_1\cos\theta_1\mathrm{d}A_1\frac{\mathrm{d}A_2\cos\theta_2}{r^2} \tag{5-33}$$

同理,通过 2 面的光通量也等于其发出的光通量,此量可以表示为

$$\mathrm{d}\Phi_2 = L_2\cos\theta_2\mathrm{d}A_2\mathrm{d}\Omega_2 = L_2\cos\theta_2\mathrm{d}A_2\frac{\mathrm{d}A_1\cos\theta_1}{r^2} \tag{5-34}$$

根据元光管的性质有 $\mathrm{d}\Phi_1 = \mathrm{d}\Phi_2$,故 $L_1 = L_2$

上述结果表明,光在元光管内传播,各截面上光亮度相同。或者说,光在元光管内传播,光束亮度不变。

5.3.4 光束经界面反射和折射后的亮度

一光束投射到两透明介质的外面时,会形成反射和透射两路光束,两光束的方向可分别由反射定律和折射定律确定。图5-10 表示了这种情况。

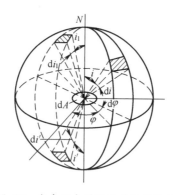

图 5-10 光束经介质界面的反射和折射

假设,入射光的入射角为 i,立体角为 $\mathrm{d}\Omega$,在界面的投射面积为 $\mathrm{d}A$,光束宽度为 L,则入射光的光通量为

$$\mathrm{d}\Phi = L\cos i\mathrm{d}\Omega\mathrm{d}A \tag{5-35}$$

同理,对于反射光束和折射光束,其光通量可以用下式表示

$$\mathrm{d}\Phi_1 = L_1\cos i_1\mathrm{d}\Omega_1\mathrm{d}A \tag{5-36}$$

$$\mathrm{d}\Phi' = L'\cos i'\mathrm{d}\Omega'\mathrm{d}A \tag{5-37}$$

式中,L_1 和 L' 分别代表反射和折射光束的亮度;i_1 和 i' 分别代表反射角和折射角;$\mathrm{d}\Omega_1$ 和 $\mathrm{d}\Omega'$ 分别代表反射和折射光束立体角。

对于反射光束,根据反射定律,$i_1 = i$,$\mathrm{d}\Omega_1 = \mathrm{d}\Omega$,则

$$\frac{\mathrm{d}\Phi_1}{\mathrm{d}\Phi} = \frac{L_1\cos i_1\mathrm{d}\Omega_1\mathrm{d}A}{L\cos i\mathrm{d}\Omega\mathrm{d}A} = \frac{L_1}{L} \tag{5-38}$$

而 $\dfrac{\mathrm{d}\Phi_1}{\mathrm{d}\Phi} = \rho$ ，所以

$$L_1 = \rho L \tag{5-39}$$

式(5-39)表明,反射光束亮度等于入射光束亮度与界面反射比之积。透明介质的界面反射比 ρ 小,故反射光束亮度最低。

对于折射光束,有

$$\frac{\mathrm{d}\Phi'}{\mathrm{d}\Phi} = \frac{L'\cos i' \mathrm{d}\Omega' \mathrm{d}A}{L\cos i \mathrm{d}\Omega \mathrm{d}A} \tag{5-40}$$

根据能量守恒定律,有

$$\mathrm{d}\Phi = \mathrm{d}\Phi' + \mathrm{d}\Phi_1$$

即

$$\mathrm{d}\Phi' = \mathrm{d}\Phi - \mathrm{d}\Phi_1 = (1 - \rho)\mathrm{d}\Phi \tag{5-41}$$

从图 5-10 可知

$$\begin{cases} \mathrm{d}\Omega = \sin i \mathrm{d}i \mathrm{d}\varphi \\ \mathrm{d}\Omega' = \sin i' \mathrm{d}i' \mathrm{d}\varphi \end{cases} \tag{5-42}$$

将 $n\sin i = n'\sin i'$ 两端做全微分,并与折射定律表达式对应端分别相乘,得到

$$n^2 \sin i \cos i \mathrm{d}i \mathrm{d}\varphi = n'^2 \sin i' \cos i' \mathrm{d}i' \mathrm{d}\varphi \tag{5-43}$$

即

$$\frac{n^2}{n'^2} = \frac{\sin i' \cos i' \mathrm{d}i' \mathrm{d}\varphi}{\sin i \cos i \mathrm{d}i \mathrm{d}\varphi} \tag{5-44}$$

把式(5-42)代入式(5-40),并考虑式(5-41)和式(5-44),则有

$$1 - \rho = \frac{L'n^2}{Ln'^2} \tag{5-45}$$

即

$$L' = (1 - \rho)L\frac{n'^2}{n^2} \tag{5-46}$$

式(5-46)表明,折射光束的亮度与界面的反射比 ρ 及界面两端介质折射率 n 和 n' 有关。

当界面反射损失可以忽略,即 $\rho = 0$ 时,式(5-46)可以写成

$$\frac{L'}{n'^2} = \frac{L}{n^2} \tag{5-47}$$

式(5-47)表明,光束经理想折射后,光亮度产生变化,但是 $\frac{L}{n^2}$ 保持不变。

5.3.5 余弦辐射体

发光强度空间分布可用式 $I_\theta = I_N\cos\theta$ 表示的发光表面为余弦辐射体。式中,I_N 为发光面在法线方向的发光强度,I_θ 为和法线成任意角度 θ 方向的发光强度。发光强度向量 I_θ 端点轨迹是一个与发光面相切的球面,球心在法线上,球的直径为 I_N,图 5-11 是用向量表示的余弦辐射体在通过法线的任意截面内的光强度分布。

余弦辐射体在和法线成任意角度 θ 方向的光亮度 L_θ,根据式(5-14),可以表示为

$$L_\theta = \frac{I_\theta}{\mathrm{d}A\cos\theta} = \frac{I_N\cos\theta}{\mathrm{d}A\cos\theta} = \frac{I_N}{\mathrm{d}A} = 常数 \tag{5-48}$$

由此可见,余弦辐射体在各个方向的光照度相同。

余弦辐射体可能是自发光面,如绝对黑体、平面灯丝钨灯等,也可能是透射成反射体。受光照射经透射或反射形成的余弦辐射体,称做漫透射体和漫反射体;乳白玻璃是漫透射体,其经光照射后透射光强度分布如图 5-12(a)所示;硫酸钡涂层表面是典型的漫反射面,其反射光强度分布如图 5-12(b)所示。

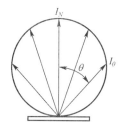

图 5-11 余弦辐射体发光强度的空间分布

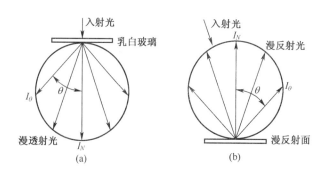

(a)　　　　　　　　(b)

图 5-12 漫透射体和漫反射体发光强度的空间分布

余弦辐射体向平面孔径角为 U 的立体角范围内发出的光通量可以用下式计算

$$\Phi = L\mathrm{d}A\int_{\varphi=0}^{\varphi=2\pi}\int_{\theta=0}^{\theta=U}\sin\theta\cos\theta\mathrm{d}\theta\mathrm{d}\varphi \tag{5-49}$$

即

$$\Phi = \pi L\mathrm{d}A\sin^2 U \tag{5-50}$$

当 $U = \pi/2$ 时, $\sin^2 U = 1$,则

$$\Phi = \pi L\mathrm{d}A \tag{5-51}$$

这就是余弦辐射体向 2π 立体角空间发出的总光通量。式中各量的意义表示在图 5-13 中。

余弦辐射体的光出时度,根据定义,有

$$M = \frac{\phi}{\mathrm{d}A} = \pi L \tag{5-52}$$

5.4 成像系统像面的光照度

5.4.1 轴上像点光照度

图 5-13 表示了一个成像光学系统。$\mathrm{d}A$ 和 $\mathrm{d}A'$ 分别代表轴上点附近的物和像的微面积,物方孔径角为 U ,像方孔径角为 U' ,物面和像面的光亮度分别为 L 和 L' 。

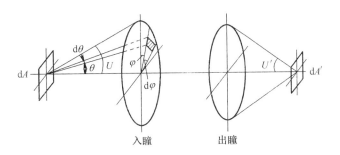

图 5-13 成像光学系统

若物被看作是余弦辐射体,则微面积 $\mathrm{d}A$ 向孔径角为 U 的成像光学系统发出的光通量 Φ ,按式(5-50)为

$$\Phi = \pi L\mathrm{d}A\sin^2 U \tag{5-53}$$

从出瞳入射到像面 $\mathrm{d}A'$ 微面积光通量为

$$\Phi = \pi L'\mathrm{d}A'\sin^2 U' \tag{5-54}$$

在光学系统中传播时,存在能量损失,若光学系统的光透比为 τ ,则 $\Phi' = \tau\Phi$,因此

$$\Phi' = \tau\pi L\mathrm{d}A\sin^2 U \tag{5-55}$$

光轴上像点的光照强度为

$$E' = \frac{\Phi'}{\mathrm{d}A'} = \tau\pi L\frac{\mathrm{d}A}{\mathrm{d}A'}\sin^2 U \tag{5-56}$$

由

117

$$\frac{\mathrm{d}A}{\mathrm{d}A'} = \frac{1}{\beta^2} \qquad (5-57)$$

所以

$$E' = \frac{1}{\beta^2}\tau\pi L\sin^2 U \qquad (5-58)$$

当系统满足正弦条件时,$\beta = \dfrac{n\sin U}{n'\sin U'}$

故

$$E' = \frac{n'^2}{n^2}\tau\pi L\sin^2 U' \qquad (5-59)$$

式(5-58)和式(5-59)就是轴上点照度的表达式。式(5-58)表明,轴上像点的照度与孔径角 v' 成正比,和垂轴放大率 β 的平方成反比。

5.4.2 轴外像点光照度

图 5-14 表示了轴外点成像情况。轴外像点 M' 的主光线和光轴间有一夹角 ω',此角就是轴外点 M 的像方视场角。它的存在使轴外点的像方孔径角 U'_M 比轴上点的像方孔径角 U' 小。在物面亮度均匀的情况下,轴外像点的照度比轴上点低。

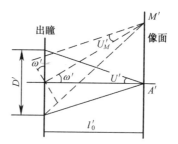

图 5-14 光学系统的轴外点成像

在物向亮度均匀的情况下,轴外像点 M' 的照度可用式(5-59)表示为

$$E'_M = \frac{n'^2}{n^2}\tau\pi L\sin^2 U'_M \qquad (5-60)$$

当 U'_M 较小时,有

$$\sin U'_M \approx \tan U'_M = \frac{\dfrac{D'}{2}\cos\omega'}{\dfrac{l'_0}{\cos\omega'}} = \frac{D'\cos^2\omega'}{2l'_0} \approx \sin U'\cos^2\omega' \qquad (5-61)$$

式中,D' 为出瞳直径;l'_0 为像到出瞳的距离。

把 $\sin U'_M$ 代入式(5-60)可得

$$E'_M = \frac{n'^2}{n^2}\tau\pi L\sin^2 U'\cos^4\omega' \qquad (5-62)$$

即

118

$$E'_M = E'_0\cos^4\omega' \tag{5-63}$$

式中，$E'_0 = \dfrac{n'^2}{n^2}\tau\pi L\sin^2 U'$，为轴上像点的光照度。

式(5-62)表明，轴外像点的光照度随视场角 ω' 增大而降低。表5-3给出了对应于不同视场角 ω' 的轴外像点照度降低的情况。

表5-3　不同视场角 ω' 的轴外像点照度与轴上像点照度比

ω'	0°	10°	20°	30°	40°	50°	60°
E'_M/E'_0	1	0.941	0.780	0.563	0.344	0.171	0.063

5.4.3　光通过光学系统时的能量损失

物面发出进入光学系统的光能量，即使在没有几何遮拦的情况下，也不能全部到达像面。这主要是由于光在光学系统中传播时，透明介质折射界面的光反射、介质对光的吸收，以及反射面对光的透射和吸收等所造成的光能损失。常用光学系统的透射比 $\tau = \Phi'/\Phi$ 来衡量光学系统中光能损失的大小。式中，Φ 为经入瞳进入系统的光通量，Φ' 为由系统出瞳出射的光通量。透射比高表明系统的光能损失小，$\tau = 1$ 表明系统无光能损失。下面介绍各种光能损失的情况及光学系统总透射比的计算方法。

5.4.3.1　光在透明介质界面上的反射损失

光照射到两透明介质光滑界面上时，大部分光折射到另一介质中，也有一小部分光反射回原介质。反射光没通过界面，形成光能损失。

反射光通量与入射光通量之比称为反射比，通常以 ρ 表示。由光的电磁理论(详见第6章)可以导出

$$\rho = \frac{1}{2}\left[\frac{\sin^2(i-i')}{\sin^2(i+i')} + \frac{\tan^2(i-i')}{\tan^2(i+i')}\right] \tag{5-64}$$

式中，i 和 i' 分别为入射角和折射角。

当光垂直或以很小的入射角入射时，式(5-64)中的正弦和正切函数均可用角度的弧度值代替，再考虑折射定律，则式(5-64)可简化为

$$\rho = \left(\frac{n-n'}{n+n'}\right)^2 \tag{5-65}$$

式(5-65)表明，光近似于垂直入射到两透明介质的光滑界面时，反射光能损失和界面两边介质的折射率有关。界面两边介质的折射率相差愈大，ρ 值愈大，即反射损失愈大。放在空气中的单个玻璃元件表面的反射系数随玻璃折射率 n 的不同而有所不同：$n = 1.5$，$\rho = 0.04$；$n = 1.6$，$\rho = 0.05$。用加拿大胶胶合的冕牌和火石玻璃胶合面，由于两种玻璃和加拿大胶的折射率相差极微，故 $\rho = 0$，反射损失可以忽略。从式(5-64)可知，ρ 是一个与入射角 i 有关的量，实际计算表明，当 $n \approx 1.6$，$i < 45°$ 时，取 $\rho = 0.06$ 计算已足够准确。在实用光学系统中，$i > 45°$ 的情况很少见到。

一个光学系统,有 N_1 个空气界面,有 N_2 个空气-火石玻璃界面。假定进入系统的光通量为 Φ,在只考虑反射损失情况下,内系统出射的光通量 Φ' 可用下式计算

$$\Phi' = \Phi(1 - \rho_1)^{N_1}(1 - \rho_2)^{N_2} \approx 0.95^{N_1}0.96^{N_2}\Phi \qquad (5-66)$$

式中,ρ_1 和 ρ_2 分别为空气-冕牌玻璃和空气-火石玻璃界面的反射比。当 N_1 和 N_2 值较大,即系统光学元件数目很多时,光能损失是很可观的。反射的光能除造成光学系统的光能损失外,还在像面上形成杂散光背景,从而降低像的对比度。降低反射损失的方法是在玻璃元件的表面镀增透膜。常用的增透膜有二氧化硅(SiO_2)、氧化钛(TiO_2)、氟化镁(MgF_2)等。

5.4.3.2 介质吸收造成的光能损失

光在介质中传播,由于介质对光的吸收使一部分光不能通过系统,从而形成光能损失。

光通量为 Φ 的光束通过厚度为 $\mathrm{d}l$ 的薄介质层,被介质吸收的光通量 $\mathrm{d}\Phi$ 与光通量 Φ 和介质层厚度 $\mathrm{d}l$ 成正比,即

$$\mathrm{d}\Phi = -k\Phi \mathrm{d}l \qquad (5-67)$$

光通过厚度为 l 的介质层后的光通量,可由积分上式求得

$$\Phi = \Phi_0 \mathrm{e}^{-kl} \qquad (5-68)$$

令 $P = \mathrm{e}^{-k}$,它代表光通过单位厚度 1cm 介质层时出射光通量与入射光通量之比,称为介质的透明率。将此式代入式(5-68)得到

$$\Phi = \Phi_0 P^l \qquad (5-69)$$

若已知入射光通量 Φ_0、介质透明折射率 P 及用厘米为单位的介质层厚度 l,即可用式(5-69)求得通过介质的光通量。而介质吸收造成的光通量损失则为

$$\Delta\Phi = (1 - P^l)\Phi_0 \qquad (5-70)$$

对于光学系统,介质的厚度可取为元件的中心厚度 d。对于多元件系统,取同种材料元件中心厚度之和 $\sum d$ 作为 l。这时式(5-69)可写成

$$\Phi = \Phi_0 P_1 \sum d_1 P_2 \sum d_2 \cdots \qquad (5-71)$$

式中,P_1 和 $P_2 \cdots$ 代表光学系统所用各种材料的透射率;$\sum d_1 \sum d_2 \cdots$ 为相材料制成元件中心厚度之和。

5.4.3.3 反射面的光能损失

光学系统中,经常使用反射面来改变光的行进方向。反射元件对光的透射和吸收,使反射面的反射比 ρ 小于 1。若入射光的光通量为 Φ_0,反射光的光通量 Φ_1,可用下式计算

$$\Phi_1 = \rho\Phi_0 \qquad (5-72)$$

光通量损失

$$\Delta\Phi_1 = (1 - \rho)\Phi_0 \qquad (5-73)$$

常用反射面的反射比为：

镀银反射面：$\rho \approx 0.95$，镀铝反射面：$\rho \approx 0.85$，抛光良好的棱镜全反射面：$\rho \approx 1$。

5.4.4 光学系统的总透射比

一光学系统，有 N_1 个冕牌玻璃折射面和 N_2 个火石玻璃折射面；光通过 M 种介质制成的元件，其中心厚度分别为 $\sum d_1 \sum d_2 \cdots \sum d_M$；系统有 N_3 个反射面。若入射光通量为 Φ_0，则出射光通量为

$$\Phi = (1-\rho_1)^{N_1}(1-\rho_2)^{N_2}P_1^{\sum d_1}P_2^{\sum d_2}\cdots P_M^{\sum d_M}\rho_2^{N_3}\Phi_0 \tag{5-74}$$

系统总透射比

$$\tau = \frac{\Phi}{\Phi_0} = (1-\rho_1)^{N_1}(1-\rho_2)^{N_2}P_1^{\sum d_1}P_2^{\sum d_2}\cdots P_M^{\sum d_M}\rho^{N_3} \tag{5-75}$$

式中，ρ_1 和 ρ_2 分别为冕牌玻璃和火石玻璃与空气所成界面的反射比；P_1、P_2、$\cdots$、P_M 分别为 M 种介质各自的透明率；ρ 为反射面的反射比。

习　题

1. 概念题

（1）我们晚上看天空的星星，有的亮，有的暗，是否说明亮的星星光亮度大？白天看到白云比蓝天背景亮，这里所说的亮指什么？

（2）人眼随外界景物亮暗不同，相应地调节瞳孔直径大小的作用是什么？

（3）为什么使用大口径的天文望远镜，白天也能看见天空的星星？

（4）夜空中较亮的星比较暗的星（　　　　　）大，白天较亮的云比较暗的云（　　　　　）大。

（5）对于一个朗伯发光体，它符合什么定律？写出该定律。

2. 计算题

（1）已知一光源同时辐射两种波长的光波，第一种波长 $\lambda_1 = 480\text{nm}$，辐射通量 30W，第二种波长 $\lambda_2 = 580\text{nm}$，辐射通量 20W。试求：① λ_1 和 λ_2 的光谱光视效能及光通量；② 该光源的光视效能（发光效率）。

（2）已知 220V、60W 的充气钨丝灯泡均匀发光，辐射的总光通量为 900lm，求该灯泡的光视效能和发光强度。

（3）有一均磨砂球形灯，它的直径为 $\phi17\text{cm}$，光通量为 200lm，求该球形灯的光亮度。

（4）直径 $\phi20\text{cm}$ 的标准白板，在与板面法线成 30° 方向上测得发光强度为 1cd，求：

① 标准白板在与法线成 60° 的方向上的发光强度；

② 白板的光亮度；

③ 白板在半顶角 $u = 15°$ 的圆锥内辐射出的光通量；

④ 白板辐射总光通量。

（5）用 250W 溴钨灯做 16mm 电影放映机光源，光源的发光率为 30lm/W，灯丝外形面积为 $5×10^7\text{mm}^2$，可以看做是两面发光的余弦反射体，系统光路如图 5-15 所示，灯丝成像在片门处，像的大小正好充满片门，尺寸为 $7×10\text{mm}^2$，灯泡后面有球面反光镜，使灯丝

平均亮度提高 50%。银幕宽为 4m，放映物镜的相对孔径为 1/1.8，系统的投射比 $\tau = 0.6$，求银幕的光照度。

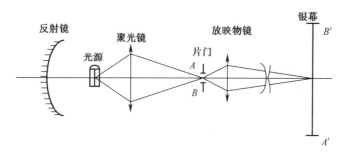

图 5-15　第 5 题图

（6）一氦气激光器，发射波长为 6.328×10^{-7}m 的激光束，辐通量为 5mW，光束的发散角为 1×10^{-3}rad，求此激光束的光通量及发光强度。又此激光器输出光束的截面直径为 1mm，求其光亮度。

（7）一束波长为 4.6×10^{-7}m 的蓝光，光通量为 620lm，相应的辐通量是多少？如果射在一个屏幕上，屏幕上 1min 所接受的辐射能是多少？

第6章　光的电磁理论基础

光学是研究光的本性、光的传播、光与物质的相互作用以及光的实际应用的科学。近代物理学观点认为，光具有波粒二象性。然而，在研究光的发射和吸收等于物质相互作用时，除了必须考虑光的粒子性及运用量子理论之外，还必须考虑光的波动性。本章将从麦克斯韦方程组出发，阐述光的电磁本质，讨论光波在界面上的反射和折射，光的吸收、色散和光波的叠加等问题。

6.1　光的电磁性质

6.1.1　麦克斯韦电磁方程

光是一种电磁波，它具有电磁波的通性，光波的性质可由电磁场的基本方程推导出来，这些方程就是著名的麦克斯韦方程。

一般情况下，研究电磁场时会涉及到四个场矢量：电场强度矢量 E、电位移矢量 D、磁感应强度矢量 B、磁场强度矢量 H，一般情况下这些矢量既是空间坐标的函数又是时间的函数。电场、磁场之间紧密联系，其中 E 和 B 是电磁场的基本构成量，D 和 H 是描述电磁场与物质之间相互作用的辅助量，E、H、D、B 服从麦克斯韦方程组，其微分形式为

$$\nabla \times H = j + \frac{\partial D}{\partial t} \tag{6-1}$$

$$\nabla \times E = -\frac{\partial B}{\partial t} \tag{6-2}$$

$$\nabla \cdot B = 0 \tag{6-3}$$

$$\nabla \cdot D = \rho \tag{6-4}$$

式中 j 为积分闭合回路上的传导电流密度；ρ 为电荷密度。式(6-1)的物理意义是磁场强度矢量的旋转度等于引起该磁场的传导电流密度和位移电流密度之和；式(6-2)的物理意义是电场强度矢量的旋度等于磁感应强度随时间变化率的负值；式(6-3)表示磁场中任意一点的磁感应强度矢量的散度为零；式(6-4)表示电位移矢量的散度等于同一处的自由电荷密度。

6.1.2　物质方程

电磁场的物质方程反映介质的宏观电磁性质，是光与物质相互作用时介质中大量分子平均作用的结果。用于描写物质在场作用下特性的关系式称为物质方程。各向同性的均匀介质中的物质方程为

$$D = \varepsilon E = \varepsilon_0 \varepsilon_r E \tag{6-5}$$

$$B = \mu H = \mu_0 \mu_r H \tag{6-6}$$

式(6-5)和式(6-6)中,ε、μ 分别称为介质的介电常数和磁导率;ε_0、μ_0 为真空中介电常数和磁导率;ε_r、μ_r 分别为介质的相对介电常数和相对磁导率。对于非磁性物质 $\mu = \mu_0$,此外对于导电介质,存在

$$j = \sigma E \tag{6-7}$$

这是欧姆定律的微分形式,式中,σ 称为导体的电导率。

物质方程给出了介质的电学和磁学性质,这里用介质的介电常数和磁导率表示光与物质相互作用时物质中大量分子的平均作用。这样,麦克斯韦方程组与物质方程一起可用于描述时变场下电磁场的普遍规律。

6.1.3　电磁波动方程

下面从麦克斯韦方程出发,证明电磁场的波动性,仅讨论无源空间和无限大各向同性介质均匀线性介质的情况。无源空间,指的是介质中不含自由电荷和传导电流,这时 $\rho = 0$,$j = 0$,所谓各向同性均匀线性介质,指的是 ε、μ 均为标量常数,此时麦克斯韦方程可简化为

$$\nabla \times E = - \frac{\partial B}{\partial t} \tag{6-8}$$

$$\nabla \times B = \varepsilon \mu \frac{\partial E}{\partial t} \tag{6-9}$$

$$\nabla \cdot E = 0 \tag{6-10}$$

$$\nabla \cdot B = 0 \tag{6-11}$$

将式(6-8)两端取旋度并将式(6-9)代入可得

$$\nabla \times (\nabla \times E) = - \nabla \times \left(\frac{\partial B}{\partial t} \right) = - \frac{\partial}{\partial t} (\nabla \times B) = - \varepsilon \mu \frac{\partial^2 E}{\partial t^2} \tag{6-12}$$

则
$$\nabla \times (\nabla \times E) = (\nabla \cdot E) \nabla - (\nabla \cdot \nabla) E = - \nabla^2 E \tag{6-13}$$

引入常数

$$\nu = \frac{1}{\sqrt{\varepsilon \mu}} \tag{6-14}$$

则对于电场强度 E,有

$$\nabla^2 E - \frac{1}{v^2} \frac{\partial^2 E}{\partial t^2} = 0 \tag{6-15}$$

则对于磁场强度 B,有

$$\nabla^2 B - \frac{1}{v^2} \frac{\partial^2 B}{\partial t^2} = 0 \tag{6-16}$$

式(6-15)和式(6-16)给出了一组随时间和空间做周期性变化的电磁波动,由此表明电磁场是以波动形式在介质中传播的,并且电磁波的传播速度 $v = 1/\sqrt{\varepsilon \mu}$,取决于介质的介电常数 ε 和磁导率 μ。

一般定义电磁波在真空中的速度 c 与在介质中传播速度 v 的比值为电磁波在该介质

中的折射率

$$n = c/v = \sqrt{\varepsilon r \mu r} \tag{6-17}$$

式(6-17)表明介质的折射率 n 是由介质的介电常数 ε 和磁导率 μ 决定的。

6.1.4 平面电磁波及其性质

平面电磁波是电场或磁场在传播方向正交的平面上各点具有相同值的波,假设平面波沿直角坐标系 $o\text{-}xyz$ 的 z 方向传播,则平面波的 $\boldsymbol{E}$ 和 $\boldsymbol{B}$ 仅是 z 和 t 的函数,此时式(6-15)和式(6-16)可简化为

$$\frac{\partial^2 \boldsymbol{E}}{\partial z^2} - \frac{1}{v^2}\frac{\partial^2 \boldsymbol{E}}{\partial t^2} = 0 \tag{6-18}$$

传播的波动形式取决于波动源的振动形式,任何形式的波动都可以分解为许多不同频率的简谐振动的和,则电场可表示为

$$\boldsymbol{E}(z) = A\cos(kz - \omega t + \varphi) \tag{6-19}$$

这就是平面简谐波的波动公式,对于光波来说就是平面单色光的波动公式,式中,A 表示简谐平面波的振幅,而 $(kz - \omega t + \varphi)$ 称为电磁波的相位,kz 为空间相位,ωt 为时间相位,φ 为初相位。由式(6-19)可以看到,对于任意时刻 t,在垂直于 z 轴的平面上,平面简谐波有相等的相位。

对于频率为 ω 的简谐波,称为单色简谐平面波。当初相位 $\varphi = 0$ 时,单色简谐平面波可表示为

$$\boldsymbol{E}(z) = A\cos(kz - \omega t) = A\cos\left(2\pi\frac{1}{\lambda}z - 2\pi\frac{1}{T}t\right) = A\cos(2\pi f z - 2\pi v t) \tag{6-20}$$

从式(6-20)中可以看出,描述单色平面波的主要参量如下:

(1)对于时间参量,角频率 ω,周期 T,频率 ν 之间的关系如下:

$$\omega = 2\pi\nu = \frac{2\pi}{T}, \ T = \frac{1}{\nu} = \frac{2\pi}{\omega} \tag{6-21}$$

(2)对于空间参量,波数 k,波长 λ,空间频率 f,它们之间的关系是

$$k = 2\pi f = \frac{2\pi}{\lambda}, \ \lambda = \frac{1}{f} = \frac{2\pi}{k} \tag{6-22}$$

由麦克斯韦方程组可以得到平面电磁波的性质如下:

(1)平面电磁波是横波。平面电磁波的波动公式为

$$\boldsymbol{B} = \boldsymbol{A}'\exp\left[i(\boldsymbol{k} \cdot \boldsymbol{r} - \omega t)\right] \tag{6-23}$$

$$\boldsymbol{E} = \boldsymbol{A}\exp\left[i(\boldsymbol{k} \cdot \boldsymbol{r} - \omega t)\right] \tag{6-24}$$

分别代入麦克斯韦方程(6-10)和方程(6-11)可得

$$\boldsymbol{k} \cdot \boldsymbol{E} = 0 \tag{6-25}$$

$$\boldsymbol{k} \cdot \boldsymbol{B} = 0 \tag{6-26}$$

式(6-25)和式(6-26)表明,电磁波的电矢量与磁矢量均垂直于波的传播方向。因此,电磁波是横波。

(2)$\boldsymbol{E}$、$\boldsymbol{B}$、$\boldsymbol{k}_0$ 互成右手螺旋系。结合式(6-23)、式(6-24)、式(6-8)和式(6-9)可得

$$B = \sqrt{\varepsilon\mu}\,(k_0 \times E) \tag{6-27}$$

式中，k_0 是波矢 k 的单位矢量，可以看出电矢量 E 与磁矢量 B 均垂直于光波传播方向，并且 E 和 B 也相互垂直，所以 E、B、k_0 互成右手螺旋系。

由式(6-26)还可以得到

$$\frac{E}{B} = \frac{1}{\sqrt{\varepsilon\mu}} = v \tag{6-28}$$

式(6-28)表明，E 和 B 的复振幅比为一正实数，所以 E 和 B 的振幅始终同相位。

6.2 光在界面上的反射和折射

6.2.1 电磁场的边界条件

当电磁波由一种介质传到另一种介质时，由于分界面处介质的物理性质有突变，分界面两侧的电磁场是不连续的。因此，在研究电磁波在两种界面处的传播时，必须先确定界面两侧电磁场量之间的关系，这一关系可由麦克斯韦方程组导出。

电磁场的连续条件是：当界面上不存在自由电荷、电流分布时，磁感应强度 B 和磁场强度 D 的法向分量在界面上连续，而电场强度 E 和磁场强度 H 的切向分量在界面上连续，可表示为

$$\begin{cases} B_{1n} = B_{2n} \\ D_{1n} = D_{2n} \\ H_{1t} = H_{2t} \\ E_{1t} = E_{2t} \end{cases} \tag{6-29}$$

式中，n、t 分别表示电磁场的法向和切向分量，有了这一连续条件，可以建立两种介质界面两边场量的联系。

6.2.2 反射和折射定律

当一个平面波入射到光学性质不同的两个媒质的界面上时，会产生反射和折射，并遵守反射定律和折射定律，这种现象的产生是光与物质相互作用的结果。下面根据麦克斯韦方程组和电磁场的连续条件来探讨光在界面处的反射和折射。如图 6-1 所示，一单色平面光波从折射率 n_1 的介质传播到折射率为 n_2 的介质，在界面处发生反射和折射。

以 n 表示分界面法线方向的单位矢量，k_1、k_1'、k_2 分别表示入射光波、反射光波和折射光波的波矢量，θ、θ_1'、θ_2 分别表示入射角、反射角和折射角，ω、ω_1'、ω_2 分别为入射光波、反射光波和折射光波的角频率，E_1、E_1'、E_2 分别表示分界面处的入射光波、反射光波和折射光波的电场强度矢量，满足

$$\begin{cases} E_1 = A_1 \exp\,(k_1 \cdot r - \omega_1 t) \\ E_1' = A_1' \exp\,(k_1' \cdot r - \omega_1' t) \\ E_2 = A_2 \exp\,(k_2 \cdot r - \omega_2 t) \end{cases} \tag{6-30}$$

根据电磁场的边界条件，当界面处不存在自由电荷和电流分布时，电磁场强度矢量应

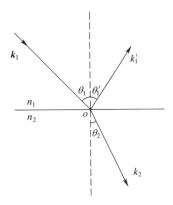

图 6-1 光在两种介质分界面上的反射和折射

满足连续条件

$$\boldsymbol{n} \times (\boldsymbol{E}_1 + \boldsymbol{E}_1') = n \times \boldsymbol{E}_2 \tag{6-31}$$

将式(6-31)代入式(6-30)可得

$$
\begin{aligned}
\boldsymbol{n} \times A_1 = n \times [& A_2 \mathrm{expi}(\boldsymbol{k}_2 \cdot \boldsymbol{r} - \boldsymbol{k}_1 r + \omega_2 t - \omega_1 t) \\
& - A_1' \mathrm{expi}(\boldsymbol{k}_1' \cdot \boldsymbol{r} - \boldsymbol{k}_1 r + \omega_1' t - \omega_1 t)]
\end{aligned} \tag{6-32}
$$

由于式(6-30)对于任何时刻 t 及任意位置矢量 r 均成立,因此应满足

$$
\begin{cases}
\omega_1 = \omega_1' = \omega_2 \\
(\boldsymbol{k}_1' - \boldsymbol{k}_1) \cdot \boldsymbol{r} = 0 \\
(\boldsymbol{k}_2 - \boldsymbol{k}_1) \cdot \boldsymbol{r} = 0
\end{cases} \tag{6-33}
$$

这表明 $(\boldsymbol{k}_1' - \boldsymbol{k}_1)$ 和 $(\boldsymbol{k}_2 - \boldsymbol{k}_1)$ 在 r 方向上的投影等于零,即与界面法线平行,这表明 $\boldsymbol{k}_1$、$\boldsymbol{k}_1'$、$\boldsymbol{k}_2$ 共面,都在入射平面内。

利用式(6-33)中 k 与 r 的标量积表达式,可得

$$k_1 \sin\theta_1 = k_1' \sin\theta_1' = k_2 \sin\theta_2 \tag{6-34}$$

因为 $k_1 = k_1' = \omega/v_1$, $k_2 = \omega/v_2$,所以可得

$$\theta_1 = \theta_1' \tag{6-35}$$

这就是反射定律。与此同时 ,

$$\frac{\sin\theta_1}{v_1} = \frac{\sin\theta_2}{v_2} \quad \text{或} \quad n_1 \sin\theta_1 = n_2 \sin\theta_2 \tag{6-36}$$

式中 ,n_1、v_1 和 n_2、v_2 分别是光波在介质 1 和介质 2 中的折射率和传播速度,这就是折射定律。

6.2.3　菲涅尔公式及其讨论

6.2.3.1　菲涅尔公式

反射定律和折射定律仅给出了光波在两种介质分界面两侧的传播方向。根据光的电磁理论,除了能描述光传播方向在界面上的反射和折射所遵循的规律外,还能够定量地描述反射光和折射光的振幅和相位的关系。任意一个光矢量 E,都可以分解为两个互相垂直的分量,平行于入射面振动的分量为光矢量的 p 分量,用 E_p 表示;而垂直于入射面振动

的分量为光矢量的 s 分量,用 E_s 表示。这两个分量的反射波和折射波的振幅和相位关系是不相同的。

建立如图 6-2 所示的 p-s-k 坐标系,令 k_1,k_2 分别为入射光、反射光和折射光的波矢量,每个光振动都在各自场内分解成正交的 p 分量和 s 分量,这样有

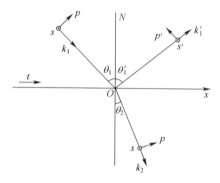

图 6-2　p-s-k 关系图

$$E_{1p} = A_{1p}\exp\left[i(k_1 \cdot r - \omega t)\right] \tag{6-37}$$

$$E_{1s} = A_{1s}\exp\left[i(k_1 \cdot r - \omega t)\right] \tag{6-38}$$

同理

$$E'_{1p} = A'_{1p}\exp\left[i(k'_1 \cdot r - \omega t)\right] \tag{6-39}$$

$$E'_{1s} = A'_{1s}\exp\left[i(k'_1 \cdot r - \omega t)\right] \tag{6-40}$$

同理

$$E_{2p} = A_{2p}\exp\left[i(k_2 \cdot r - \omega t)\right] \tag{6-41}$$

$$E_{2s} = A_{2s}\exp\left[i(k_2 \cdot r - \omega t)\right] \tag{6-42}$$

1. s 波(垂直于入射面分量)

图 6-3 反映了反射波、折射波的电场和磁场,由电磁场的连续条件

$$E_{1s} + E'_{1s} = E_{2s} \tag{6-43}$$

$$H_{1p}\cos\theta_1 - H'_{1p}\cos\theta_1 = H_{2p}\cos\theta_2 \tag{6-44}$$

由 $\dfrac{E}{H} = \sqrt{\dfrac{\mu}{\varepsilon}}$,可得

$$\frac{n_1}{\mu_1}(E_{1s} - E'_{1s})\cos\theta_1 = \frac{n_2}{\mu_2}E_{2s}\cos\theta_2 \tag{6-45}$$

由非磁性介质 $\mu_1 \approx \mu_2 \approx 1$,又由 $A_{1s} + A'_{1s} = A_{2s}$,则 s 分量振幅反射系数和透射系数可表示为

$$r_s = \frac{A'_{1s}}{A_{1s}} = -\frac{\sin(\theta_1 - \theta_2)}{\sin(\theta_1 + \theta_2)} = \frac{n_1\cos\theta_1 - n_2\cos\theta_2}{n_1\cos\theta_1 + n_2\cos\theta_2} \tag{6-46}$$

$$t_s = \frac{A_{2s}}{A_{1s}} = \frac{2\sin\theta_2\cos\theta_1}{\sin(\theta_1 + \theta_2)} = \frac{2n_1\cos\theta_1}{n_1\cos\theta_1 + n_2\cos\theta_2} \tag{6-47}$$

这就是 s 分量的菲涅尔公式。

2. p 波(平行于入射面分量)

p 波的电场矢量与相应的磁场矢量如图 6-4 所示,同理可求得 p 分量的菲涅尔公

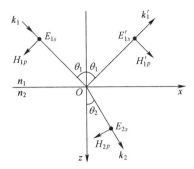

图 6-3 s 波的 E 和 H 的方向

式为

$$r_p = \frac{A'_{1p}}{A_{1p}} = \frac{\tan(\theta_1 - \theta_2)}{\tan(\theta_1 + \theta_2)} = \frac{n_2\cos\theta_1 - n_1\cos\theta_2}{n_2\cos\theta_1 + n_1\cos\theta_2} \tag{6-48}$$

$$t_p = \frac{A_{2p}}{A_{1p}} = \frac{2\sin\theta_2\cos\theta_1}{\sin(\theta_1 + \theta_2)\cos(\theta_1 - \theta_2)}$$

$$= \frac{2n_1\cos\theta_1}{n_2\cos\theta_1 + n_1\cos\theta_2} \tag{6-49}$$

当 $\theta_1 = 0$ 即光波垂直入射到界面上时,由式(6-46)、式(6-47)、式(6-48)和式(6-49)得到垂直入射的菲涅尔公式为

$$r_s = \frac{A'_{1s}}{A_{1s}} = \frac{1-n}{n+1} \tag{6-50}$$

$$t_s = \frac{A_{2s}}{A_{1s}} = \frac{2}{n+1} \tag{6-51}$$

$$r_p = \frac{A'_{1p}}{A_{1p}} = \frac{n-1}{n+1} \tag{6-52}$$

$$t_p = \frac{A_{2p}}{A_{1p}} = \frac{2}{n+1} \tag{6-53}$$

式中, $n = n_2/n_1$ 为相对折射率。

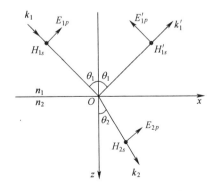

图 6-4 p 波的 E 和 H 的方向

6.2.3.2 菲涅尔公式的讨论

菲涅尔公式直接给出了反射波和折射波与入射振幅的相对变化,可用振幅反射(或透射)系数 r(或 t)来表达,并且随入射角变化。下面讨论光从光疏介质到光密介质的情况,此时 $n_1 < n_2$,图 6-5 是 $n_1 = 1$,$n_2 = 1.5$ 时根据菲涅尔公式算得的 p 波和 s 波的振幅透射系数和反射系数的曲线。

1) 振幅透射系数 t_p 和 t_s

由图 6-5 可知,t_p 和 t_s 在正入射时($\theta = 0$)有最大值,之后随着入射角的增大而单调减小,在掠射($\theta = 90°$)的情况下减小到 0,且无论入射角取何值,t_p 和 t_s 均为正值,这表示折射波和入射波的相位总是相同的。结果的正负号与规定的 $p-s-k$ 坐标体系的正方向有关,正值表明振动的方向与规定的正方向一致(两个场同相位),负值表示振动方向与规定的正方向相反(两个场反向)。

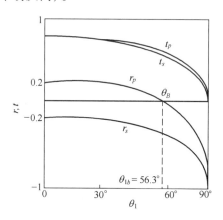

图 6-5 光疏到光密介质振幅系数曲线

2) 振幅反射系数 r_p 和 r_s

由图 6-5 可知,r_s 总为负值,这表明无论光以何种角度入射到界面上时,反射场中的 s 分量总是与规定的正方向相反,这表明光在界面上发生了 π 的相位变化,还可以看出 $|r_s|$ 在正入射($\theta = 0$)时有最小值,之后随着入射角的增大而增大,在掠入射时($\theta = 90°$)最大,可达到 1。

当入射角满足 $\theta_1 + \theta_2 = \pi/2$ 时,$r_p = 0$,这表明 p 分量没有反射,发生全偏振现象,这时相应的入射角可记为 $\theta_B = \arctan n_2/n_1$,称为布儒斯特角。在 θ_1 从 0 到布儒斯特角变化时,p 分量为正值,表明反射光在界面反射时,其振幅方向与规定的正方向一致,并没有发生相应的相位变化,在入射角从布儒斯特角到 90° 的范围内,p 分量为负值,表明反射光的振动方向在发生反射时,其突变为与规定的正方向相反,反射角发生了 π 的相位变化。

.3) 相位变化

当光波在电介质表面反射和折射时,由于其折射率为实数,故 r_s、r_p、t_s 和 t_p 通常也是实数(暂不考虑全反射的情况),随着 θ_1 的变化只会出现正值或负值的情况,表明所考虑的两个场同相位(振幅比取正值)或者反相(振幅比取负值),其相应的相位变化或是零或是 π。

对于折射波,由菲涅尔公式(6-47)和式(6-49)可知,不管 θ_1 取何值,t_s 和 t_p 都是正值,即表明折射波和入射波的相位总是相同,其 s 波和 p 波的取向与规定的正向一致,光波通过界面时,折射波不发生相位改变。

对于反射波,应区分 $n_1 > n_2$ 与 $n_1 < n_2$ 两种情况,并注意 $\theta_1 < \theta_B$ 和 $\theta_1 > \theta_B$ 时的不同。当 $n_1 < n_2$(光从光疏介质射向光密介质)时,由式(6-46)和式(6-48)可知,r_s 对所有的 θ_1 都是负值,即 E'_{1s} 的取向与规定的正向相反,表明反射时 s 波在界面上发生了 π 的相位变化。对 r_p 分量,当 $\theta_1 + \theta_2 < \pi/2$,即 $\theta_1 < \theta_B$ 时为正值,表明 E'_{1p} 取规定的正向,其相位变化为零,当 $\theta_1 + \theta_2 > \pi/2$ 时,r_p 为负值,即 E'_{1p} 的取向与规定的正向相反,表明在界面上,反射光的 p 波有 π 相位变化;当 $\theta_1 + \theta_2 = \pi/2$($\theta_1 = \theta_B$)时 $r_p = 0$,表明反射光中没有平行于入射面的振动,而只有垂直于入射面的振动,即发生全偏振现象。上述相位变化情况如图 6-6(a)、(b)所示。

对于 $n_1 > n_2$(光从光密介质射向光疏介质)情况,s 波和 p 波的相位变化分别示于图 6-6(c)和(d)中。由图可知,当入射角 $\theta_1 > \theta_c$ 时,相位改变既不是零也不是 π,而随入射角有一个缓慢变化,这是发生了全反射现象之故。而在 $\theta_1 < \theta_C$ 时,s 波和 p 波的相位变化情况与 $n_1 < n_2$ 时得到的结果相反,并且也有 $\theta_1 = \theta_B$ 时产生全偏振现象。

当光在光疏-光密介质界面上反射时,对于正入射($\theta_1 \to 0$)或掠入射($\theta_1 \to \pi/2$)的情况,由菲涅尔公式,并考虑在界面上光传播方向的改变,可以知道,反射光的光矢量产生 π 的相位改变(即半波损失)。当 $\theta_1 \to 0$ 时,由菲涅尔公式,E_{1s} 与 E'_{1s} 方向相反,同时考虑到传播方向的改变。也有 E_{1p} 与 E'_{1p} 方向相反,其结果,E_1 与 E'_1 取向相反,即在反射过程中有 π 相位改变。这种现象在讨论干涉现象时譬如牛顿环和洛埃镜的情况,必须予以考虑。

通常在斜入射的情况下,界面上任一点的三束光的振动方向不一致,比较它们之间的相位没有意义。但在干涉中,当研究从一薄膜上下表面反射的两束光由于反射过程的相位变化而引起的附加光程差时,可以根据菲涅尔公式,参考图 6-6 中各种相位变化情况,分析后决定其附加光程差。

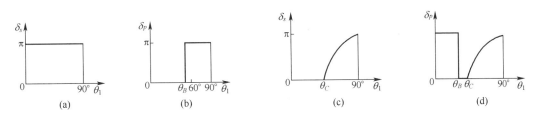

图 6-6 相位变化

(a) s 波($n_1 < n_2$);(b) p 波($n_1 < n_2$);(c) s 波($n_1 > n_2$);(d) p 波($n_1 > n_2$)。

4)正入射和掠入射时的半波损失

由菲涅尔公式可知正入射时,p 波和 s 波的振幅反射系数大小相同但符号相反。假设一束线偏振光垂直入射到两种介质的界面上,其偏振方向与界面的夹角为 α,由图 6-7 可见,反射光的合成光振动方向在界面上反射时正好与入射光的振动方向相反。由于反射光的传播方向与入射光的传播方向在同一直线上,而振动方向在界面反射的瞬间发生了 π 的变化。因此,光从光疏介质正入射到光密介质时,反射波有了半波损失。对于掠入射($\theta = 90°$)的情况下,反射波也会出现半波损失。

5)反射比和透射比

由菲涅尔公式还可以得到入射波、反射波和透射波的能量关系,这种关系可用反射比ρ和透射比τ来表征,考虑到界面上的单位面积(图6-8),设入射波、反射波及透射波的光强分别为I_1、I_1'、I_2,则通过此面积的光能量为

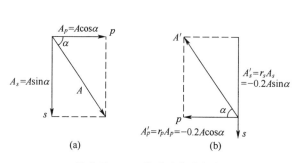

图6-7　正入射时的半波损失

(a)入射光偏振态;(b)反射光偏振态。

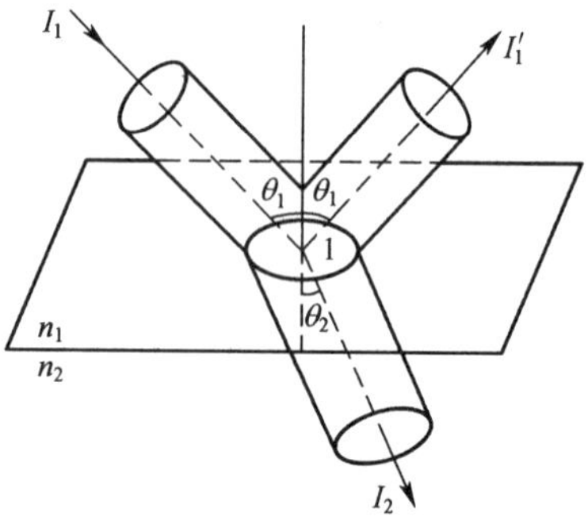

图6-8　能流的反射和透射

$$入射波:\quad W_1 = I_1\cos\theta_1 = \frac{1}{2}\sqrt{\frac{\varepsilon_1}{\mu_1}}A_1^2\cos\theta_1 \qquad (6\text{-}54)$$

$$反射波:W_1' = I_1'\cos\theta_1 = \frac{1}{2}\sqrt{\frac{\varepsilon_1}{\mu_1}}A_1'^2\cos\theta_1 \qquad (6\text{-}55)$$

$$透射波:W_2 = I_2\cos\theta_2 = \frac{1}{2}\sqrt{\frac{\varepsilon_2}{\mu_2}}A_2^2\cos\theta_2 \qquad (6\text{-}56)$$

因此,界面上的反射波、透射波的能流与入射波能流之比为

$$\rho = \frac{W_1'}{W_1} = \frac{I_1'\cos\theta_1}{I_1\cos\theta_1} = \frac{I_1'}{I_1} = \left(\frac{A_1'}{A_1}\right)^2 \qquad (6\text{-}57)$$

$$\tau = \frac{W_2}{W_1} = \frac{I_2\cos\theta_2}{I_1\cos\theta_1} = \frac{n_2\cos\theta_2}{n_1\cos\theta_1}\left(\frac{A_2}{A_1}\right)^2 \qquad (6\text{-}58)$$

当不考虑介质的吸收和散射时,根据能量守恒关系,可得

$$\rho + \tau = 1 \qquad (6\text{-}59)$$

利用菲涅尔公式,可得s波和p波的反射比和透射比的表达式为

$$\rho_s = \left(\frac{A_{1s}'}{A_{1s}}\right)^2 = r_s^2 = \frac{\sin^2(\theta_1 - \theta_2)}{\sin^2(\theta_1 + \theta_2)} \qquad (6\text{-}60)$$

$$\tau_s = \left(\frac{A_{2s}}{A_{1s}}\right)^2\frac{n_2\cos\theta_2}{n_1\cos\theta_1} = \frac{n_2\cos\theta_2}{n_1\cos\theta_1}t_s^2 = \frac{n_2\cos\theta_2}{n_1\cos\theta_1}\frac{4\sin^2\theta_2\cos^2\theta_1}{\sin^2(\theta_1 + \theta_2)} \qquad (6\text{-}61)$$

$$\rho_p = \left(\frac{A_{1p}'}{A_{1p}}\right)^2 = r_p^2 = \frac{\tan^2(\theta_1 - \theta_2)}{\tan^2(\theta_1 + \theta_2)} \qquad (6\text{-}62)$$

$$\tau_p = \left(\frac{A_{2p}}{A_{1p}}\right)^2\frac{n_2\cos\theta_2}{n_1\cos\theta_1} = \frac{n_2\cos\theta_2}{n_1\cos\theta_1}t_p^2 = \frac{n_2\cos\theta_2}{n_1\cos\theta_1}\frac{4\sin^2\theta_2\cos^2\theta_1}{\sin^2(\theta_1 + \theta_2)\cos^2(\theta_1 - \theta_2)} \qquad (6\text{-}63)$$

同样,满足能量守恒定律,有

$$\rho_s + \tau_s = 1 \; , \; \rho_p + \tau_p = 1 \tag{6-64}$$

分析影响反射比和透射比的因素,除了界面两边介质的性质以外,还需要考虑入射波的偏振性和入射角的因素。当入射波电矢量取任意方位角 α 时,可以证明其反射比 ρ_s 和透射比 τ_s 分别为

$$\rho_\alpha = \rho_s \sin^2\alpha + \rho_p \cos^2\alpha \tag{6-65}$$

$$\tau_\alpha = \tau_s \sin^2\alpha + \tau_p \cos^2\alpha \tag{6-66}$$

6.2.3.3 全反射与倏逝波

1. 全反射

光波从光密介质入射到光疏介质时, $n_1 > n_2$,若增大入射角,此时存在一个全反射临界角 θ_c,根据折射定律 $n_1\sin\theta_1 = n_2\sin\theta_2$,令 $\theta_2 = 90°$,则可得全反射临界角满足如下条件:

$$\theta_c = \arcsin\frac{n_1}{n_2} \tag{6-67}$$

当光束以大于全反射临界角 θ_c 的角度入射时,会产生全反射现象,即没有折射光束,入射光全部返回到原来的介质。图6-9是当 $n_1 = 1.5$, $n_2 = 1$ 时根据菲涅尔公式求得 p 波和 s 波振幅反射曲线,从图中可以看出全反射临界角的存在,此时 p 波和 s 波振幅反射系数均为1。在入射角小于全反射临界角的情况下,菲涅尔公式的讨论和前面分析的一致,当入射角大于全反射临界角时,即发生全反射时,在反射的过程中会出现倏逝波。

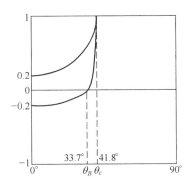

图6-9 光疏介质到光密介质的振幅系数曲线

2. 倏逝波

实验表明,在全反射时光波不是绝对在界面上被全反射回到入射介质中,由于电磁场的边界条件,光波会透入到第二介质中大约一个波长的深度,并沿着界面传播波长量级的距离后重新返回到第一介质,再沿着反射光方向射出,这个沿着界面传播波长量级的电磁波称为倏逝波。通过前面的分析可知,为了满足边界条件,在界面上的空间相位因子必须分别相等,空间相位因子的表达式为

$$\exp(\mathrm{i}k_{1x}x) = \exp(\mathrm{i}k'_{1x}x) = \exp(\mathrm{i}k_{2x}x) \tag{6-68}$$

显然

$$k_{1x} = k_{2x} \; , \; k_1\sin\theta_1 = k_2\sin\theta_2 \tag{6-69}$$

所以折射场中折射光的波矢量在分界面 z 上的分量为

$$k_{2z} = ik_1 \sqrt{\sin^2 - \left(\frac{n_2}{n_1}\right)^2} = i\alpha \qquad (6-70)$$

从上式可以看出,当入射光从光密介质传播到光疏介质时,并且在入射角大于全反射临界角时,折射光的波矢量在 z 方向上的分量为一个虚数,此时,在第二介质中光波的表达式可表达为

$$\begin{aligned} E_2 &= A_2 \exp[i(k_2 \cdot r - \omega t)] = A_2 \exp[i(k_{2x} \cdot x + k_{2z} \cdot z - \omega t)] \\ &= A_2 \exp(-\alpha z)[i(k_1 x \sin\theta_1 - \omega t)] \end{aligned} \qquad (6-71)$$

式(6-71)表明,倏逝波是一个沿 x 轴正方向传播的横波,但该波的振幅因子沿 z 轴方向呈指数形式衰减。通常定义当振幅衰减到其最大值的 $1/e$ 时所对应的 z_d 为其穿透深度,于是可得

$$z_d = \frac{1}{\alpha} = \left(k_1 \sqrt{\sin^2 - \left(\frac{n_2}{n_1}\right)^2}\right)^{-1} \qquad (6-72)$$

可见 z_d 为波长量级,由于倏逝波在衰减的同时还沿界面 x 方向进行,所以全反射对入射光波在 x 方向有了位移,这个位移称为古斯-汉欣位移。

6.3 光的吸收、色散和散射

光在均匀媒质中传播时,由于光的波动性而呈现出一些现象和规律,但光在媒质中传播时,光波的情况会不断发生变化,这变化主要有:一是光波在物质中传播的路程越长,其强度就越来越弱(光的吸收和散射);二是光波在物质中传输速度会随光频率的变化而变化(光的色散)。光的吸收、色散和散射是光波在物质中传播时所发生的普遍现象,是光与物质相互作用的结果。

6.3.1 光的吸收

光在任何物质内传播都会被吸收,从光波电磁场与物质相互作用的观点容易理解这一点。当光波在介质中传播时,介质中的束缚电子将在光波电磁场的作用下受迫振荡,使得介质中的原子成为一个振荡电偶极子,光波要消耗电能量来激发电偶极子的振荡。电偶极子振荡的一部分能量将以电磁次波的形式与入射波叠加为反射波和折射波,另一部分能量由原子间的相互作用转变为其他形式的能量,光的这一部分能量损耗就是物质对光的吸收。

所有物质对某些范围的光都是透明的,而对另一范围内的光是不透明的,比如石英,它对所有可见光几乎都是透明的,而对波长在 $3.5 \sim 5.0\mu m$ 的范围内的红外光确是不透明的。这说明石英对可见光的吸收甚微,而对红外光有强烈的吸收,因此,吸收光辐射或光能是物质的固有属性,例如石英对可见光的吸收,这称作本征吸收,它的特点是吸收很少,并且在某一给定的波段内几乎是不变的;另一方面,石英对 $3.5 \sim 5.0\mu m$ 的红外光却有强烈的吸收,这称作选择吸收,它的吸收特点是吸收很多,并且随波长不断变化,任意物质对光的吸收都是由这两种吸收组成。

6.3.1.1 物质对光的一般吸收规律

所谓光的吸收就是指光通过介质后,光强减弱的现象,下面讨论光通过吸收介质时,强度减弱的规律,再从电子论的观点对此做进一步的说明。假设有一平面波在一各向同性的均匀介质中传播,如图6-10所示,进过一厚度为 dl 的平行薄层后,由于介质对光的吸收作用,入射光强从 I 减小到 $I - dI$,经过大量的实验证明:光强的相对减少量 dI/I 应与吸收层的厚度 dl 成正比,即

$$\frac{dI}{I} = -\alpha dl \qquad (6-73)$$

式中,α 为吸收系数,由介质自身的特性决定。为了求出经过厚度为 l 的介质后,光强 I 可表示为

$$I = I_0 e^{-\alpha l} \qquad (6-74)$$

式中,I_0、I 分别是 $x = 0$ 和 $x = l$ 处的光强。

式(6-74)表明,光通过介质后其强度随厚度按指数衰减,吸收系数 α 越大,介质对光的吸收就越强烈。且当 $l = 1/\alpha$ 时,可得

$$I = \frac{I_0}{e} = \frac{I_0}{2.62} \qquad (6-75)$$

即,光通过厚度为 $1/\alpha$ 的介质后,光强减小为入射光强的 $I_0/2.62$。

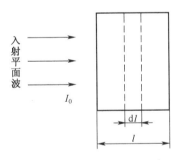

图 6-10　均匀介质对光的吸收

式(6-75)给出的吸收规律称作朗伯定律,可以发现由于物质对光的吸收,随着光进入物质深度的增加,光的强度按指数形式衰减,朗伯定律反映了光与物质的线性相互作用。这对于一般光源产生的光强较弱的光束是成立的,但是对于像激光那样的强光光束,其物质对光的吸收是非线性的,朗伯定律不再适用。

当光通过溶解于透明溶剂中的物质而被吸收时,实验证明,当溶解度较小时,吸收系数 $\alpha = qC$,吸收系数与溶液的浓度 C 成正比关系,其吸收系数可以表示为

$$I = I_0 e^{-qCl} \qquad (6-76)$$

式中,q 是与浓度 C 无关的常量。上式表示的规律称为比尔(Beer)定律。根据比尔定律,可以通过测量被吸收的光强,求出待侧溶液的浓度,这是吸收光谱分析常用的方法。需要注意的是,但当溶液的浓度很大时,分子间的相互影响不能忽略,此时比尔定律不再适用。

由于吸收系数在数值上等于光强度因为吸收减弱到 $1/e$ 时透过的物质厚度的倒数,其单位为 m^{-1},各种物质的吸收系数相差很大,对于可见光来说,玻璃的吸收系数 $\alpha \approx 10^{-2}$

cm^{-1},金属的吸收系数 $\alpha \approx 10^6 \ cm^{-1}$,而空气的吸收系数 $\alpha \approx 10^{-5} \ cm^{-1}$,可见,在空气中传播时,光很少被吸收,而穿过金属时,吸收较为强烈。

6.3.1.2 吸收波长的可选择性

大多数物质在可见光区的吸收具有波长选择性,即对于不同波长的光,物质的吸收系数不同,选择吸收的结果是,当白光通过该物质后,就变成了某一颜色的光。由于物质其表面或内部对可见光进行选择性吸收,造成了绝大部分物质呈现出不同的颜色。例如红玻璃对红色具有一般微弱的吸收,而对于绿色、蓝色及其紫色的光具有较强的吸收。若有一束白光通过这种玻璃,就只有红光能通过,白光中的其他光部分被吸收,这就是滤光作用。

观察整个光学波段,所有物质的吸收均具有波长的可选择性,这是物质的普遍属性,例如,地球大气层,对可见光和波长在 300nm 以上的紫外光是透明的,而对于红外光的某些波段和波长小于 300nm 的紫外光,则表现为选择性吸收,包括玻璃在内的普通光学材料,均表现出对光有不同的选择吸收,具有不同的无吸收的透光范围,分别处于短波紫外端和长波红外端,所以,必须选用对所研究的波长范围是透明的光学材料来制作光学元器件,如可见光波段选用玻璃,紫外波段选用石英等晶体材料,表 6-1 给出了几种光学材料的透光波长范围。

表 6-1　几种光学材料的透光波长范围

光学材料	透光波长范围/nm
冕牌玻璃	350~2000
火石玻璃	380~2500
石英(SiO_2)	180~4000
荧石(CaF_2)	125~9500
岩盐(NaCl)	175~14500
氯化钾(KCl)	180~13000

6.3.1.3 吸收光谱

观察物质对光的选择吸收装置如图 6-11 所示,令具有连续光谱的白光通过一段吸收物质后再经过光谱分析仪,即可将不同波长的光被吸收的情况显示出来,形成吸收光谱。

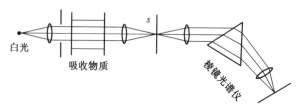

图 6-11　观察吸收光谱的实验装置

物质的发射光谱有很多种,例如线光谱、带光谱、连续光谱等,通常情况下,原子气体的光谱是线光谱,而分子气体、液体和固体的光谱大多是带光谱,吸收光谱的情况也是如此。值得注意的是,同一种物质的发射光谱和吸收光谱之间有着相当严格的对应关系,某些物质自身发射哪些波长的光,它就会强烈地吸收这些波长的光,图6-12是太阳光通过周围大气层形成的吸收光谱。

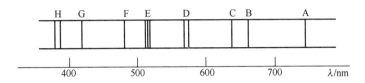

图 6-12 太阳大气的吸收光谱

此外,利用固体、液体分子的红外吸收光谱,可以鉴别分子的种类,测定分子的振动频率,分子的结构等,在有机化学研究和生产中具有极为广泛的应用前景。另外,利用分子或者原子的共振吸收特性制备光学滤波器,能够对特定频率的入射光实现强烈吸收或者微弱吸收,相当于带通或带阻滤波器的作用,这种所谓的原子滤波器是当前的一个重要研究方向。

6.3.2 光的色散

介质中光速或其折射率随着光波频率或波长而变化的现象称为色散,观察色散现象最简单的方法是利用棱镜折射,复色光通过棱镜后,光源中不同颜色的光因其折射角不同而被分开,如果采用两个相互垂直的棱镜,则在屏上的光就会弯曲,这是因为经过第一个棱镜展开的光谱又被第二个棱镜折射,这种方法称为交叉棱镜法,如图6-13所示。

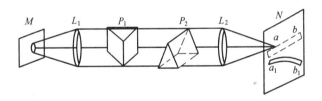

图 6-13 观察色散的交叉棱镜法

6.3.2.1 正常色散

一般用色散率 ν 度量介质折射率随波长变化的快慢,ν 的定义是:两种光的波长差为 1 个波长单位时对应的折射率差,即

$$\nu = \frac{n_2 - n_1}{\lambda_2 - \lambda_1} = \frac{\Delta n}{\Delta \lambda} \tag{6-77}$$

对于在透明区工作的光学材料,由于 n 随 λ 的变化较慢,可用上式求得 ν,而对于 n 变化较快的区域,则可用下式求得 ν

$$\nu = \frac{\mathrm{d}n}{\mathrm{d}\lambda} \tag{6-78}$$

在实际应用中,选用光学材料一定要注意其色散的大小,例如同样是一块三棱镜,若是作为分光元件,则应该采取色散大的材料(如火石玻璃等);若是改变光路的方向,则需采用色散较小的材料(如冕玻璃等)。实际上由于 n 随 λ 变化的关系比较复杂,无法用一

137

个简单的函数表示出来,并且这种变化关系随材料而异,因此一般都是通过实验测定 n 随 λ 的变化关系,并作曲线,即为色散曲线。图 6-14 就是可见光范围内几种常用光学材料的色散曲线。可以看出,波长减小时,折射率增大,并且波长越短,折射率增加的幅度越大,并且各种材料色散曲线不尽相同。除色散曲线外,还可以利用经验公式求得不同波长时的折射率,在正常色散区,这种经验公式最早是科希由实验总结得出的,其公式为

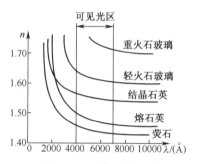

图 6-14　正常色散曲线

$$n = A + \frac{B}{\lambda^2} + \frac{C}{\lambda^4} \tag{6-79}$$

式中,A、B、C 三个系数是与物质有关的常数。在可见光波段,科希公式与物质正常色散实验曲线一致。并且在有些情况下,只要用公式的前两项就可以了。这时,只要测出相应于两个波长的折射率的值,就可以确定常数 A 和 B,即

$$n = A + \frac{B}{\lambda^2} \tag{6-80}$$

将式(6-81)取微分就可以得到色散公式

$$\frac{\mathrm{d}n}{\mathrm{d}\lambda} = -\frac{2B}{\lambda^3} \tag{6-81}$$

这说明色散大致与波长的三次方成反比。由于式中 A 和 B 均为正数,因此 λ 减小时,n 增大,是正常色散。

6.3.2.2　反常色散

色散的另一种情况是发生在物质吸收区内的色散(图 6-15),此时折射率随波长的增大而增大,这种色散称为反常色散。在接近反常色散区域内,科希公式不再成立。实验表明,反常色散与物质的吸收区相对应,而正常色散与物质的透明区相对应。考察各种物质的全波段色散曲线,类似于图 6-15 的形貌,它由一系列正常色散曲线和反常色散曲线组成。

6.3.2.3　色散现象的解释

光与物质相互作用的色散现象可以用经典色散理论来解释,色散的起因就是由于介质的吸收,这一理论将洛伦兹的经典理论和麦克斯韦的电磁理论相结合,导出电磁场的频率与介电常数的关系,由此得到光波频率与折射率的关系,从而阐明了色散现象。

在一个较大的波段范围内,任何介质都不只有一个吸收带,而是有几个吸收带,这可

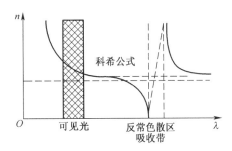

图 6-15 吸收带附近的单场色散

以在它们的吸收光谱或发射光谱中观察到,从电子论的观点来看,就应该用电荷与质量分别为 e_j 和 m_j 的某个谐振子与每个频率相对应。这时,复折射率的公式可以写为

$$\tilde{n} = 1 + \frac{1}{2\varepsilon_0} \cdot \sum_j \frac{N_j e_j^2}{m_j} \frac{1}{\omega_j^2 - \omega^2 + i\gamma_j \omega} \tag{6-82}$$

式中,γ_j 为第 j 个谐振子的阻尼系数。

并且,对于每个吸收带则有

$$\eta_j = \frac{N_j}{2\varepsilon_0} \frac{e_j^2}{m_j} \frac{\gamma_j \omega}{(\omega_j^2 - \omega^2)^2 + \gamma_j^2 \omega^2} \tag{6-83}$$

$$\eta_\omega = \omega_j = \frac{N_j}{2\varepsilon_0} \frac{e_j^2}{m_j} \frac{1}{\gamma_j \omega} \tag{6-84}$$

相应的色散曲线如图 6-16 所示。实际上,各种光学材料的色散曲线及有关数值只能通过实验的方法得出。

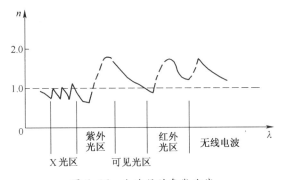

图 6-16 全波段的色散曲线

6.3.3 光的散射

光通过混浊的固体、液体或者气体时,从旁侧也可以看到光束的行径,这是因为它经过介质时被介质中的小质点向各个方向散射光所致。一束日光射入有烟雾的室内或混浊的水中,都是观察散射光的方法。激光在空气中通过时,即使空气中尘土或烟雾很少,也能从旁边看到一条激光束,这是因为激光能量密度大,因此其散射光的强度比日光灯等普通光源引起的散射光要强。因此,光的散射是指由于介质中存在气体、液体或微小粒子对光束的影响,由于分子的作用,使得光波偏离原来的传播方向向四周散开的现象。

光通过某种介质时,使透射光强减弱的因素有两个,一是光的吸收,二是光的散射。前者使入射光能转化为介质的热量以及其他形式的能量,后者则只是光能量的空间分布改变了。虽然这两种因素本质不同,但它对透射光的影响都一样,都使光强减弱。对于实际的介质,若吸收损耗远远大于散射损耗,则散射损耗可以忽略,反之,则吸收损耗可以忽略,一般情况下,两种因素都要考虑。

一般按散射粒子的大小把散射分为两类,散射粒子的线度在 1/5～1/10 波长范围以下的散射,称为瑞利散射。散射粒子的线度与光波波长同数量级的散射称为米氏散射。

6.3.3.1 瑞利散射

瑞利散射是指散射粒子线度比波长小得多的粒子对光束的作用,使得光波偏离原来的传播方向向四周散开的现象。与光的吸收一样,光的散射也使通过物质的光强减弱。

亭达尔等对于混浊介质的散射现象做过大量的研究实验,尤其是对微粒线性度比光波波长小,即不大于 1/5～1/10 波长范围的介质,总结出了一些特殊的规律,因此这一现象又称为亭达尔效应。观察这种散射的实验装置如图 6-17 所示,由强光源发出的白光经过棱镜后成为平行光射入玻璃容器,其中盛有混浊媒质,此时,从容器的侧面就能够看到明显的散射光。

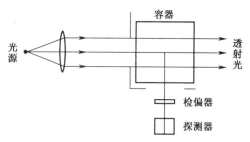

图 6-17　观察混浊媒质中光的散射装置简图

通过大量的实验研究得出,瑞利散射具有如下特点:

(1) 散射光强与入射光波长四次方成反比,即

$$I_\theta \sim \frac{1}{\lambda^4} \tag{6-85}$$

式中,I_θ 为相应于某一观察方向(与入射光方向呈 θ 角)的散射光强度。这个规律最早由瑞利提出,故称为瑞利散射定律,它只是适用于散射体尺寸比波长小的散射,式(6-86)表明瑞利散射中,短波长的光占优势。天空呈蔚蓝色,是大气强烈散射太阳光中的紫光和蓝光所导致的。而在清晨和傍晚,由于蓝紫色的强烈散射,穿过厚厚的大气层看到的旭日和夕阳则是红色的。另外,由于红外线比红光有更强的穿透能力,因而更适于远距离红外摄影或遥感技术。

(2) 散射光强度随观察方向改变。

散射光强的角分布为

$$I_\theta = I_0(1 + \cos^2\theta) \tag{6-86}$$

其中,I_θ 是与入射光方向呈 θ 角方向上的散射光强;I_0 是 $\theta = \pi/2$ 方向上的散射光强,可见在不同方向上,散射光强不同。

（3）散射光具有偏振性，并与 θ 角有关。

自然光入射到各向同性介质中，在垂直于入射方向上的散射光是线偏振光，在原入射光方向及其逆方向上，散射光是部分偏振光，偏振程度与 θ 角有关。在各向异性介质中，散射光在与入射光垂直方向上是部分偏振光。

6.3.3.2　米氏散射

当散射粒子的尺寸大于十分之几个波长甚至大到与一个波长相近时，瑞利散射公式将不再适用，这时散射光强随粒子尺寸、折射率及观察角度的变化关系将更为复杂。这种大粒子散射称为米氏散射。米氏散射的理论适用于线度可以与入射光波波长相比的球形质点。例如，米氏讨论了当半径 $r \leqslant 180\text{nm}$ 时质点所引起的散射。米氏的理论是导电小球所引起的衍射的精确理论。

对于米氏散射，其散射光的强度与偏振特性均随散射粒子的尺寸而改变。散射光强度随波长变化的关系已经不是与 λ^4 成反比了，而是与 λ 的较低次成反比，因此，其散射光强度与波长的关系就不是很显著，与小质点的情况相比，散射光的颜色与入射光比较相近，是白色而不是蓝色的，而散射光的偏振度也随 r/λ 的增加而减小，式中 r 是散射粒子的线度，λ 是入射光波的波长。而散射光强度的角分布随 r/λ 变化则更为显著，当散射粒子的线度与光波波长相近时，散射光强度对于光矢量振动平面的对称性被破坏了，这时散射光向入射光波的方向集中，而沿反方向的散射光则开始下降。米氏散射能够很好地解释光波通过含有灰尘、气溶胶等的低层大气时的散射特性，在低层大气中，米氏散射起重要作用。

6.3.3.3　喇曼散射和布里渊散射

瑞利散射和米氏散射是散射光的频率与入射光频率相同的散射现象。此后，在研究纯净液体和晶体内的散射时，发现散射光中出现与入射光频率不同的成分，称这种散射为喇曼散射。其主要特征包括：

（1）在入射光频率 ω_0 相同的散射谱线（瑞利散射线）两侧，对称地分布着频率为 $\omega_0 \pm \omega_1, \omega_0 \pm \omega_2 \cdots$ 强度较弱的散射谱线，长波一侧（$\omega_0 - \omega_1, \omega_0 - \omega_2 \cdots$）的谱线称为斯托克斯线，短波一侧（$\omega_0 + \omega_1, \omega_0 + \omega_2 + \cdots$）的谱线称为反斯托克斯线。

（2）频率差 $\omega_1, \omega_2, \cdots$ 与散射物质中分子的固有振动频率一致，而与入射光频率 ω_0 无关。

电磁理论对喇曼散射的解释，认为散射物质的极化率与分子的固有振动频率有关，于是以固有振动频率 $\omega_1, \omega_2, \cdots$ 振动的分子，以此频率调制了极化率从而以相同的频率调制了折射率，从而导致对入射光波实现相位调制，使得在散射光中产生了这些频率的谱线。

布里渊散射通常在晶体中发生。光通过由热波产生声波的介质，散射光频谱中除包含原来的入射光频率外（瑞利散射），其两侧还有频谱线，称为布里渊双重线，它类似于喇曼散射。但由于声子比光子能量小得多，因而其频移量很小，大多在微波波段中。导致布里渊散射的原因可用被运动物体产生多普勒频移来解释。

拉曼散射和布里渊散射是研究物质分子结构、分子和分子动力学的重要方法，常用于分子光谱分析中。特别是激光出现后,由于有高亮度强激光束的激励,产生了受激拉曼散射,用于揭示光与分子相互作用的更深层的非线性效应。受激布里渊散射则被用于产生相位共轭光,在光通信、光信息处理等激光光学和现代光学领域中有着广泛的应用。

6.4 光波的叠加

6.4.1 波的叠加原理

波的叠加原理指的是几个波在相遇点产生的合振动是各个波在该点各自单独产生的振动的矢量和。如果有 n 个光波 E_1、E_2、$\cdots$、E_n 在 P 点相遇,则 P 点的合振动可表示为

$$E(p) = E_1(p) + E_1(p) + \cdots + E_n(p) \tag{6-87}$$

波动方程的线性性质保证了其解的叠加性,这构成了波的叠加原理的基础,光波叠加原理意味着当两个或多个光波相遇时,可以用叠加的方法来获得总光场。只有在光强较弱时光波的叠加原理才适用。当光强非常大时,将出现违背叠加原理的现象,称为非线性效应。

6.4.2 同频率、同振动方向单色光波的叠加

对于频率相同并且振动方向相同的几个光波的叠加,按照波的叠加原理,如果 $\widetilde{E}_1(r),\widetilde{E}_2(r),\cdots,\widetilde{E}_n(r)$ 分别表示频率相同、振动方向相同的 n 个光波在空间某处相遇则相遇处的总光场可表示为

$$\widetilde{E}(r) = \widetilde{E}_1(r) + \widetilde{E}_2(r) + \cdots + \widetilde{E}_n(r) = \sum_{j=1}^{n} \widetilde{E}_j(r) = \sum_{j=1}^{n} A_j \exp(i\alpha_j) \tag{6-88}$$

式中,A_j 和 α_j 分别是每个叠加分量的振幅和空间相位。下面通过具体例子说明求解光波场叠加的方法。

例 6-1 求出 $A_1 \exp(i\alpha_1)$ 和 $A_2 \exp(i\alpha_2)$ 表示的两列波的叠加。

解 相幅矢量加法来求解。首先定义一个相幅矢量 A,其长度表示光振动的振幅大小,而它与给定轴(MP 轴)的夹角等于该光振动的相位。这样两个单色光波在空间某点光振动的叠加就可以通过其相幅矢量的相加来获得,图 6-18 中 A_1、A_2 分别为两个光波的相幅矢量,而 A 则为其和矢量,从图中可以得到合成矢量的振幅和相位分别为

$$A = \sqrt{A_1^2 + A_2^2 + 2A_1A_2 \cos(\alpha_2 - \alpha_1)} \tag{6-89}$$

$$\tan\alpha = \frac{A_1 \sin\alpha_1 + A_2 \sin\alpha_2}{A_1 \cos\alpha_1 + A_2 \cos\alpha_2} \tag{6-90}$$

从而

$$\widetilde{E}(r) = A \exp(i\alpha) \tag{6-91}$$

需要强调的是,图中矢量的方位角并非各个光振动的方向,而是振动的相位。

例 6-2 求出 $E_1(z;t) = A\cos(kz - \omega t)$ 和 $E_2(z;t) = A\cos(kz + \omega t)$ 两列波的合成。

解 这是两个频率相同振动方向相同但传播方向相反的两个单色光波,利用三角函数的求和公式可以容易地得到其合成波为

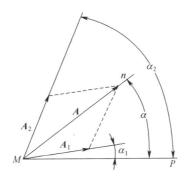

图 6-18　两个振幅矢量相加

$$E(z;t) = 2A\cos kz\cos \omega t \tag{6-92}$$

由式(6-93)可以看到,这两个单色光波叠加的结果是合成光波余弦函数中的时空相位分开了,对于 z 方向上的每一点,合成波随时间的振动是频率为 ω 的简谐振波,该简谐振波的振幅是位置 z 的函数,即是说在不同的 z 值处有不同的振幅,但振幅不随时间而变,这样的波称为驻波。

两个频率相同、振动方向相同而传播方向相反的单色光波,例如垂直入射到两种介质分界面的单色光波和反射波的叠加将形成驻波。设反射面是 $z = 0$ 的平面,并假定界面的反射比很高,可以设入射波和反射波的振幅相等。则入射波和反射波的可表示为

$$E_1 = a\cos(kz - \omega t) \tag{6-93}$$

$$E_2 = a\cos(kz - \omega t + \delta) \tag{6-94}$$

式中,δ 是反射时的相位变化,则入射波与反射波叠加后的合成波为

$$E = E_1 + E_2 = 2a\cos\left(kz + \frac{\delta}{2}\right)\cos\left(\omega t - \frac{\delta}{2}\right) \tag{6-95}$$

式(6-96)表明,对于 z 方向上的每一点,随时间的振动是频率为 ω 的简谐振动,相应的振幅则随 z 而变,记为

$$A = \left| 2a\cos\left(kz + \frac{\delta}{2}\right) \right| \tag{6-96}$$

可见,不同的 z 值处有不同的振幅,但极大值和极小值的位置不随时间而变。如图 6-19 所示,振幅最大值的位置称为波腹,其振幅等于两叠加光波的振幅之和,而振幅为零的位置称为波节。波腹的位置满足

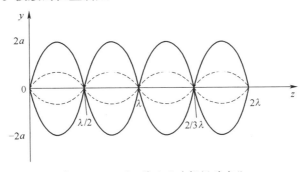

图 6-19　不同 z 值处驻波振幅的变化

$$kz + \frac{\delta}{2} = n\pi \quad (n = 1, 2, 3, \cdots) \tag{6-97}$$

而波节的位置满足

$$kz + \frac{\delta}{2} = \left(n - \frac{1}{2}\right)\pi \quad (n = 1, 2, 3, \cdots) \tag{6-98}$$

可见,相邻波节(或波腹)之间的距离为 $\lambda/2$,而相邻波节和波腹间的距离为 $\lambda/4$,且波腹与波节的位置不随时间而改变。

6.4.3 频率相同、振动方向相互垂直的光波的叠加

现在考虑两个频率相同(均为 ω)、传播方向相同(均沿 z 方向)但振动方向相互垂直(分别为 x 和 y 方向)的两个光波,它们可表示为

$$E_x = \delta = \varphi_x - \varphi_y, E_y = b\cos(kz_2 - \omega t - \varphi_y) \tag{6-99}$$

式中,φ_x 和 φ_y 为初相位。根据叠加原理,合成光波可表示为

$$\boldsymbol{E} = \boldsymbol{x}_0 E_x + \boldsymbol{y}_0 E_y = \boldsymbol{x}_0 a\cos(kz_1 - \omega t - \varphi_x) + \boldsymbol{y}_0 b\cos(kz_2 - \omega t - \varphi_y) \tag{6-100}$$

以 $\delta = \varphi_x - \varphi_y$ 表示两光波的相位差,消去时间因子 t,可得合成光波振动矢量末端运动轨迹方程为

$$\frac{E_x^2}{a^2} + \frac{E_y^2}{b^2} - 2\frac{E_x E_y}{ab}\cos\alpha = \sin^2\delta \tag{6-101}$$

一般情况下,方程(6-102)描述了一个椭圆,这表明在垂直于光传播方向平面上,合成矢量末端的运动轨迹为一椭圆,且该椭圆与以 $E_x = \pm a$ 和 $E_y = \pm b$ 为界的矩形内切,其旋转方向及长短轴的方位与两叠加光波的相位差 δ 有关。

矢量末端运动轨迹为椭圆的偏振光称为椭圆偏振光。椭圆偏振光有左旋和右旋之分,通常规定迎着光传播方向观察,光振动矢量逆时针旋转时为左旋偏振光,反之为右旋偏振光。

当 $\delta = 0$ 时,方程(6-101)简化为

$$E_y = \frac{b}{a}E_x \tag{6-102}$$

椭圆变成一条直线,合成光波为线偏振光。

当 $\delta = \pi$ 时,方程(6-101)简化为

$$E_y = -\frac{b}{a}E_x \tag{6-103}$$

椭圆同样变成一条直线,合成光波仍为线偏振光。图6-20是一个线偏振光的模型,当 $\delta = \pi/2$ 时,方程(6-101)简化为

$$\frac{E_x^2}{a^2} + \frac{E_y^2}{b^2} = 1 \tag{6-104}$$

椭圆蜕变成圆,合成光波为圆偏振光。图6-21描述了相位差 δ 取不同值时椭圆偏振光的振动状态。

6.4.4 不同频率单色光波的叠加

现在讨论振幅相同、振动方向相同、传播方向也相同、频率不同但非常接近的两个单

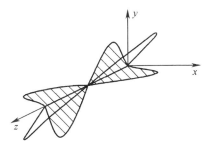

图 6-20　线偏振光模型

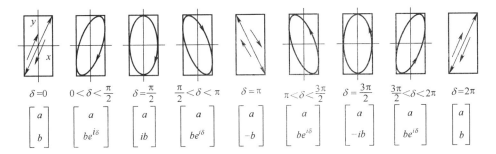

图 6-21　相位差 δ 取不同值时椭圆偏振光的振动状态

色光波的叠加,这两个频率不同的单色光波可表示为

$$E_1 = a\cos(k_1 z - \omega_1 t) , \quad E_2 = a\cos(k_2 z - \omega_2 t) \tag{6-105}$$

根据波的叠加原理,合成波的表达式为

$$E = E_1 + E_2 = 2a\cos(k_m z - \omega_m t)\cos(\bar{k}z - \bar{\omega}t) \tag{6-106}$$

式中, $\bar{\omega} = (\omega_1 + \omega_2)/2$, $\bar{k} = (k_1 + k_2)/2$, $\omega_m = (\omega_1 - \omega_2)/2$, $k_m = (k_1 - k_2)/2$ 。不难发现,合成波是一个受 ω_m 低频调制且平均频率为 $\bar{\omega}$ 的复色平面波。由波动方程所确定的光波波速 c/n 对应的是光波波平面相位的传播速度,也称相速度。但是在色散介质中,对于不同频率的光其传播速度是不同的,以上面两个不同频率单色光的合成波为例,当频率为 $\bar{\omega}$ 的平面波以相速度 $\bar{\omega}/\bar{k}$ 向前传播时,调制波也以 ω_m/k_m 的速度向前传播,这个速度称为群速度,以 v_g 表示,由于调制波反映的是合成波的包络的传播速度,当光波的频差 ω_m 很小时,群速度可以表示为

$$v_g = \frac{\mathrm{d}\omega_m}{\mathrm{d}k_m} \tag{6-107}$$

将 $\omega_m = k_m v = \dfrac{2\pi}{\lambda_m}\dfrac{c}{n}$ 代入式(6-107) ,可得

$$v_g = v + k_m \frac{\mathrm{d}v}{\mathrm{d}k} = v - \lambda_m \frac{\mathrm{d}v}{\mathrm{d}\lambda_m} = \frac{c}{n}\left(1 + \frac{\lambda}{n}\frac{\mathrm{d}n}{\mathrm{d}\lambda_m}\right) \tag{6-108}$$

可以看出,在色散介质中,群速度不等于相速度,色散越大,两者相差越大,在正常色散区域,群速度小于相速度,在反常色散区域,群速度大于相速度。只有在无色散介质中,两者才相等。

145

6.4.4.1　光学拍

两个不同频率的单色光波由下式给出

$$E_1 = a\cos(k_1 z - \omega_1 t) \text{ 和 } E_2 = a\cos(k_2 z - \omega_2 t) \tag{6-109}$$

利用叠加原理,得合成波表示式为

$$E = E_1 + E_2 = 2a\cos(k_m z - \omega_m t)\cos(\bar{k}z - \bar{\omega}t) \tag{6-110}$$

式中,$\bar{\omega} = (\omega_1 + \omega_2)/2$,$\bar{k} = (k_1 + k_2)/2$,$\omega_m = (\omega_1 - \omega_2)/2$,$k_m = (k_1 - k_2)/2$。若令 $A = 2a\cos(k_m z - \omega_m t)$,则式(6-111)可表示为

$$E = A\cos(\bar{k}z - \bar{\omega}t) \tag{6-111}$$

合成波是一个频率为 $\bar{\omega}$ 而振幅受到调制的波,其振幅值随时间和位置在 $-2a$ 与 $2a$ 之间变化,是一个低频调制波。当 $\omega_1 \approx \omega_2$ 时,ω_m 很小,因而振幅 A 变化缓慢,虽然因为光频很大无法被直接探测,但可以探测调制波的强度变化。此时,合成波的强度为

$$I = A^2 = 4a^2 \cos^2(k_m z - \omega_m t) = 2a^2 [1 + \cos 2(k_m z - \omega_m t)] \tag{6-112}$$

可以看出,合成波的强度随时间和位置在 $0 \sim 4a^2$ 之间变化,这种强度时大时小的现象称为拍。由上式可知拍频等于 $2\omega_m$,即为两叠加单色光波频率之差。图 6-22 所示为光学拍。

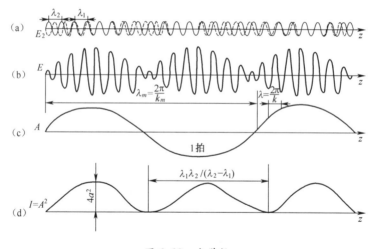

图 6-22　光学拍

6.4.4.2　群速度和相速度

上面讨论的都是单个光波的传播问题,而且提到的传播速度都是指它的等相面的传播速度,即相速度。对于上面讨论的合成波,应包含等相面传播速度和等幅面传播速度两部分。由相位不变条件($\bar{k}z - \bar{\omega}t =$ 常数),求得合成波的相速度为

$$v = \frac{\partial z}{\partial t} = \frac{\bar{\omega}}{\bar{k}} \tag{6-113}$$

群速度是指合成波振幅恒定点的移动速度,也即振幅调制包络的移动速度。如果叠

加的两个波在无色散的真空中传播,则由于两个波的速度一样,因而合成波是一个波形稳定的拍,其相速度和群速度也相等。当光波在色散介质中传播时,由于频率不同,其传播速度也不同,其合成波的波形在传播过程中不断地产生微小变形,此时很难确切定义合成波的速度。不过,当 $\omega_1 \approx \omega_2$ 且 $\overline{\omega} \gg \omega_m$ 时,可以认为合成波的波形变化缓慢,因而仍可用调制包络的移动速度来定义群速度。合成波的振幅最大值的速度即为合成波的群速度。由振幅不变的条件($k_m z - \omega_m t = $ 常数)可以得出

$$v_g = \frac{\omega_m}{k_m} = \frac{\omega_1 - \omega_2}{k_1 - k_2} = \frac{\Delta\omega}{\Delta k} \tag{6-114}$$

当 $\Delta\omega$ 很小时,有

$$v_g = \mathrm{d}\omega/\mathrm{d}k \tag{6-115}$$

则群速度 v_g 与相速度 v 有如下关系

$$v_g = \frac{\mathrm{d}\omega}{\mathrm{d}k} = \frac{\mathrm{d}(kv)}{\mathrm{d}k} = v + k\frac{\mathrm{d}v}{\mathrm{d}k} \tag{6-116}$$

将 $k = 2\pi/\lambda$,代入式(6-117),可得

$$v_g = v - \lambda\frac{\mathrm{d}v}{\mathrm{d}\lambda} \tag{6-117}$$

则群折射率 n_g 为

$$n_g = \frac{c}{v_g} = \frac{n}{1 + \frac{\lambda}{n}\frac{\mathrm{d}n}{\mathrm{d}\lambda}} \tag{6-118}$$

在色散物质中, $v_g \neq v\left(= \frac{c}{n}\right)$ 。色散 $\frac{\mathrm{d}v}{\mathrm{d}\lambda}$ 越大,即波的相速度随波长的变化越大时,群速度 v_g 与相速度 v 相差越大。当 $\frac{\mathrm{d}v}{\mathrm{d}\lambda} > 0$ 或 $\frac{\mathrm{d}n}{\mathrm{d}\lambda} < 0$,即正常色散时,群速小于相速;反之,当 $\frac{\mathrm{d}v}{\mathrm{d}\lambda} < 0$ 或 $\frac{\mathrm{d}n}{\mathrm{d}\lambda} > 0$ 的反常色散时,群速大于相速;而对于无色散介质,即有 $\frac{\mathrm{d}v}{\mathrm{d}\lambda} = 0$,即群速等于相速。

以上讨论的由两列波合成的波的群速度也适合于更多频率相近的波叠加而成的复杂波的情况。已经指出,复杂波的群速度可以认为是振幅最大点的移动速度,而波动携带的能量与振幅平方成正比,所以群速度就是光能量或光信号的传播速度。通常情况下,实验中测量到的光脉冲的传播速度就是群速度,而不是相速度。

必须指出,相速度表征的是一个频率和振幅不变的无穷的正弦波,这样的波不仅不存在,而且也无法传递信号。要实现信号传递,必须对波进行振幅或频率的调制,这就涉及到不止一个频率的波所组成的波群,因此,用群速度来表示信号速度时,可以认为群速度只在真空或在物质正常色散的情况下是有意义的。这时,因为吸收比较小,一个波列在一定距离内的传播会发生显著的衰减,这样,信号传播才有意义。对于反常色散情况,由于波的能量被物质强烈吸收,波迅速衰减,波群不能传播。此时群速度就不再具有物理意义,不能用来表示信号速度。

习 题

1. 概念题

（1）能够产生光学拍现象的两个叠加光波是（　　　）、（　　　）、（　　　）、（　　　）的光波。

（2）两个频率相同、振动方向相同、传播方向相反的光波相叠加将会出现（　　　）现象。

（3）驻波产生的条件是（　　　）。

（4）一束 He-Ne 激光从空气进入水中，则这束光传播速度（　　　），波长（　　　）。

（5）什么是色散？有几种色散情况？在不同色散介质中群速度和相速度大小会发生怎样的变化？

（6）散射光频率与入射光一致的散射是哪类？有哪几种？

2. 计算题

（1）一个平面电磁波可以表示为 $E_x = 0, E_y = 2\cos\left[\pi(3 \times 10^6 z - 9 \times 10^{14} t) + \dfrac{\pi}{2}\right]$，$E_z = 0$ 求：

① 该电磁波的波长，频率，振幅和原点的初相位；

② 波的传播方向和电矢量的振动方向；

③ 相应的电磁感应强度 B 的表达式。

（2）在与一平行光垂直的方向上插入一透明薄片，薄片厚度 $h = 0.01\text{mm}$，折射率 $n = 1.5$，若光波波长 $\lambda = 500\text{mm}$，试计算薄片插入前后所引起的光程和相位的变化。

（3）地表每平方米接受来自太阳光的功率为 1.3kW，计算投射到地表的太阳光的电场强度大小。假设太阳光发出 $\lambda = 600\text{nm}$ 波长的单色光。

（4）一束偏振光以 $45°$ 角从空气入射到玻璃的界面，线偏振光的电矢量垂直于入射面，试求反射系数和透射系数。玻璃折射率 $n = 1.5$。

（5）太阳光（自然光）以 $60°$ 角入射到玻璃上（$n = 1.5$），求太阳光的透射比。

（6）电矢量方向与入射面成 $45°$ 角的一束线偏振光入射到两介质的界面上，两介质的折射率分别为 1 和 1.5，问：

① 入射角 $\theta_1 = 50°$ 时，反射光电矢量的方位角（与入射面所成的角）为多少？

② 若 $\theta_1 = 60°$，反射角的方位角为多少？

（7）在玻璃中传播的一个线偏振光可以表示为 $E_y = 0, E_x = 10^2 \cos 10^5 \left[\dfrac{z}{0.65c} - t\right]$，$E_z = 0$；求：

① 光的频率和波长；

② 玻璃的折射率；

（8）两束振动方向相同的单色光波在空间某一点产生的光振动分别为

$$E_1 = a_1 \cos[\alpha_1 - \omega t]$$

$$E_2 = a_2\cos[\alpha_2 - \omega t]$$

若 $\omega = 2\pi \times 10^{15}$ Hz, $a_1 = \dfrac{6V}{m}$, $a_2 = \dfrac{8V}{m}$, $\alpha_1 = 0$ 和 $\alpha_2 = \dfrac{1}{2}\pi$, 求合振动表达式。

(9) 利用波复数表达式求下面两个波的合成波。

$$E_1 = a\cos[kz + \omega t]$$
$$E_2 = a\cos[kz - \omega t]$$

(10) 光束垂直入射到 45° 直角棱镜一个侧面,并经斜面反射后由第二个侧面射出,如图 6-23 所示,若入射光强为 I_0,求从棱镜透过的出射光强 I? 棱镜折射率为 1.52,且不考虑棱镜的吸收。

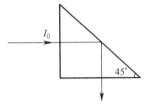

图 6-23　习题(10)图

(11) 氪同位素^{86}Kr 放电管发出的波长 $\lambda = 605.7$nm 的红光是单色性很好的光波,其波列长度约为 700mm,试求该光波的波长宽度和频率宽度。

第7章 光 的 干 涉

干涉现象是光的波动性的重要特征,也是物理光学中的重要内容。干涉是基于相位调制原理,在一定条件下才能观察到物理现象。本章重点阐述分波阵面法和分振幅法两种获取干涉的基本方法,并对干涉条件的分布规律及动态特性进行分析。

7.1 光波的干涉原理及相干条件

当两列或者多列光波在空间某个区域相遇时,在此区域中的某些点振动始终加强,而另一些点的振动始终减弱,从而在该区域内光强形成稳定的强弱分布,这一现象称为光的干涉现象。我们知道当两列或者多列光波在空间某点相遇时,场矢量服从叠加原理,但这并不意味着任意两个光波相遇时,都可以产生干涉现象,这是因为光波的频率很高,我们观察到的光强是光振幅平方的时间平均值,因此要使光强形成稳定的强弱分布,这两个光波还必须满足某些条件,这些条件称为光波的干涉条件。

设两个平面矢量光波分别表示为

$$\begin{cases} E_1 = A_1 \cos(k_1 \cdot r - \omega_1 t + \delta_1) \\ E_2 = A_2 \cos(k_2 \cdot r - \omega_2 t + \delta_2) \end{cases} \tag{7-1}$$

利用关系式 $I = <E \cdot E>$,即某点的光强是该点光振幅平方的时间平均值,可得上述两个平面光波在空间某点 P 相遇时的光强为

$$\begin{aligned} I &= <(E_1 + E_2) \cdot (E_1 + E_2)> \\ &= <E_1 \cdot E_1> + <E_2 \cdot E_2> + 2<E_1 \cdot E_2> \\ &= I_1 + I_2 + 2I_{12} = I_1 + I_2 + 2A_1 \cdot A_2 \cos\delta \end{aligned} \tag{7-2}$$

式中

$$\delta = [(k_1 - k_2) \cdot r - (\omega_1 - \omega_2)t + (\delta_1 - \delta_2)] \tag{7-3}$$

由式(7-2)可知,两列光波在空间某点相遇时,该点的光强并不是简单地等于原来两列光波在该点产生的光强之和,而是多了一个干涉项 I_{12},正是由于该干涉项的存在,才会使光波产生干涉现象。由式(7-3)可得,干涉项 I_{12} 与两光波的振动方向(A_1, A_2)以及两光波在 P 点的相位差有关,可以得到两光波产生干涉的条件如下:

(1)频率相同。两光波的频率应该是相同的,不然,由于光波频率很高,由式(7-3)可知,两光波的频率差将会导致相位差 δ 随时间迅速变化,因此 $\cos\delta$ 的时间平均值为 0,从而干涉项 I_{12} 为零,两光波不产生干涉现象。

(2)振动方向相同。干涉项 I_{12} 与 A_1,A_2 的标量积有关,如前面所述,当两个光波的振动方向相互垂直,则 $A_1 \cdot A_2 = 0$,$I_{12} = 0$,因此,不产生干涉现象。当两个光波的振动方向相同时,$I_{12} = A_1 \cdot A_2 \cos\delta$,类似于标量波的叠加;当光波的振动方向有一定的夹角 α

时，$I_{12} = 2\boldsymbol{A}_1 \cdot \boldsymbol{A}_2 \cos\alpha\cos\delta$，这时，相当于一个光波矢量在另一个光波矢量的分量与另一光波构成同相振动相干，与另一光波垂直的分量则构成了干涉场的背景光，使干涉条纹的对比度降低。所以，振动方向相同这个条件可以推广为"有相同的振动方向分量"。

（3）相位差恒定。在相位差 δ 的表达式中，k_1，k_2 是两个光波的传播矢量，则两光波在讨论区域内应该相遇，这时相位差应该是坐标的函数，对于确定的点，则要求在观察时间内两光波的初相位差 $\delta_1 - \delta_2$ 恒定，此时 δ 保持恒定值，该点的强度稳定。不然 δ 随机变化，在观察时间内多次经历 $0 \sim 2\pi$ 的所有数值，而使得 $I_{12} = 0$，对于空间不同的点，此时对应不同的相位差，因而有不同的强度，则在空间形成稳定的光强强弱分布。

光波的频率相同、振动方向相同、相位差恒定是能够产生干涉的必要条件，满足干涉条件的光波称为相干光波，相应的光源称为相干光源。

两个普通的独立光源产生的光波是不能产生相干干涉的，即使同一光源不同部分辐射的光波也不能满足干涉的条件。因为实际光源发出的光波是一个个波列，这一时刻原子发出的波列与下一时刻发出的波列，其光波的振动方向和相位都是随机的，不同时刻相遇波列的相位已无固定关系，只有同一原子发出的同一波列相遇才能发生相干干涉。因此，要获得两个相干光波，必须由同一发光点发出光波，通过具体的干涉装置来获得两个相关联的光波，它们相遇时，这两列光波的频率、振动方向和初相位将随着原光波同步变化，各列光波之间仍可能有恒定的相位差，能够产生干涉现象，它们相遇时还必须满足两叠加光波的光程差不超过光波的波列长度这一补充条件。

通常情况下，通过分波前和分振幅，可以由一个光波获得两个或多个相干光波。在前一种情况下，波面的各个不同部分作为发射次波的子光源，然后这些次波交叠在一起发生干涉。后一种情况下，次波本身被分成两部分，各自走过不同的光程后重新叠加并发生干涉。典型的例子如本章下面所介绍的杨氏干涉和平板干涉。

7.2　分波阵面法获得干涉——杨氏干涉

由前面的讨论可知，利用普通光源来实现光的干涉是不容易的，关键是很难得到两个相位差恒定的相干光波，而杨氏实验以及其简单的装置和巧妙的构思做到了这一点，它是用分波前法产生干涉的最著名的实验。

杨氏实验是最先得到两列相干的光波，并且最早以明确的形式确立了光波叠加原理，用光的波动性解释光干涉现象。实验用强烈的单色光照射到开有小孔的不透明的遮光板（称为光阑）上，后面放置另一块光阑，开有两个小孔，利用惠更斯对光的传播所提出的次波假设解释了这个实验。他认为波面上的任一点都可看作是新的波源，由此发出次波，光的向前传播，就是所有这些次波叠加的结果，这就是惠更斯原理。在杨氏实验装置中，S_1 和 S_2 可以认为是两个次波的波源，因为它们都是来自同一个光源 S，所以永远有一定的相位关系。

如图 7-1 所示的实验装置中，在一个普通单色光源（如纳光灯）前面放一个开有小孔的屏，作为一个单色点光源。S 的前边再放一个开有两个小孔 S_1 和 S_2 的屏，由点光源 S 发出的光波照射到对称放置的小孔 S_1 和 S_2，由 S_1 和 S_2 发出的光波均来源于同一光源 S 的同一波面，具有相同的频率，相同的振动方向和相同的初相，因而满足相干条件，S_1 和 S_2 就成为两个相干光源。S、S_1 和 S_2 都必须足够小，否则就不能精确地测定光屏上任一观察点上振动的相位差。最后,可在距离屏 A 为 D 的屏 M 上叠加并形成干涉图样。

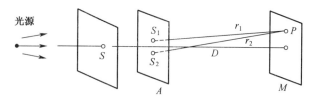

图 7-1 杨氏干涉实验装置

7.2.1 光程差的计算

考察屏 M 上某点 P 处的强度分布。如图 7-2 所示,由于 S_1 和 S_2 对称设置,可以认为由 S_1、S_2 发出的两光波在 P 点光强相等,即 $I_1 = I_2 = I_0$,由上一节讨论,P 点的干涉条纹强度分布为

$$I = I_1 + I_2 + 2\sqrt{I_1 I_2}\cos\delta = 4I_0\cos^2\frac{\delta}{2} \tag{7-4}$$

用 $\delta = k(r_2 - r_1) = k\Delta$ 代入可得

$$I = 4I_0\cos^2\left[\frac{\pi(r_2 - r_1)}{\lambda}\right] \tag{7-5}$$

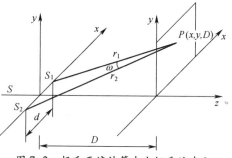

图 7-2 杨氏干涉计算中坐标系的建立

表明 P 点的光强 I 取决于两光波在该点的光程差 $\Delta(= r_2 - r_1)$ 或相位差 δ,选用如图 7-3的坐标系来确定屏 M 上的光强分布,有

$$r_1 = \overline{S_1 P} = \sqrt{\left(x - \frac{d}{2}\right)^2 + y^2 + D^2} \tag{7-6}$$

$$r_2 = \overline{S_2 P} = \sqrt{\left(x + \frac{d}{2}\right)^2 + y^2 + D^2} \tag{7-7}$$

式中,d 是两相干点光源 S_1、S_2 之间的距离;D 是两相干光源到观察屏 M 的距离,由上边两式可得

$$r_2^2 - r_1^2 = 2xd \tag{7-8}$$

于是 $\Delta = r_2 - r_1 = \dfrac{2xd}{r_1 + r_2}$,实际情况中 $d \ll D$,若同时 x、$y \ll D$,则 $r_2 + r_1 \approx 2D$,故

$$\Delta = r_2 - r_1 \approx \frac{xd}{D} \tag{7-9}$$

于是有

$$I = 4 I_0 \cos^2 \left(\frac{\pi x d}{\lambda D} \right) \tag{7-10}$$

上式表明，x 相同的点具有相同的强度，形成同一条干涉条纹。

7.2.2 干涉条纹的分布条件

当光程差 $\Delta = m\lambda$ 时，得到相长干涉，即

$$x = \frac{m\lambda D}{d} \qquad (m = 0, \pm 1, \pm 2, \cdots) \tag{7-11}$$

时，屏 M 上有最大光强 $I = 4 I_0$，为亮纹。

当 $\Delta = \left(m + \frac{1}{2} \right) \lambda$ 时，得到相消干涉，即

$$x = \left(m + \frac{1}{2} \right) \frac{\lambda D}{d} \qquad (m = 0, \pm 1, \pm 2, \cdots) \tag{7-12}$$

时，屏 M 上光强极小，$I = 0$ 为暗纹。

由此可知，相邻亮条纹或相邻暗条纹之间的距离为

$$e = D\lambda / d \tag{7-13}$$

因此，干涉条纹为等间距的直条纹。一般地，称到达屏（即干涉场）上某点的两条相干光线间的夹角为相干光束的汇聚角，即为 ω，在杨氏干涉实验装置中，当 $d \ll D$，且 x、$y \ll D$ 时，可有 $\omega = d/D$，于是

$$e = \lambda / \omega \tag{7-14}$$

上式表明，条纹间距正比于相干光的波长，反比于相干光束的汇聚角，与具体干涉装置有关，式(7-14)具有普遍意义，在实际工作中，可由 λ 和 ω 判估条纹间距。

综合以上，可对杨氏干涉图样得出如下结论：

（1）各级亮条纹的光强相等。相邻亮条纹或相邻暗条纹都是等间距的，且与干涉级 m 无关。

（2）当一定波长的单色光入射时，间距 e 的大小与 D 成正比，而与 d 成反比。

（3）当 D 和 d 一定时，间距的大小与光的波长 λ 成正比。

（4）当用白光作为光源时，除 $m = 0$ 的中央亮条纹外，其余各级亮条纹都带有各种颜色，当 m 较大时，不同级数的各色条纹因相互重叠而得到均匀的强度。正因为用白光观察时可以辨认的条纹数目很少，故一般实验都用单色光作光源。

7.2.3 分波阵面法获得相干光的其他实验方法

1. 菲涅尔双面镜

菲涅尔双面镜是利用反射将同一光源发出的光波分成两部分后再叠加的装置。它是由两块夹角很小的平面镜 M_1 和 M_2 组成，如图 7-3 所示，由 S 发出的光波经平面镜 M_1 和 M_2 反射后分成两束相干光波，在交接区域的屏幕上，可以观察到明暗相间的干涉条纹。如果观察屏 D 远离双面镜，并与 S_1 和 S_2 连线的垂直平分线正交放置，观察屏 D 上观察范围内的条纹也是一组明暗相间的直条纹。条纹平行于双面镜的交线的方向。S_1 和 S_2 之

间的几何距离可通过几何关系求得

$$d \approx 2r\sin\theta \tag{7-15}$$

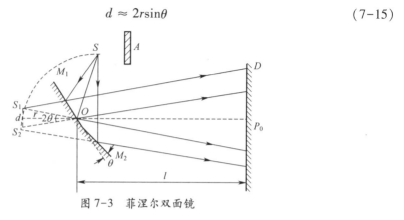

图 7-3　菲涅尔双面镜

式中，r 为光源到双面镜交线的距离。则条纹间距为

$$e = \frac{(r+l)}{2r\sin\theta}\lambda \tag{7-16}$$

2. 洛埃镜

洛埃镜实验装置如图 7-4 所示，点光源 S 发出的入射角接近 90°，入射到平面镜 M 上，由 S 直接发出的光波和经过平面镜反射的光波发生叠加。由于这两部分光波是相干光，在叠加区域的屏幕上可以观察到干涉条纹。点光源 S 和它的平面镜中的虚像 S' 是一对相干光源。

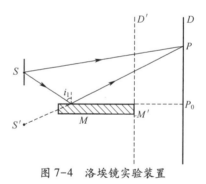

图 7-4　洛埃镜实验装置

洛埃镜实验的结果揭示了光在介质表面上反射时的一个重要特性，若把图 7-4 中光屏 D 移到 D' 位置，此时 P_0 和 M' 相重合，P_0 处出现暗的条纹，根据分析，M' 的光强应该是最大值，而实际观察到的却是最小值，这是因为光波在镜面反射时，在 P_0 处发生了 π 的相位突变，这相当于光程损失了半个波长。所以，对屏上任意一点 P 对应的光程差为

$$\Delta = S'P - SP - \frac{\lambda}{2} \tag{7-17}$$

7.3　干涉条纹可见度的影响因素

7.3.1　干涉条纹的可见度

光波的干涉现象表现为亮暗相间的条纹，因此清晰度是表征干涉条纹图样的一个重

要特征因素,通常用干涉条纹的可见度 K 来定量表征干涉场中某处干涉条纹的清晰度,其定义为

$$K = \frac{I_M - I_m}{I_M + I_m} \tag{7-18}$$

式中,I_M 和 I_m 分别表示所观察位置附近的最大光强和最小光强。

7.3.2 两相干光的强度对干涉条纹可见度的影响

当 $K=1$ 时,干涉条纹的清晰度最大;$K=0$ 时,干涉条纹的清晰度最低,此时实际上已经观察不到干涉条纹,可以认为叠加的光波间不再相干,通常干涉条纹的可见度介于 0~1 之间。

在杨氏干涉实验中,干涉条纹的强度分布可以表示为

$$I(x) = 2I_0 \left[1 + \cos(k\Delta) \right] = 2I_0 \left[1 + \cos\left(2\pi \frac{d}{\lambda D} x \right) \right] \tag{7-19}$$

其强度分布如图 7-5(a)所示。显然,当光程差 Δ 为 λ 的整数倍时,干涉条纹有极大值 $4I_0$;而当光程差 Δ 为 $1/2\lambda$ 的奇数倍时,干涉条纹有极小值 0。此时干涉条纹的可见度有极大值 1,这种情况我们定义为完全相干。

对于两束振动方向不完全相同的光的干涉,即使两束光的强度相等,其光强分布为

$$I = 2I_0(1 + \cos\alpha\cos\delta) \tag{7-20}$$

若 $0° < \alpha < 90°$,强度分布如图 7-5(b)所示,干涉条纹没有 0 值点,此时干涉条纹的可见度 $0 < K < 1$,这种情况称为部分相干。若 $\alpha = 90°$,这是两个正交振动的合成结果,叠加区域的合成光强如图 7-5(c)所示,此时干涉条纹的可见度 $K = 0$,这种情况称为完全不相干。对于部分相干的情况可以这样理解:E_1 的振动可以分解为与 E_2 振动方向平行和与 E_2 振动方向垂直的两个分量,其中与 E_2 振动方向平行的分量与 E_2 相干,与其垂直的分量不与 E_2 相干,这部分能量构成了干涉场中的一部分背景光强。

对于两束振动方向完全相同的光波,也不一定构成完全相干。当两束光的光强不同时,干涉条纹的光强分布可表示为

$$I = (I_1 + I_2)\left(1 + \frac{2\sqrt{I_1 I_2}}{I_1 + I_2}\cos\delta \right) \tag{7-21}$$

显然只要 $I_1 \neq I_2$,干涉条纹的可见度 K 也恒小于 1,表明它也是部分相干的,为了得到最清晰的干涉条纹,在设计干涉实验或者干涉系统时通常使两个干涉光束的光强相等。

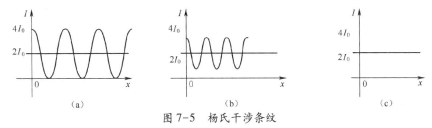

(a) (b) (c)

图 7-5 杨氏干涉条纹

(a)可见度为 1 的干涉条纹;(b)部分相干;(c)完全不相干。

7.3.3 光源的宽度对干涉条纹可见度的影响

在前边的分析和讨论中,都假设光是一个理想的单色点光源,而实际的光源既不可能

发出绝对的单色光也不可能是一个理想的点,这都会对干涉条纹的可见度产生影响,这里不再详细介绍。下面讨论光源的线度对干涉条纹的影响。

在杨氏干涉实验中,采用的是点光源或者线光源,实际上光源总是具有一定的宽度的,可以把它看成是多线光源构成,各个线光源在屏幕上形成各自的干涉图样,这些干涉图样间有一定的位移,位移量的大小与线光源到屏的距离有关,这些干涉图样的非相干叠加使总的干涉图样模糊不清,甚至会使干涉条纹的可见度降为零。

如图 7-6 所示,线光源 S 产生的干涉图样以虚线表示,线光源 S' 所产生的干涉图样以实线表示。当 S' 到 S 的距离变大时,S' 的干涉图样将相对于 S 的干涉图样向下平移,总的干涉图样的可见度降低。若 S' 的干涉图样的最大值与 S 的干涉图样的最小值重合,干涉条纹的可见度为零,S' 和 S 的距离为 b ,S' 到 S_1 和 S_2 的光程差为

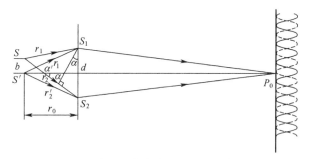

图 7-6　光源的宽度导致干涉可见度为零

$$\Delta = r_2' - r_1' \approx d\alpha \tag{7-22}$$

由图 7-6 中几何关系可知

$$\alpha \approx \frac{b + \dfrac{b}{2}}{r_0'} \tag{7-23}$$

$$\Delta \approx d\alpha \approx \frac{bd}{r_0'} \tag{7-24}$$

若这一光程差等于半个波长,则有

$$\Delta \approx \frac{bd}{r_0'} = \frac{\lambda}{2} \tag{7-25}$$

即

$$b = \frac{r_0'\lambda}{2d} \tag{7-26}$$

此时,干涉条纹的可见度为零。若实验时,用的是扩展光源,它的宽度为 $b_c = 2b$,称为临界宽度。其值由上式可知

$$b_c = 2b = \frac{r_0'\lambda}{d} \tag{7-27}$$

若令 $\beta = d/r_0'$ 为干涉孔径角,则临界宽度还可以写作

$$b_c = \lambda / \beta \tag{7-28}$$

当扩展光源的线度变大时,干涉条纹的可见度变小,直至光源的线度等于临界宽度

时,干涉条纹的可见度为零。实际工作中,为了能够较清晰地观察到干涉条纹,通常取该值的 1/4 作为光源的允许宽度 d_p ,这时条纹可见度 $K = 0.9$,则

$$b_p = b_c/4 = \lambda/(4\beta) \tag{7-29}$$

由 $b_c = \lambda/\beta$ 可知,光源大小与相干空间(即干涉孔径角大小)成反比关系。给定一个光源尺寸,就限制着一个相干空间,这就是空间相干性问题。也就是说,若通过光波场横方向上两点的光在空间相遇时能够发生干涉,则称通过空间这两点的光具有空间相干性。对于大小为 b_c 的光源,相应地有一干涉孔径角 β ,在此 β 所限定的空间范围内,任意取两点 S_1 和 S_2 ,作为被光源照明的两个次级点光源,发出的光波是相干的;而同样,由光源照明的 S_1' 和 S_2' 次光源发出的光,因其不在 β 角的范围内,其发出的光波是不相干的。

7.3.4 光源的非单色性对干涉条纹可见度的影响

实际使用的单色光源都有一定的光谱宽度 $\Delta\lambda$,这就会影响条纹的可见度,因为条纹间距与波长有关,$\Delta\lambda$ 范围内的每条谱线都各自形成一组干涉条纹。且除零级以外,相互有偏移,各组条纹重叠的结果使得条纹可见度下降(见图 7-7)。

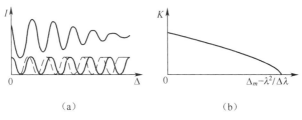

图 7-7 光源非单色性对条纹的影响
(a)强度曲线;(b)可见度曲线

光源的波长为 λ ,实际存在一定的波长范围 $\Delta\lambda$,在波长 λ 与 $\lambda + \Delta\lambda$ 之间的各种波长的干涉条纹非相干叠加后,只有零级条纹是重合在一起的,其它各条纹都有一定的移开,移开的距离为 Δx 及明条纹的条件:

$$x = \frac{m\lambda D}{d} \tag{7-30}$$

$$\Delta x = \frac{mD}{d}\Delta\lambda \tag{7-31}$$

在 Δx 宽度内,分布着同一级波长在 λ 与 $\lambda + \Delta\lambda$ 之间的各种波长的最大值。从上式可以看出,随着级次的升高,同一级条纹的移开量增大,干涉条纹的可见度下降。当 λ 的 $m+1$ 级与 $\lambda + \Delta\lambda$ 的 m 级干涉条纹重合时,可见度为零,如图 7-7(a)所示。当 λ 的 $m+1$ 级与 $\lambda + \Delta\lambda$ 的 m 级干涉条纹重合时,波长为 λ 的两束光波的光程差与波长为 $\lambda + \Delta\lambda$ 的两束光的光程差是相等的,即

$$(m+1)\lambda = m(\lambda + \Delta\lambda) \tag{7-31}$$

由此可知

$$m = \frac{\lambda}{\Delta\lambda} \tag{7-32}$$

这时,对应的光程差为两束光波能实现相干的最大光程差,即

$$\Delta_m = k(\lambda + \Delta\lambda)\qquad(7-33)$$

由于 $\Delta\lambda \ll \lambda$,则

$$\Delta_m = \frac{\lambda^2}{\Delta\lambda}\qquad(7-34)$$

Δ_m 即为 $K=0$ 对应的光程差值,这时的 Δ 就是对于光谱宽度为 $\Delta\lambda$ 的光源能够产生干涉的最大光程差,即相干长度。

7.3.5 时间相干性

光波在特定的光程差下能发生干涉的事实表现了光波的时间相干性,我们把光通过相干长度所需的时间称为相干时间。显然,若同一光源在相干时间 Δt 内不同时刻发出的光,经过不同的路径相遇时能够产生干涉,则称光的这种相干性为时间相干性。相干时间 Δt 是光的时间相干性的量度,它决定于光波的光谱宽度。显然,由式(7-34)得

$$\Delta_m = c\Delta t = \lambda^2/\Delta\lambda\qquad(7-35)$$

由波长 λ 与频率 ν 之间的关系 $\lambda\nu = c$,可以得到波长宽度 $\Delta\lambda$ 与频率宽度量 $\Delta\nu$ 的关系 $\Delta\lambda/\lambda = \Delta\nu/\nu$,将上式代入式(7-34)得到

$$\Delta t\Delta\nu = 1\qquad(7-36)$$

上式表明,$\Delta\nu$(频率带宽)越小,Δt 越大,光的时间相干性越好。所以相干长度长(或波列长度长),光谱带宽小,其单色性好。

7.4 平板的双光束干涉

前面讨论的杨氏干涉实验是分波前干涉的典型代表,由于光源空间相干性的限制,对于这类干涉只能使用有限大小的光源(激光光源除外),否则会降低干涉条纹的可见度。而对光源大小的限制又会限制干涉条纹的亮度,本节所讨论的平板干涉属于分振幅干涉,它是利用平板的两个平面对于入射光的反射和透射,将入射光的振幅分为两部分,这两部分光波相遇产生干涉,干涉条纹的可见度与光源的大小无关。因此,可以使用扩展光源同时不降低干涉条纹的可见度,增强干涉条纹的亮度。

7.4.1 平行平板产生的等倾干涉

图 7-8 给出利用平行平板获得的分振幅干涉,扩展光源上一点 S 发出的一束光经平行平板的上下表面的反射和折射后,在透镜后焦面 P 点相遇产生干涉。由于在照明空间,两支相干光来自于同一光线 SA,因此其干涉孔径角 $\beta = 0$。在干涉场,对应的两支干涉相干光汇聚在透镜的焦平面 F 上,于是 F 面为条纹的定域面。P 点处的光强为

$$I(P) = I_1 + I_2 + 2\sqrt{I_1 I_2}\cos(k\Delta)\qquad(7-37)$$

式中,I_1 和 I_2 是两支相干光各自在 P 点产生的光强;Δ 是两支相干光在 P 点的光程差,由图 7-8 可得

$$\Delta = n(AB + BC) - n'AN\qquad(7-38)$$

式中,n 和 n' 分别是平板折射率和周围介质的折射率;N 是从 C 点向 AD 所引垂线的垂足。自 N、C 点到透镜焦点 P 点光程相等。

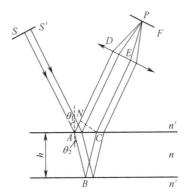

图 7-8　平行平板的分振幅干涉

利用几何关系和折射定律得

$$\Delta = 2nh\cos\theta_2 \tag{7-39}$$

由于周围介质折射率一致,所以两个表面的反射光有一支光发生半波损失,应该再考虑由此反射引起的附加光程差 $\lambda/2$,此时

$$\Delta = 2nh\cos\theta_2 + \frac{\lambda}{2} \tag{7-40}$$

值得指出的是,在平行平板的干涉中,光程差只取决于折射角 θ_2,相同 θ_2(即相同入射角 θ_1)的入射光构成同一条纹,故称为等倾干涉。扩展光源上不同点 S' 发出的同倾角的光线,经平行平板分光后具有相同的光程差也达到 P 点。所以 P 处不同组条纹没有位移,这就既保持了条纹很好的可见度,又因为使用扩展光源而大大增加了条纹亮度。

产生等倾圆条纹的装置如图 7-9 所示,图中透镜的焦平面与平行平板的平面平行,在垂直于平板的方向上,等倾条纹是一组同心圆环,圆心位于透镜的焦点。

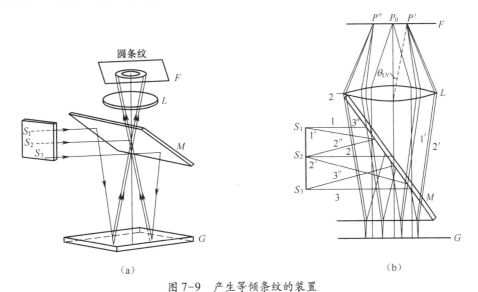

（a）　　　　　　　　　　　　　　（b）

图 7-9　产生等倾条纹的装置

下面讨论等倾条纹的间距,由式(7-36)可知,光程差越大,对应的条纹干涉级次越高,因此等倾条纹在中心处具有最高干涉级,设条纹中心的干涉级为 m_0,则

$$2nh + \frac{\lambda}{2} = m_0\lambda \tag{7-41}$$

m_0 不一定是整数,它可以写成

$$m_0 = m_1 + q \tag{7-42}$$

式中,m_1 是最靠近中心的亮条纹的整数干涉级;q 是小于 1 的分数,从中心向外数,第 N 个亮条纹的干涉级表示为 $[m_1 - (N - 1)]$,其角半径为 θ_{1N},与其相应的 θ_{2N} 满足

$$2nh\cos\theta_{2N} + \frac{\lambda}{2} = [m_1 - (N - 1)]\lambda \tag{7-43}$$

由式(7-43)与式(7-42)相减得

$$2nh(1 - \cos\theta_{2N}) + \frac{\lambda}{2} = (N - 1 + q)\lambda \tag{7-44}$$

通常 θ_{1N} 与 θ_{2N} 都很小,利用 $n, \sin\theta_{1N} = n\sin\theta_{2N}$,$n \approx n, \theta_{1N}/\theta_{2N}$ 以及 $1 - \cos\theta_{2N} \approx \theta_{2N}^2/2 \approx \frac{1}{2}\left(\frac{n, \theta_{1N}}{n}\right)^2$,则求得

$$\theta_{1N} \approx \frac{1}{n'}\sqrt{\frac{n\lambda}{h}}\sqrt{N - 1 + q} \tag{7-45}$$

上式表明平板厚度 h 越大,条纹角半径 θ_{1N} 就越小,对式(7-40)微分可得

$$- 2nh\sin\theta_2 \mathrm{d}c = \lambda\,\mathrm{d}m \tag{7-46}$$

令 $\mathrm{d}m = 1$,对应的 $\mathrm{d}\theta_2$ 记作 $\Delta\theta_2$,并利用折射定律,同样做小角度近似,得到条纹的角间距为

$$\Delta\theta_1 = \frac{n\lambda}{2nx'^2\theta_1 h} \tag{7-47}$$

可知,$\Delta\theta_1$ 反比于 θ_1,表明靠近中心的条纹较疏,离中心越远条纹越密,呈现里疏外密分布,$\Delta\theta_1$ 正比于 $1/h$,即平板越厚,条纹越密。

最后考察透射光产生的等倾条纹,由于透射光方向两支相干光的强度相差较悬殊,所以其干涉条纹可见度低,如图 7-10 所示。透射光干涉的另一特点是两干涉光波的附加光程差等于零,所以对应于某一入射角的反射光干涉条纹为亮纹时,透射光干涉条纹为暗纹,这种情况被称为反射条纹与透射条纹互补。

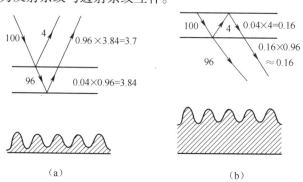

图 7-10 平行平板干涉的反射光条纹和透射光条纹

(a)反射光干涉及条纹对比度;(b)透射光干涉及条纹对比度。

7.4.2 楔形平板产生的等厚干涉

如果平板的两个表面不平行而是有一楔角,它形成的分振幅干涉称为楔形平板干涉。较之平行平板,楔形平板的干涉要复杂很多,这一方面是因为楔形平板在一般情况下光程差的计算较为复杂,另一方面还由于采用扩展光源照明时,干涉条纹的定域面并不像等倾条纹干涉那样可以唯一确定,它与平板与光源的相对位置密切相关。

通常情况下楔形平板的厚度很小,而且楔角也很小,这时楔形平板的光程差计算公式可近似用平行平板的光程差公式替代,即

$$\Delta = 2nh\cos\theta_2 + \frac{\lambda}{2} \tag{7-48}$$

由式(7-48)可以看到,对于均匀材料的平板,折射率 n 可视为常数,此时影响光程差的参量有两个:平板厚度 h 和折射角 θ_2,而等倾干涉时影响光程差的参量只有一个折射角 θ_2,因此楔形平板的干涉较平行平板较为复杂。一种极端情况是保持平板的厚度 h 为常数,此时光程差仅由入射角决定,这就是上节所讨论的平行平板的等倾干涉条纹;而另一种极端情况则是保持入射角 θ_1 为常数(进而折射角 θ_2 为常数),此时光程差仅由平板的厚度 h 决定,厚度相同则光程差相同,即相同级次的干涉条纹与楔形平板上等厚度的入射点的轨迹相对应,这种干涉条纹可称为等厚条纹,此时的干涉称为等厚干涉。而在这两种极端状态之间的状态,即采用非确定的 θ_2 的有限扩展光源在非平行平板上形成的干涉条纹,称为混合型条纹。

在等厚干涉中,一种特殊情况是一束平行光垂直入射到楔形平板的表面,如图7-11所示,此时 $\theta_2 = \theta_1 = 0$,光程差表示为

$$\Delta = 2nh + \frac{\lambda}{2} \tag{7-49}$$

显然有

$$\Delta = 2nh + \frac{\lambda}{2} = \begin{cases} m\lambda & (m \text{ 为整数对应亮纹}) \\ (2m+1)\dfrac{\lambda}{2} & (m \text{ 为整数对应暗纹}) \end{cases} \tag{7-50}$$

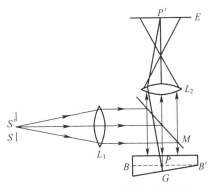

图 7-11　楔形平板等厚干涉装置

由式(7-50)可以看出,两个相邻条纹对应的光程差为 λ,此时对应的平板厚度变化为 $\Delta h = \lambda/2n$,就是说它将平板厚度变化与光源波长联系在一起,因此利用等厚干涉可以

精确测量样品厚度,这在光学计量中有重要应用,同时也容易得到楔形平板的倾角为

$$\alpha = \lambda / (2ne) \tag{7-51}$$

式中,e 为条纹间距。如果平板为空气板,光程差为

$$\Delta = 2h \tag{7-52}$$

几种不同形状的等厚条纹如图 7-12 所示。需要注意的是,在图 7-11 中,为了得到一束平行光,位于透镜 L_1 的前焦点上的光源应该是一个点光源,即将光源后的光阑开得非常小,由于照明光源是点光源,在由楔形平板上下表面反射的光束相遇处的任何位置上,都可以用观察屏接受到干涉条纹,而用人眼直接观察时,人眼对平板表面调焦,而在平板表面上看到条纹,这时条纹可见度很好,但是由于照明光源为点光源,因此干涉条纹亮度较差。而楔形平板不能实现任意扩展光源的干涉,因为随着光源扩展程度的增大,干涉条纹的可见度会逐渐下降。但在楔形平板厚度非常小的情况下,仍然可以采用相当程度的扩展光源照明,从而获得更好的干涉条纹可见度和亮度,这是一种使用扩展光源获得等厚干涉的方法。

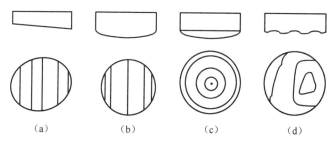

图 7-12　几种不同形状的等厚条纹

(a)楔面;(b)柱面;(c)球面;(d)不规整面。

例 7-1：如图 7-13 所示是集成光学中的劈形薄膜光耦合器,它由沉积在玻璃衬底上的 Ta_2O_5 薄膜构成,薄膜劈形端从 A 到 B 厚度逐渐减小为零。为了检测薄膜厚度,以波长为 632.2nm 的氦氖激光垂直透射,观察到薄膜劈形端共展现 15 条暗纹,而且 A 处对应一条暗纹。Ta_2O_5 对 632.2nm 激光的折射率为 2.20,试问 Ta_2O_5 薄膜的厚度为多少?

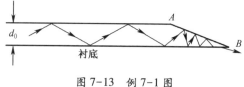

图 7-13　例 7-1 图

解　由于 Ta_2O_5 的折射率比玻璃衬底的大,故薄膜上下表面反射的两束光之前有额外光程差 $\lambda/2$,因而劈形薄膜产生的暗条纹的条件为

$$\Delta = 2nh + \frac{\lambda}{2} = (2m + 1)\lambda / 2 (m = 0, 1, 2, 3, \cdots)$$

在薄膜 B 处,$h = 0$,$m = 0$,$\Delta = \lambda/2$,所以 B 处对应的是暗条纹。第 15 条暗纹在薄膜 A 处,它对应于 $m = 14$,故

$$\Delta = 2nh + \frac{\lambda}{2} = \frac{29\lambda}{2}$$

所以 A 处薄膜的厚度为

$$h = \frac{14\lambda}{2n} = \frac{14 \times 632.7 \times 10^{-6}}{2 \times 2.20} = 0.002(\text{mm})$$

例7-2：现有两块折射率分别为1.45和1.62的玻璃板,使其一端相触,形成夹角 $\alpha = 6'$ 的劈尖,如图7-14所示,用波长550nm的单色光垂直透射在劈上,并在上方观察劈的干涉条纹。

（1）试求条纹距离；

（2）若将整个劈尖浸入折射率为1.52的杉木油中,则条纹的间距变成多少?

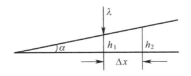

图7-14 例7-2图

（3）定性说明当劈尖浸入油后,干涉条纹将如何变化?

解 （1）相长干涉条件为

$$2nh + \frac{\lambda}{2} = m\lambda$$

相邻两条亮条纹的对应的薄膜厚度差为

$$\Delta h = h_1 - h_2 = \frac{\lambda}{2n}$$

对于空气劈, $n = 1$,则

$$\Delta h = h_1 - h_2 = \frac{\lambda}{2}$$

由于劈的棱角十分小,故条纹间距 Δx 与相应的厚度变化之间的关系为

$$\Delta h \approx \alpha \Delta x$$

由此可得

$$\Delta x = \frac{\lambda}{2\alpha} = \frac{550 \times 10^{-6}}{2 \times 0.1 \times \frac{\pi}{170}} = 0.157(\text{mm})$$

（2）浸入油中后,条纹间距变为

$$\Delta x' = \frac{\lambda}{2n\alpha} = \frac{\Delta x}{n} = \frac{0.157}{1.52} = 0.104(\text{mm})$$

（3）浸入油中后,两块玻璃板相接触端,由于无额外光程差,因而从暗条纹变成亮条纹。根据上面的计算可知,相应的条纹间距变窄,观察者将看到条纹向棱边移动。

7.5 平行平板的多光束干涉原理

7.5.1 平行平板的多光束干涉

前面的讨论从最经典的杨氏干涉实验出发,得到了关于干涉的一般规律,但是在杨氏

干涉实验中,为了获得较高的干涉条纹可见度,照明光源应该采用点光源,而点光源由于本身亮度较低,从而使得干涉场中条纹的亮度很弱;如果采用扩展光源照明,尽管增加了光源的亮度,但受光源空间相干性的影响,导致条纹的可见度下降。利用平行平板分振幅干涉,可以实现干涉孔径角为零的干涉,这就可以使用扩展光源照明,而不会使干涉条纹可见度下降,从而解决了干涉条纹对比度和亮度的矛盾,但上述干涉模型得到的干涉条纹的精细度较低,下面讨论平行平板的多光束干涉来提高干涉条纹的精细度。

在平板的双光束干涉中,仅仅考虑了前两束反射光的干涉,事实上,光在平板的上下表面会经历多次的反射和折射,如图 7-15 所示。通过前边关于干涉条纹可见度的讨论已经知道,只有光强接近相干光束才能得到较高的条纹可见度,如果相干光束的强度相差很大,干涉条纹的可见度就会降低。对于未镀高反膜的玻璃平板,从第 3 支反射光和透射光开始,其均值均小于 0.1,可以忽略。而两支透射光束的强度相差太大,只有两束反射光的强度接近,可以形成高可见度的干涉条纹,这正是在平板的双光束干涉所讨论的情况。对于镀了高反膜的玻璃平板,前 10 支透射光和反射光的强度均大于 0.1,但第一束反射光相对于其他各束反射光具有太大的强度,因此在反射场就得不到高可见度的干涉条纹。但是,透射场的前 10 支光束却具有相近的强度,它们形成的干涉条纹具有较高的可见度。因此,下面关于平板多光束干涉的讨论中,将主要讨论透射光的干涉。

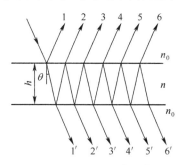

图 7-15 平行平板的多光束干涉

7.5.2 干涉场的强度分布

在图 7-15 中,设入射光复振幅为 $\widetilde{A}^{(i)}$,光束在平板上表面的振幅反射系数与振幅透射系数分别为 r 与 t,在平板下表面的振幅反射系数和振幅透射系数分别为 r' 与 t',相邻两束透射光的相位差为

$$\delta = k\Delta = \frac{4\pi}{\lambda}nh\cos\theta_2 \tag{7-53}$$

式中,n 为平板玻璃的折射率,在不考虑吸收的情况下,可以得到透射光的复振幅 $\widetilde{A}_j$ 依次可表示为

$$tt'\,\widetilde{A}^{(i)}\ ,\ tt'\,r'^2\,\mathrm{e}^{\mathrm{i}\delta}\,\widetilde{A}^{(i)}\ ,\ tt'\,r'^4\,\mathrm{e}^{2\mathrm{i}\delta}\,\widetilde{A}^{(i)}\ ,\ \cdots\ ,\ tt'\,r'^{2(j-1)}\,\mathrm{e}^{\mathrm{i}(j-1)\delta}\,\widetilde{A}^{(i)} \tag{7-54}$$

显然,总光场的复振幅就是所有透射光的复振幅之和 $\sum\widetilde{A}_j$;因此,总光场的复振幅可以表示为

164

$$\widetilde{A}^{(t)} = \frac{tt'}{1 - r'^2\,\mathrm{e}^{\mathrm{i}\delta}}\,\widetilde{A}^{(i)} \tag{7-55}$$

利用菲涅尔公式可以证明,振幅透射系数 tt' 和振幅反射系数 rr' 之间存在如下关系,即

$$r = -r', \quad tt' = 1 - r^2 \tag{7-56}$$

在分界面上光能量的反射率 $\rho = r^2$,透射率为 τ,不考虑材料的吸收时,显然由能量守恒关系,$\rho + \tau = 1$,因此有

$$tt' = 1 - r^2 = 1 - \rho = \tau \tag{7-57}$$

最后得到透射场上光强分布为

$$I^{(t)} = |\widetilde{A}^{(t)}|^2 = \frac{(1 - \rho)^2}{(1 - \rho)^2 + 4\rho \sin^2 \dfrac{\delta}{2}} I_0 \tag{7-58}$$

令

$$F = \frac{4\rho}{(1 - \rho)^2} \tag{7-59}$$

则透射光强还可以表示为

$$\frac{I^{(t)}}{I_0} = \frac{1}{1 + F \sin^2 \dfrac{\delta}{2}} \tag{7-60}$$

在下面的讨论中,将看到,F 与条纹的精细程度直接相关,称 F 为精细度系数。类似地,反射光强为

$$\frac{I^{(r)}}{I_0} = \frac{F \sin^2 \dfrac{\delta}{2}}{1 + F \sin^2 \dfrac{\delta}{2}} \tag{7-61}$$

显然有

$$\frac{I^{(t)}}{I_0} + \frac{I^{(r)}}{I_0} = 1 \tag{7-62}$$

这意味着,反射光和透射光是互补的,也就是说,反射光的干涉条纹为亮纹时,相应的透射光干涉条纹为暗纹,反之亦然。

7.5.3　干涉条纹的特征

由式(7-59)和式(7-60)可知,平行平板多光束干涉的光强分布由相邻光束的光程差和精细度 F 决定,当平板表面反射率 ρ 也一定时,光强分布仅由光程差决定,当平板表面玻璃 ρ 一定时,光强分布仅由光程差 δ 决定,由光程差表示式(7-53)可知,其光程差由折射角 θ_2 决定,这与平行平板等倾干涉类似,因此,多光束干涉的干涉条纹仍为等倾圆环,对于透射光,形成亮条纹和暗条纹的条件分别为

$$\delta = 2m\pi, \; \delta = (2m + 1)\pi, \; m = 0, \; \pm 1, \; \pm 2, \cdots \tag{7-63}$$

相应的亮条纹和暗条纹的强度分别为

$$I_M^{(t)} = I^{(i)}, \quad I_m^{(t)} = \frac{1}{1 + F} I^{(i)} \tag{7-64}$$

下面讨论精细度系数 F 对多光束干涉强度的影响,图 7-16 为 F 取不同值时计算得到的透射光强 $I^{(t)}/I_0$ 随光程差 δ 变化的曲线。由图可知,随着反射率 ρ 的增加,条纹的可见度逐渐增高,同时亮条纹逐渐由粗变细,当 $\rho \to 1$ 时,可以得到非常细锐的亮条纹,这是多光束干涉最重要的特点。

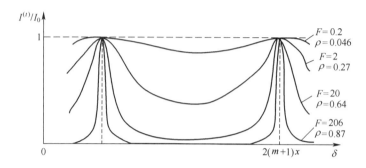

图 7-16　不同反射率下多光束干涉强度的曲线

根据前边条纹清晰度 S 的定义,为计算方便,用相位角宽度的概念代替条纹宽度的概念,条纹的精细度还可以表示为

$$S = 2\pi / \Delta\delta \tag{7-65}$$

这里 2π 表示相邻条纹的相位间距,$\Delta\delta$ 表示亮条纹强度下降到峰值一半时对应的相位角宽度。由上述定义,参考图 7-17,对于 m 级条纹,亮条纹强度下降一半时有

$$I^{(t)}(\delta = 2m\pi + \Delta\delta/2) = \frac{1}{2} I_0 \frac{1}{1 + F\sin^2(\Delta\delta/4)} = \frac{1}{2} \tag{7-66}$$

$\Delta\delta$ 很小时,有 $\sin(\delta/4) \approx \delta/4$,于是

$$\Delta\delta = \frac{4}{\sqrt{F}} = \frac{2(1-\rho)}{\sqrt{\rho}} \tag{7-67}$$

将式(7-67)代入式(7-65)得到清晰度为

$$S = \frac{\pi\sqrt{F}}{2} = \frac{\pi\sqrt{\rho}}{1-\rho} \tag{7-68}$$

式(7-68)表明平板的反射率 ρ 越大,则条纹清晰度 S 越高,因此精细度系数 F 与条纹清晰度密切相关。

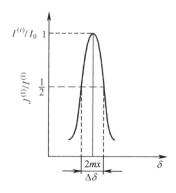

图 7-17　条纹的半宽度示意图

7.6 平板干涉在测量中的应用

光波干涉法测量具有测量精度高,测量方便,设备结构简单等优点,所以应用十分广泛,下面举几个干涉现象的应用。

7.6.1 检查表面的平整度

要检查 B 表面是不是平面,则可在 B 上放置一个标准的表面 A,在 B 的一端放置一个薄垫片,如图 7-18 所示。在标准平面和待测平面之间形成了一个楔形空气膜。通过观察空气膜所形成的干涉条纹形状来判断被测表面是否符合标准。从单色光源 S 发出的激光经扩束通过光阑后,其中一部分透过半透明平玻璃板 M,并经过透镜 L 形成平行光,在劈状空气膜的两个表面上被反射回来再经透镜会聚,其中一部分光被玻璃反射到读数显微镜。从这里可以观察到明暗相间的条纹。如果是一组互相平行的直线条纹,就表明被检验的表面是平整的。如果干涉条纹发生弯曲和畸变(见图 7-19(a)和(b)),就表明被检表面有缺陷。根据条纹的弯曲、畸变的形状和不规则程度,就能确定被检表面的缺陷以及被检测表面与标准平面相差的程度(通过光的波长来计算)。这种检验光学元件质量的光学仪器称为平面干涉仪。

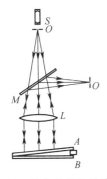

图 7-18 检查平面的简单装置

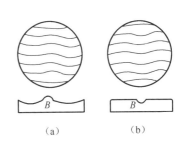

(a)　　　　　　(b)

图 7-19 干涉条纹发生变形

7.6.2 测量微小长度差

把待测块 A 和标准块 S 并排放在一个标准平面上,并使它们的下表面与该平面紧贴。在它们的上表面放一块表面为标准平面的玻璃板 P,如图 7-20 所示。这样,平面 P 和 A 及 S 的上表面间形成楔形空气膜。使单色光自上方垂直照射而观察楔形空气膜的等厚干涉条纹。若待测块的两端面是很好的平行面,将得到直而且平行的等厚条纹。测出条纹间距 e,因为一个条纹间距的两处空气膜厚度之差为 λ/2,可知空气的楔角为

$$\alpha = \frac{\lambda/2}{e} = \frac{\Delta l}{d} \tag{7-69}$$

式中,Δl 表示 A 与 S 的长度差;d 为块间距,由此式可得

$$\Delta l = \frac{\lambda}{2} \times \frac{d}{e} \tag{7-70}$$

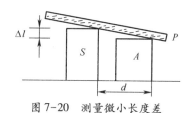

图 7-20　测量微小长度差

利用这种方法可以测出微米数量级的长度差。不能确定哪一块较长,需要采用其他方法做出判断。可以在 A 的一端轻轻压平板玻璃而观察条纹间距的变化。如果条纹间距变小,这反映空气膜的楔角变大,则 S 比 A 长;反之,则 A 比 S 长。

7.6.3　测定固体的热膨胀系数

测量固体热膨胀系数的原理如图 7-21 所示,由熔融水晶制成的环 H,它的膨胀系数极小,并且预先精确测量过。环上放有一块光学平面薄玻璃片 P,在环内置有待测样品 R,其上表面已经预先精确磨平,使它和薄玻璃片 P 的下表面 N 之间形成一个尖劈形的空气薄层。当单色的平行光束从上面垂直照射时,能观察到等厚干涉条纹。将热膨胀仪加热,由于样品和水晶环的热膨胀系数不同,空气层的厚度因之改变了 Δd ,假设此时在某一标记处有 y 条干涉条纹跟着移动,那么 $\Delta d = y(\lambda/2)$ 。读出条纹移动的数目就能够测出样品高度的改变,从而计算出被测物体的热膨胀系数。

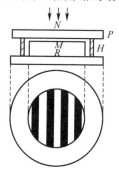

图 7-21　测量固体的线膨胀系数

7.6.4　测量直径

测量细丝的直径也可以利用干涉现象,把细丝夹在两块平面玻璃板的一端,而玻璃板的另一端压紧,如图 7-22 所示。这样,在两块玻璃间就会形成一个楔形空气层,通过对其顶角的测量,即可求出细丝的直径。测量滚珠直径的装置如图 7-23 所示,将滚珠和标

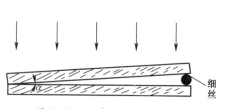

图 7-22　测量细丝直径的装置

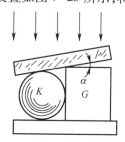

图 7-23　测量滚珠直径的装置

168

准块放在平板上,上面盖一块平面玻璃板,从平面玻璃板和标准块之间空气层的等厚条纹求得夹角,可以计算出滚珠的直径与标准块长度的差值,标准块的长度是已知量,由此可以计算滚珠的直径。

7.6.5 牛顿环

在平面玻璃板 B 上放置一个曲率半径为 R 的玻璃的平凸透镜 AOA',如图 7-24 所示。两者之间有一空气薄层。由图可得

$$d = r^2/(2R - d) \tag{7-71}$$

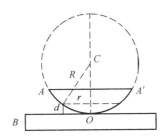

图 7-24 牛顿环装置

实际上,R 比 d 大的多,可以把分母中的 d 忽略,即

$$d \approx r^2/2R \tag{7-72}$$

当单色的平行光束垂直照射时,就会在空气层中形成等厚干涉条纹。这些条纹是一组以 O 为圆心的同心圆环,叫做牛顿环(或牛顿圈)。明暗条纹的半径可计算如下:进入透镜的光束部分先被透镜的凸面反射回去;另一部分透入空气层后,遇到平面玻璃板后反射这两束反射光的光程差为

$$\Delta = 2d - \frac{\lambda}{2} = \frac{r^2}{R} - \frac{\lambda}{2} \tag{7-73}$$

式中,$\lambda/2$ 为额外光程差,因此在反射光中所见亮环的半径 r 可由下式计算

$$\frac{r^2}{R} - \frac{\lambda}{2} = m\lambda \quad (m = 0,1,2,3,\cdots) \tag{7-74}$$

在透镜凸面与平玻璃板的接触点 O,空气层的厚度几乎等于零,这里的光程差仅等于额外光程差 $\lambda/2$,所以在反射光中看到的 O 点是暗的。用读数显微镜测出牛顿环的半径,就可计算透镜的曲率半径,这方法比常用的球径仪测量优越。在透射光中亦可观察到牛顿环,这时,因无额外光程差,亮环的半径 r' 可由下式计算:

$$r' = \sqrt{m\lambda R} \quad (m = 1,2,3,\cdots) \tag{7-75}$$

透射光中看到的 O 点是亮的,由于透射光较强,故条纹的可见度较差。反射光中亮环的半径恰等于透射光中暗环的半径;反之亦然。用图 7-25 所示的实验装置,在屏 D_1 和 D_2 上可以分别观察到反射光和透射光的牛顿环。利用牛顿环,可精确地检验光学元件表面的质量。当透镜和平面玻璃板间的压力改变时,其间空气层的厚度发生微小改变,条纹也将随之移动,由此可以确定压力或长度的微小改变。

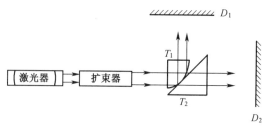

图 7-25　牛顿环实验装置

例 7-3: 盛于玻璃器皿中的一盘水绕中心轴以角速度 ω 旋转,水的折射率为 4/3,用波长为 632.8nm 的单色光垂直照射,即可在反射光中形成等厚干涉条纹,若观察到中央为亮条纹,第 20 条亮条纹的半径为 10.5mm,则水的旋转速度为多少?

解　如图 7-26 所示,取水面最低点 O 为坐标原点,y 轴竖直向上,r 轴水平向右。当水以匀角速度 ω 旋转时,水面成一曲面,在曲面上任取一点 P,把它看做质量为 dm 的质点,该质点将受到重力 gdm 、内部水所施的法向力 dF_n 及沿着 r 正方向的惯性离心力 $r\omega^2 dm$ 的作用。在这三个力的作用下,质点处于相对平衡,由图可知其平衡方程为

$$dF_n \sin\theta = r\omega^2 dm$$

$$dF_n \cos\theta = gdm$$

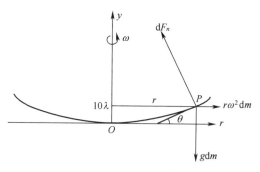

图 7-26　例 7-3 图

式中,r 为 P 点到器皿中心轴的距离;θ 为 P 点的切线和 r 轴的夹角,将上两式相除,得

$$\tan\theta = \frac{r\omega^2}{g}$$

而

$$\frac{dy}{dr} = \tan\theta = \frac{r\omega^2}{g}$$

解微分方程得

$$y = \frac{r^2\omega^2}{2g} + C$$

该式表明,水面是以 y 轴为对称轴的旋转抛物面,$r=0$ 处为液面的最低点,其 $y=0$,因而 $C=0$,故

$$y = \frac{r^2\omega^2}{2g}$$

进入旋转抛物面水柱的光束一部分由抛物面反射回去;另一部分透入水层遇玻璃平

面反射,这两束反射光的光程差为

$$\Delta = 2ny$$

当 $\Delta = m\lambda$ 时,干涉相长,即

$$\Delta = 2ny = m\lambda$$

将抛物面方程代入上式,得

$$\omega = \frac{1}{r} = \sqrt{\frac{m\lambda}{n}g}$$

$$\omega = \frac{1}{1.05} \times \sqrt{\frac{20 \times 632.8 \times 10^{-7}}{4/3} \times 970} = 0.919(\text{rad/s})$$

7.7 典型平板干涉测量系统的设计

7.7.1 斐索干涉仪

等厚干涉型的干涉系统称为斐索干涉仪,常常用于光学零件表面质量的检查,按照测量对象分成平面干涉仪和球面干涉仪。

7.7.1.1 激光平面干涉仪

图 7-27 给出了激光平面干涉仪的光路。He-Ne 激光器输出的光束经 L_1 扩束,针孔 H 滤波,分光板 G 反射后被 L_2 准直成平行光束垂直入射到标准平面 P 及待测零件 Q 上。标准平面的上表面做成斜面,使其反射光偏出视场,Q 置于可以微调的平台上,从标准平面及待测平面反射的光经过 G 进入观察系统 L_3,观察所形成的干涉条纹,可以测量平板的平面度。若移开标准平面 P,可测量待测平板的楔角或平行平板的平行度。图 7-28 给出了一种被测平面缺陷的情况,其表面平面度为

$$\Delta h = \frac{H}{e} \cdot \frac{\lambda}{2} \tag{7-76}$$

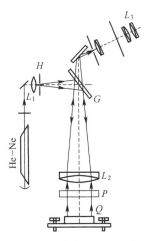

图 7-27 激光平面干涉仪

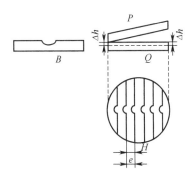

图 7-28 用等厚条纹检查表面的平面度与缺陷

171

7.7.1.2　激光球面干涉仪

把前面的标准平面换成球面样板,类似的测量可用于球面零件,图 7-29 表示零件 Q 有半径误差,观察到圆形等厚条纹,两表面曲率之差为

$$\Delta k = \frac{1}{R_1} - \frac{1}{R_2} \tag{7-77}$$

由几何关系可得

$$h = \frac{D^2}{7}\left(\frac{1}{R_1} - \frac{1}{R_2}\right) = \frac{D^2}{7}\Delta k \tag{7-78}$$

式中,h 为两表面所加空气层的最大厚度;D 为 Q 的孔径。

若在 D 的范围内观察到 N 个圆条纹,由 $h = N \cdot \dfrac{\lambda}{2}$,则有

$$N = \frac{D^2}{4\lambda}\Delta k \tag{7-79}$$

它给出了曲率误差 Δk 与光圈数 N 之间的关系。同样,类似于干涉仪测量平面,可用球面干涉仪来测量球面半径,其装置如图 7-30 所示。光源和基准平面 P 的光路系统都与平面干涉仪一致,L 是经过很好校正的透镜,Q 是待检测球面,其中心置于透镜 L 的焦点,待检波面携带 Q 面信息返回原光路与平面波相干,从而测出 Q 面的误差。

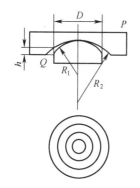

图 7-29　用球面样板检查球面零件

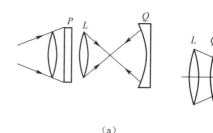

（a）　　　　　　　　　　（b）

图 7-30　球面干涉仪

（a）检查凹球面;（b）检查凸球面。

7.7.2　迈克尔逊干涉仪

7.7.2.1　传统迈克尔逊干涉仪

迈克尔逊干涉仪的结构如图 7-31 所示,M_1 和 M_2 为两个镀银或镀铝的平面反射镜,其中 M_2 固定在仪器基座上,M_1 可借助精密丝杆沿导轨前后移动,D 和 C 为两块相同的平行平板,由同一块平行平板玻璃切割制成,因此具有相同的厚度和折射率,D 的分光面涂有半透半反膜,C 不镀膜,作为补偿板使用,D 和 C 与 M_1 和 M_2 都成 45°角。扩展光源 S 上一点发出的光在 D 的分光面上有一部分反射,转向 M_1 镜,再由 M_1 反射,通过 D 后进入观察系统。入射光的另一部分穿过 D 和 C 后再由 M_2 反射,回穿过 C 后再由 D 反射也进

入观察系统,如图中到达 P 点的两条干涉光束,它们都由 S 发出的一支光分解而来,所以是相干光,进入观察系统后形成干涉。

干涉仪等效于 $M_1 M_2'$ 虚平板,M_2' 是 M_2 经 D 分光面所成的虚像。通过调节 M_1 和 M_2 的相对位置,改变虚平板的厚度和楔角,从而可以实现平行平板的等倾干涉,实现楔板的等倾条纹,并且在楔板的角度不大、板厚很小的情况下,获得等厚条纹。

在楔形空气平板的情况下,一般观察到的是弯曲条纹,这是因为干涉条纹是等光程差的轨迹,由于采用扩展光源照明,因而有不同的入射角。

利用光程差公式

$$\Delta = 2nh\cos\theta_2 \qquad (7-80)$$

可以得到,对于倾角较大的入射光,它对应的光程差若与倾角较小时的光程差相等,应以增大平板厚度来补偿。由图 7-32 可知,条纹的边缘对应了大的入射角而处于大的 h 位置,中心对应了小的入射角而处于较小的 h 位置,所以得到这样的结论,干涉条纹总是弯向楔顶方向。

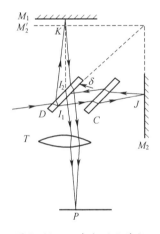

图 7-31　迈克尔逊干涉仪

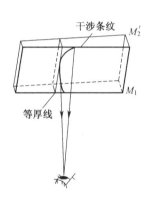

图 7-32　混合型条纹

设想用单色光照明,移动 M_1,改变空气层厚度,这时可以看到条纹移动,当移动方向使膜厚变小,若观察到的是等厚条纹,则条纹向膜的较厚方向移动;若观察到的是等倾条纹,这时条纹向中心收缩。每淹没一个条纹,M_1 移动的距离是 $\lambda/2$。这样,利用迈克尔逊干涉仪,便可以将 M_1 镜的移动量与单色光的波长 λ 联系起来,显然

$$\Delta h = N\lambda/2 \qquad (7-81)$$

式中,N 是视场中心移动(冒出或淹没)条纹的数目;Δh 是 M_1 移动的距离;λ 是单色光的波长。

迈克尔逊干涉仪产生的各种干涉图样与 M_1 和 M_2' 相应位置有关。如果使 M_1 和 M_2' 十分精确地平行,观察者的眼睛对无穷远调焦时,就会看到圆形的等倾干涉条纹。如果 M_1 和 M_2' 有微小夹角,观察者就会在它的表面附近看到楔形空气层的等厚干涉条纹。改变 M_1 和 M_2' 之间的距离,干涉图样将会发生相应的变化。下面介绍 M_1 和 M_2' 平行和有微小夹角两种情况:

(1) M_1 和 M_2' 十分精确地平行时,在无穷远处看到等倾干涉条纹,把 M_1 放在离 M_2' 几

厘米处,这时条纹较密,将 M_1 逐渐移向 M_2',各圈条纹不断缩进中心,当 M_1 与 M_2' 较近时,条纹逐渐变得稀疏,当 M_1 与 M_2' 重合时,中心斑点扩大到整个视场,M_1 继续向前推进,稀疏的条纹不断从中心生出,随着 M_1 与 M_2' 的距离不断扩大,条纹逐渐变密,整个过程 M_1 与 M_2' 的相应位置如图 7-33(a)~(e)所示,相应条纹情况如图 7-34(a)~(e)所示。

（2）M_1 和 M_2' 有微小夹角时,在它们表面附近看到等厚干涉条纹,把 M_1 放在离 M_2' 几厘米处,由于光源是扩展的,这时条纹的可见度极小,甚至看不见,将 M_1 逐渐移向 M_2',开始出现越来越清晰的条纹,这些条纹不是严格的等厚线,它们朝背离 M_1 和 M_2' 交线的方向弯曲,在 M_1 向 M_2' 靠近的过程中,这些条纹不断朝背离交线的方向平移,当 M_1 和 M_2' 相交时,条纹变直,向前推进 M_1,随着 M_1 和 M_2' 距离的增大,条纹朝相反方向弯曲,当 M_1 和 M_2' 距离太大时,条纹的反衬逐渐减小,甚至看不见,整个过程,M_1 与 M_2' 的相应位置如图 7-33(f)~(j)所示,相应条纹情况如图 7-34(f)~(j)所示。

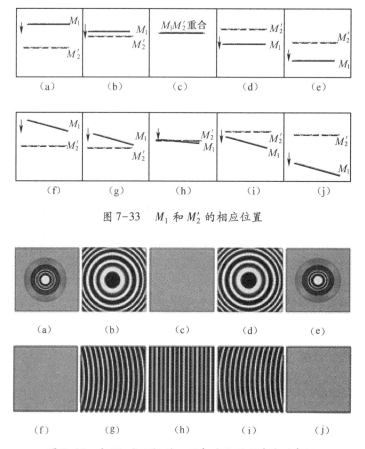

图 7-33　M_1 和 M_2' 的相应位置

图 7-34　由 M_1 和 M_2' 的不同相应位置所产生的条纹

迈克尔逊干涉仪补偿板 C 的作用是使两支相干光束通过平板的次数相等。如在 I_1 点,由 D 反射的光束两次经过 D;同一点由 D 投射的光束也两次经过与 D 相同并相互平行放置的 C。这种补偿在单色光照明时并非必要,但是用白光照明时,因为玻璃的色散,不同波长的光有不同的折射率而无法用空气中的行程补偿。所以,加上与 D 完全相同且平行放置的补偿板 C 才能同时补偿各色光的光程差以获得零级白光条纹,这种条纹在零光程差附近产生。白光干涉条纹在迈克尔逊干涉仪中极为有用,通过准确地确定零光程差的位置,从而进行长度的精确测量。在迈克尔逊干涉仪中由于利用分束镜的反射和透射形成的两束光分开较远,这便于分别改变两光束的光程探测干涉图样的变化。使用迈克尔逊干涉仪进行的各种测量都是利用了迈克尔逊干涉仪这个特点,以激光作为光源的迈克尔逊干涉仪广泛应用于长度测量中。

迈克尔逊干涉仪应用广泛,由于迈克尔逊干涉仪将两相干光束完全分开,它们之间的光程差可以根据要求做各种改变,测量结果可以精确到与波长同数量级,所以应用很广。迈克尔逊干涉仪最先以光的波长为单位测定了国际标准米尺的长度,因为光的波长是物质基本特性之一,是永久不变的,这样就能把长度的标准建立于一个永久不变的基础上。用镉的蒸气在放电管中所发出的红色谱线波长来量度米尺的长度,在温度为 15℃,压强为 10132472Pa 的干燥空气中,测得 1m = 15531635 倍红色镉光波长,或表示为红色镉光波长为 643.74722nm。

此外,迈克尔逊干涉仪用于研究光谱线的精细结构,这些大大推动了原子物理与计量科学的发展。迈克尔逊干涉仪的原理还被发展和改进为其他许多形式的干涉仪器。稍加改装的迈克尔逊干涉仪,可以作为工厂里检验棱镜和透镜质量以及测量折射率和角度的精密仪器。

例 7-4: 一台迈克尔逊干涉仪中补偿板的厚度 $d = 2\text{mm}$,其折射率 $n_2 = \sqrt{2}$,若将补偿板由原来与水平方向成 45° 位置转至竖直的位置,设入射光的波长为 632.7nm,试求在视场中观察到多少条亮条纹移过?

解 当补偿板与水平方向成 45° 时,通过补偿板内的光程计算如下:
由折射定律知

$$n_1 \sin i_1 = n_2 \sin i_2$$

得到光线在补偿板内的折射角为

$$i_2 = \arcsin\left(\frac{n_1}{n_2}\sin i_1\right) = \arcsin\left(\frac{\sin 45°}{\sqrt{2}}\right) = 30°$$

故光线在补偿板内的路程为

$$d' = \frac{d}{\cos 30°}$$

光程差的改变量为

$$n\Delta h = n(d' - d) = nd\left(\frac{1}{\cos 30°} - 1\right) = \sqrt{2} \times 2 \times \left(\frac{2}{\sqrt{3}} - 1\right) = 0.437(\text{mm})$$

故

$$N = \frac{n\Delta h}{\lambda/2} = \frac{2 \times 4.37 \times 10^{-1}}{6327 \times 10^{-7}} = 1374$$

在视场中将有 1374 条亮条纹移过。

7.7.2.2 光纤迈克尔逊干涉仪

传统的干涉仪结构是利用分束镜和反光镜实现的,光是在空气中传输的,所以容易受到扰动,使接收效果变差。后来,设计出了全光纤干涉仪,光在光纤中传输,其优点是体积比较小,并且力学性能稳定,不易受到扰动,接收效果较好。

光纤迈克尔逊干涉仪的原理如图 7-35 所示,光源发出的光经过耦合器分成两路,一路经过参考光纤到达反射镜 M_1,经过 M_1 反射后的光反向传输再经过光纤耦合器到达光探测器,这束光称为参考光;另一路经信号光纤到反射镜 M_2,被 M_2 反射的光沿着光纤反向传输经过耦合器传输至光探测器,这束光称为信号光。参考光纤和信号光纤的长度存在差异,则光在光纤内部传输时的相位不同,当参考光和信号光相遇时将会发生干涉。

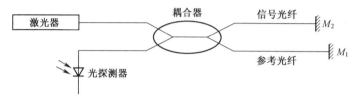

图 7-35 光纤迈克尔逊干涉仪的原理图

光纤迈克尔逊干涉仪的干涉属于双光束干涉,若两束反射光的幅度分别是 A_1 和 A_2,这两束光的相位差为 $\Delta\phi$,则光电探测器接收到的光强的数学表达式为

$$I = A_1^2 + A_2^2 + 2A_1A_2\cos(\Delta\phi) \tag{7-82}$$

参考光纤和信号光纤的长度差为 ΔL,则两束光的相位差 $\Delta\phi$ 为

$$\Delta\phi = \frac{2\pi n \Delta L}{\lambda} \tag{7-83}$$

因此,参考光纤和信号光纤长度差的不同,导致参考光和信号光相遇时光的干涉情况会发生变化,则电探测器输出的电信号不同。

7.7.3 泰曼-格林干涉仪

泰曼-格林干涉仪是迈克尔逊干涉仪的改型,用于检测光学零件(光学系统)的综合质量。原理是通过研究光波波面经光学零件后的变形来确定零件的质量。其结构如图 7-36(a)所示,用单色点光源照明,经准直后成平行光入射干涉仪系统,因此取消了补偿板。光束 1、2 入射到被检棱镜 Q 上,通过棱镜的光在平面镜 M_2 上反射后沿原路回到分束镜 G。移动反射镜 M_1,使得两个相干光等光程以求得最清晰的干涉条纹,显然这种干涉条纹是等厚条纹。

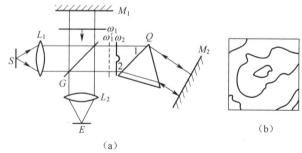

(a)

图 7-36 泰曼-格林干涉仪

(a)检查棱镜;(b)棱镜干涉图。

产生干涉条纹的原理可以从另一个角度分析,从整个视场来观察,干涉场中事实上由

M_1 反射的标准平面波 ω_1 和由 M_2 反射的带有两次棱镜缺陷的波面 ω_2 叠加形成干涉条纹,等价于图中 ω_1' 和 ω_2 两个波面的干涉,两波面上相应点的间距恰为各处的两相干光的光程差。所以干涉条纹全场地反映了被检零件的波面情况,从而反应了零件的各处缺陷。人眼在 E 处观察,调焦到棱镜表面附近即可看到干涉条纹。

图 7-36(b)表示一个典型的棱镜干涉图,条纹密集的地方表示波面弯曲大,而条纹稀疏的地方波面弯曲小,同一条纹处在与标准波面等高的地方,从一个条纹过渡到另一条纹,波面间高差为一个波长,在这个意义上,干涉图类似于波面的等高线图。可以用手轻压平面镜 M_2 的后面,使 M_2 稍向外倾,或移动 M_1,用此时的条纹移动来确定弯曲的方向。根据等高线确定缺陷,以精修零件表面。

同理也可以用于检测平行平板。另外,类似于从激光平面干涉仪过渡到激光球面干涉仪,泰曼-格林干涉仪也可以用于检验球面镜和透镜等,这种仪器又称为棱镜透镜干涉仪。

7.7.4 马赫-曾德尔干涉仪

7.7.4.1 传统马赫-曾德尔干涉仪

图 7-37 为马赫-曾德尔干涉仪的结构原理图,其中 G_1 和 G_2 为两块半反半透的平行玻璃板,M_1 和 M_2 为两块平面反射镜,通常这四块平面玻璃板是平行放置的。照明光源仍采用平行光,即将光源 S 置于透镜 L_1 的焦点,光线经准直后进入干涉仪。进入干涉仪的平行光首先经分光板 G_1 分为两束,其中一束被平面镜 M_1 反射后再被分光板 G_2 反射进入观察系统,另一束被平面反射镜 M_2 反射后在透过分光板 G_2 进入观察系统。这两束光的干涉图样被透镜 L_2 聚焦在其焦面附近。如果在 L_2 的焦面附近用高速摄像机进行拍摄,就可以得到干涉条纹的瞬间图像。如果在一条干涉光束的光路中放入一个标准相位物体 ω_2,另一条干涉光路中放入待检测的相位物体 ω_1',就可以观察到这两个相位物体形成的不同波前之间的等厚干涉条纹,因此,这种干涉仪可用于测量相位物体引起的相位变化。

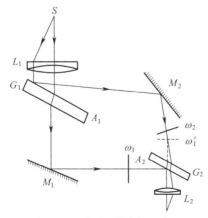

图 7-37 马赫-曾德尔干涉仪

马赫-曾德尔干涉仪的两束相干光光束分得很开,因此其制作和调节都比较困难,但这也使得它可以测量体积较大的相位物体,因此它的用途很广,特别是在空气动力学中可以用它来研究空气气流的折射率变化,从而分析气流的密度变化。此外,它在光全息、光纤及集成光学系统中也有重要前途。

马赫-曾德尔干涉仪的另一特点是光能利用度较高。迈克尔逊干涉仪中,约有一半左右的光能量返回光源方向,而马赫-曾德尔干涉仪则没有回到光源方向的光能量,因此,相对于迈克尔逊干涉仪,马赫-曾德尔干涉仪的光能利用率高约一倍。

7.7.4.2 光纤马赫-曾德尔干涉仪

光纤马赫-曾德尔干涉仪与光纤迈克尔逊干涉仪的结构相似,都是由信号光纤和参考光纤组成,如图 7-38 所示。光源发出的光经过耦合器 1,分两路至参考光纤和信号光纤中,两束光分别经过参考光纤和信号光纤在到达耦合器时相遇,两束光发生干涉形成干涉光,经过耦合器传输至光探测器。

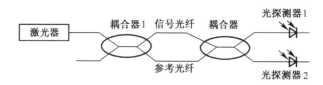

图 7-38 光纤马赫-曾德尔干涉仪原理图

干涉光经过耦合器分为两束光分别到达两个光探测器,若输入光的幅度为 A,这两束光的相位差为 $\Delta\phi$,光电探测器 1 接收到的光强 I_1 为

$$I_1 = A^2 \cos^2(\Delta\phi/2) \tag{7-84}$$

光电探测器 2 接收到的光强 I_2 为

$$I_2 = A^2(1 - \cos^2(\Delta\phi/2)) \tag{7-85}$$

参考光纤和信号光纤的长度差为 ΔL,则两束光的相位差 $\Delta\phi$ 为

$$\Delta\phi = \frac{2\pi n\Delta L}{\lambda} \tag{7-86}$$

7.7.5 法布里-珀罗干涉仪

7.7.5.1 传统法布里-珀罗干涉仪

利用多光束干涉原理产生十分细锐条纹的重要仪器是法布里-珀罗干涉仪(简称F-P干涉仪),它是在平板的两个表面镀金属膜或多层电介质反射膜使反射比达到90%以上,来实现多光束干涉的。

1. F-P 干涉仪工作原理

F-P 干涉仪的结构如图 7-39 所示,它由两块互相平行的平面玻璃板或石英板 G_1 和 G_2 组成,两板的内表面镀一层高反膜,为了获得细锐的条纹,两反射面的平面度达 1/20~1/100 波长,并且两平面还保持平行,以构成产生多光束的平行板。F-P 干涉仪有两种形式,一种是两块板中的一块固定,一块可以移动,以改变两板之间的距离 h,但是在整个移动过程中要保持两块板平行还是有困难的,这种类型的仪器叫做 F-P 干涉仪;另一种是在两块板间加一个平行隔圈,这种隔圈具有很小的膨胀系数,以保证两板之间的距离不变并严格平行,这种类型的仪器叫做 F-P 标准具。

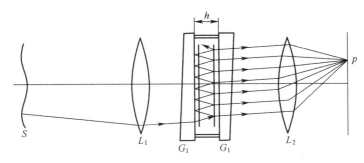

图 7-39　法布里-珀罗干涉仪

干涉仪用扩展光源照明,在透镜 L_2 的后焦面上将形成一系列细锐的等倾条纹。若 L_2 的后焦面上形成的亮纹是一组同心圈,条纹的角半径和角间距都可以用式(7-45)和式(7-47)计算,条纹的干涉级次取决于 h,以 $h = 5\text{mm}$ 为例,中央条纹的干涉级约为 20000 左右,可见条纹的干涉级很高。因此,这种仪器只适用于单色性较好的光源。干涉仪两板的内表面镀一层金属膜时,必须考虑光在金属表面反射时的相位变化 φ 及金属的吸收比 α,这时存在

$$\frac{I^{(t)}}{I^{(i)}} = \left(1 - \frac{\alpha}{1 - \rho}\right)^2 \frac{1}{1 + F \sin^2 \dfrac{\delta}{2}} \tag{7-87}$$

$$\delta = \frac{4\pi}{\lambda} h \cos\theta + 2\varphi \tag{7-88}$$

且有

$$\rho + \tau + \alpha = 1 \tag{7-89}$$

与无吸收时相比,透射光条纹的峰值位置不变,其强度降低了,严重时,只有入射光强的几十分之一。

2. 用作光谱线的超精细结构研究

F-P 标准具具有高分辨能力,常常用来测量波长非常小的两条光谱线的波长差,即光谱学中的超精细结构。这在一般的光谱仪中很难做到,设照明的扩展光源含有两条谱线 λ_1 和 λ_2,并且 $\lambda_2 = \lambda_1 + \Delta\lambda$,通过 F-P 标准具后,干涉场一般形成两组条纹。如图 7-40 所示,实线对应 λ_2,虚线对应 λ_1。考察靠近条纹的某一点,对应于两个波长的干涉极差为

$$\Delta m = m_1 - m_2 = \left(\frac{2h}{\lambda_1} + \frac{\varphi}{\pi}\right) - \left(\frac{2h}{\lambda_2} + \frac{\varphi}{\pi}\right) = \frac{2h(\lambda_2 - \lambda_1)}{\lambda_1 \lambda_2} \tag{7-90}$$

把两组条纹的相对位移作为极差的度量

$$\Delta m = \frac{\Delta e}{e} \tag{7-91}$$

式中,Δe 和 e 分别是两组条纹的位移和同组条纹的间距,于是有

$$\Delta\lambda = \lambda_2 - \lambda_1 = \left(\frac{\Delta e}{e}\right)\frac{\overline{\lambda}^2}{2h} \tag{7-92}$$

式中，$\bar{\lambda}$ 是 λ_1 和 λ_2 的平均波长，可先由分辨本领较低的仪器测出；h 是标准具间隔，只要测出 Δe 和 e 即可求得 $\Delta\lambda$。由于每级条纹间不是等间距分布，因而，式（7-92）给出的在一级条纹内小数部分按线性内插求解是近似的。

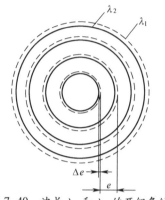

图 7-40　波长 λ_1 和 λ_2 的两组条纹

3. F-P 标准具的自由光谱区和分辨本领

在测量工作中，当 $\Delta e \rightarrow e$ 时，$\Delta\lambda = \bar{\lambda}^2/2h$。正好两组条纹重叠（越一个级次重叠），在视场里看到一组条纹，这时对应 $\Delta e/e = 1$。若 $\Delta\lambda > \bar{\lambda}^2/2h$，这时两组条纹看上去仍如图 7-40 所示地分布，但无法判断是否越级。为避免这种测量上的困难，把 $\Delta e/e = 1$ 时对应的 $\Delta\lambda$ 值作为标准具所能测量的最大波长差，称为标准具常数或标准具的自由光谱范围，可记为

$$(\Delta\lambda)_{(S,R)} = \frac{\bar{\lambda}^2}{2h} \tag{7-93}$$

一般标准具的 h 比较大，所以自由光谱范围较小。表征标准具分光特性的另一个重要参数是标准具能够分辨的最小波长差 $(\Delta\lambda)_M$，也称为标准具的分辨极限。显然，可以把自由光谱区理解为仪器的测量范围，分辨极限理解为仪器的精度。下面来确定 $(\Delta\lambda)_M$ 的大小。

在光谱仪器关于分辨率的判断中，常常采用瑞利判据，这里采用稍微不同的形式来表达它，两个波长的亮条纹只有当它们合强度曲线中央的极小值低于两边极大值的 0.81 时，才能分开，如图 7-41 所示，若不计标准具的吸收，对于 λ_1 和 λ_2 两个很近的条纹，其合强度为

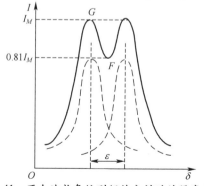

图 7-41　两个波长条纹刚好被分辨时的强度分布

$$I = \frac{I^{(i)}}{1 + F\sin^2\dfrac{\delta_1}{2}} + \frac{I^{(i)}}{1 + F\sin^2\dfrac{\delta_2}{2}} \qquad (7\text{-}94)$$

式中，δ_1 和 δ_2 是干涉场上同一点处两波长条纹对应的 δ 值，令 $\delta_1 - \delta_2 = \varepsilon$，那么合强度曲线 G 点处，$\delta_2 = 2m\pi$，$\delta_1 = 2m\pi - \varepsilon$；在 F 点处，$\delta_2 = 2m\pi + \varepsilon/2$，$\delta_1 = 2m\pi - \varepsilon/2$，把上述两组相位差值代入式（7-94）中，分别求得 I_G 和 I_F，再使用 $I_F = 0.81\,I_G$ 的条件，可求得

$$\varepsilon = \frac{4.15}{\sqrt{F}} = \frac{2.07\pi}{S} \qquad (7\text{-}95)$$

另一方面，当 $2\varphi \ll \dfrac{4\pi}{\lambda}h\cos\theta$，可以略去时，得到

$$|\,\Delta\delta\,| = \frac{4\pi h\cos\theta}{\lambda^2}\Delta\lambda = 2m\pi\frac{\Delta\lambda}{\lambda} \qquad (7\text{-}96)$$

两波长的条纹刚刚被分辨开时，$\Delta\delta = \varepsilon = 2.07\pi/S$。定义标准具的分辨本领 A 为

$$A = \frac{\lambda}{(\Delta\lambda)_M} \qquad (7\text{-}97)$$

它指工作波长 λ 与标准具能够分辨的最小波长差 $(\Delta\lambda)_M$ 的比值，于是有

$$A = \frac{\lambda}{(\Delta\lambda)_M} = 2m\pi\frac{S}{2.07} = 0.97mS \qquad (7\text{-}98)$$

可知，标准具的分辨本领正比于干涉条纹级次 m 和精细度 s。由于标准具具有极高的干涉级次和较高的精细度，标准具的分辨本领还是很高的，有时把式（7-98）的 $0.97S$ 记为 N，称有效光束数，这时有

$$A = \frac{\lambda}{(\Delta\lambda)_M} = mN \qquad (7\text{-}99)$$

它与光栅光谱仪的分辨本领 A 有着同样的形式意义，但是以后我们将会看到光栅的高分辨率本领是由其大量的刻缝数 N 决定的。在应用标准中做谱线的超精细结构分析时，应选取标准具的间距，使标准具的自由光谱区大于超精细结构的最大波长差，并且使标准具的分辨极限小于最小波长差。

7.7.5.2 传统法布里-珀罗干涉仪

光纤法布里-珀罗（F-P）干涉仪分为本征和非本征两类。

如图 7-42 所示为本征型，这种传感头的特点如下：光纤 F-P 腔是由一段光纤和两个端面上的反射镜构成的。若两个反射镜的反射率不同，则称为非对称本征 F-P 干涉腔；若两个反射镜的反射率相同，则称为对称本征 F-P 干涉腔；构成 F-P 腔的一段光纤与传统光纤为同一种光纤，便于光纤 F-P 腔与传统光纤的连接；所设计的 F-P 腔的性价比高，入射光与诸出射干涉光处于 F-P 腔的同侧，便于安装使用；使用一条光纤完成信号光和参考光的传输，使其结构简单、体积小和成本低。

光纤 F-P 干涉腔是由一段光纤的两个端面上所镀的反射面形成的，这里以非对称本征 F-P 干涉仪为例，根据平行平板的多光束干涉场的强度分布公式推导可知，其反射光强的数学表达式为

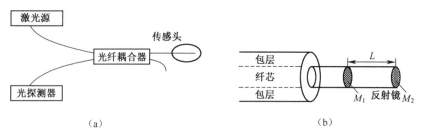

(a)　　　　　　　　　　　　　　　　(b)

图 7-42　本征光纤 F-P 干涉仪

$$I^{(\iota)} = \frac{I_0}{1 + F\sin^2\delta/2} \tag{7-100}$$

式中，F 为精细度系数；δ 为相位差。

　　非本征光纤 F-P 干涉仪如图 7-43 所示，其 F-P 腔由两段光纤的两个端面所镀的反射面或者一根光纤的一个端面所镀的反射面和另一个反射面构成。两个反射面平行放置，且一般情况下在这两个面上所镀的反射面反射率相同。由于两个反射面间是空气，故称为非本征，其特点与本征 F-P 干涉仪相同，其数学表达式也与本征的表达式类似，这里不再赘述。

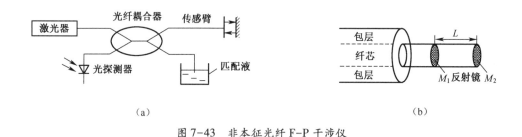

（a）　　　　　　　　　　　　　　　（b）

图 7-43　非本征光纤 F-P 干涉仪

7.8　光 学 薄 膜

　　光学薄膜是指用物理或化学方法，在玻璃或金属的光滑表面上涂镀的透明介质膜，这些介质膜层利用光波在其中的反射折射及干涉现象，来达到增反、增透、分光、滤光及改变光束偏振态等各种作用。光学薄膜在近代科学技术中具有广泛的应用。下面将简单介绍多光束干涉在薄膜光学中的应用。

7.8.1　单层膜

　　图 7-44 是单层膜的结构示意图，表示在折射率为 n_G 的玻璃基底上涂覆了一层折射率为 n 的薄膜，n_0 为周围介质的折射率。薄膜层可以看做平行平板，光束将在薄膜内产生多次反射，薄膜上下表面会有一系列平行光出射，唯一的区别是薄膜两层的介质不同。仿照多光束干涉时的推导过程，不难推导出这个薄膜层的透射系数和反射系数可分别表示为

$$t = \frac{\widetilde{A}^{(t)}}{\widetilde{A}^{(i)}} = \frac{t_1 t_2}{1 + r_1 r_2 \mathrm{e}^{\mathrm{i}\delta}} \qquad (7\text{-}101)$$

$$r = \frac{\widetilde{A}^{(r)}}{\widetilde{A}^{(i)}} = \frac{r_1 + r_2 \mathrm{e}^{\mathrm{i}\delta}}{1 + r_1 r_2 \mathrm{e}^{\mathrm{i}\delta}} \qquad (7\text{-}102)$$

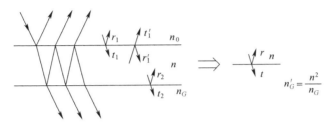

图 7-44　单层膜等效界面

式中，r_1、r_2 分别是光束在薄膜上下表面的反射系数；t_1、t_2 分别是光束在薄膜上下表面的透射系数。因此，单层膜可以等效为一个新的界面，其反射系数为 r，透射系数为 t。不考虑吸收时反射系数 R 可以表示为

$$R = |r|^2 = \frac{r_1^2 + r_2^2 + 2 r_1 r_2 \cos\delta}{1 + r_1^2 r_2^2 + 2 r_1 r_2 \cos\delta} \qquad (7\text{-}103)$$

正入射时，利用菲涅尔公式可得薄膜上下两个表面的反射系数分别为

$$r_1 = \frac{n_0 - n}{n_0 + n} \qquad (7\text{-}104)$$

$$r_2 = \frac{n_0 - n_G}{n_0 + n_G} \qquad (7\text{-}105)$$

将式（7-104）、式（7-105）代入式（7-103），得到正入射时薄膜的反射率为

$$r_{正} = \frac{(n_0 - n_G)^2 \cos^2 \dfrac{\delta}{2} + \left(\dfrac{n_0 n_G}{n} - n\right)^2 \sin\dfrac{\delta}{2}}{(n_0 + n_G)^2 \cos^2 \dfrac{\delta}{2} + \left(\dfrac{n_0 n_G}{n} + n\right)^2 \sin\dfrac{\delta}{2}} \qquad (7\text{-}106)$$

当正入射时，$\theta_0 = 0$，$n_0 = 1$，$n_G = 1.5$。而当

$$\delta = \frac{4\pi}{\lambda} n h = (2m + 1)\frac{\lambda}{4} \qquad (7\text{-}107)$$

时，$R_{正}$ 有极大值或极小值，此时 $R_{正}$ 为

$$R_{正入} = \frac{\left(\dfrac{n_0 n_G}{n} - n\right)^2}{\left(\dfrac{n_0 n_G}{n} + n\right)^2} = \left(\frac{n_0 - \dfrac{n^2}{n_G}}{n_0 + \dfrac{n^2}{n_G}}\right)^2 \qquad (7\text{-}108)$$

当膜层光学厚度 nh 为某个波长 λ 的 $(2m+1)/4$ 倍数的时候，此时膜层为 1/4 膜，当正入射时无介质膜的反射率公式为

$$R_{\text{正入}} = \left[\frac{n_0 - n_G}{n_0 + n_G} \right]^2 \qquad (7-109)$$

将 1/4 膜的反射率与正入射时无介质膜的反射率公式相比较,可以得出,1/4 膜等效界面的等效折射率用 n^2/n_G 表示。因此,镀 1/4 膜的作用相当于改变基底折射率 n_G,而且通过选择不同膜层介质的折射率 n 可以控制 n_G 的改变量,从而达到增透或增反的效果。

7.8.1.1 单层增透膜

只要膜层的折射率小于基底折射率,则镀膜后的反射率总比不镀膜小,从而起到了减反增透的作用。由式(7-109)可知,当膜层厚度满足 $n = \sqrt{n_0 n_G}$ 时,正入射时反射率为 0,起到全增透的作用。对于典型的 $n_0 = 1$,$n_G = 1.5$ 的情况,n 为 1.22 得到对光的全增透。但是目前很难找到这种材料,通常使用折射率接近的 MgF_2 材料,其折射率为 1.37,此时反射率仅为 1.3%。

7.8.1.2 单层增反膜

只要膜层的折射率大于基底的折射率,则镀膜后的反射率总比不镀膜大,从而起到增反的作用。当膜层的折射率 $n \rightarrow$ 无穷大 时,反射率 $\rho \rightarrow 1$,得到全增反的效果,这当然在实际中是做不到的。通常使用较高折射率的材料 ZnS 制作增反膜,其折射率为 2.37,这时 $\rho_{\text{正入}} = 33\%$。以上分析可以发现,单层膜可以起到增透或者增反的效果,但是受材料的限制,增透或增反效果有限,为了达到更好的增透或者增反效果,可以采用多层膜的方法。

7.8.2 多层膜

将 1/4 膜等效界面等效折射率 $n_e = n^2/n_G$ 代入式(7-109),可得

$$R_{\text{正入}} = \left(\frac{n_0 - n_e}{n_0 + n_e} \right)^2 \qquad (7-110)$$

式(7-110)表明,当 $n_0 = n_e$ 时,得到全增透效果,当 n_e 趋近于无穷大时得到全增反效果,可以把 n_e 看作一个新的基底折射率,如果继续涂镀 1/4 膜,相当于不断调整基底的等效折射率,最终达到使得膜层折射率和基底折射率相互匹配的目的,从而实现更好的增透或者增反的效果。

1. 双层增透膜

对于图 7-45 所示的 $n_0 - n_1 - n_2 - n_G$,双层 1/4 膜系,$n_1 - n_2 - n_G$ 作为等效界面时的等效折射率为

$$n_{e2} = \frac{n_2^2}{n_G} \qquad (7-111)$$

$n_0 - n_1 - n_{e2}$ 作为等效界面的等效折射率为

$$n_{e1} = \frac{n_1^2}{n_{e2}} \qquad (7-112)$$

将式(7-111)代入式(7-112)得

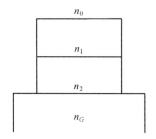

图 7-45 双层 1/4 膜系

$$n_{e1} = n_1^2 n_G / n_2^2 = n_0 \tag{7-113}$$

因此,该双层膜系,等效于 $n_0 - n_{e1}$ 的分界面,反射率为

$$R_{正入} = \left(\frac{n_0 - n_{e1}}{n_0 + n_{e1}}\right)^2 = \left(\frac{n_0 - \dfrac{n_1^2}{n_2^2} n_G}{n_0 + \dfrac{n_1^2}{n_2^2} n_G}\right)^2 \tag{7-114}$$

全增透条件为

$$n_2 = \sqrt{\frac{n_G}{n_0}} n_1 \tag{7-115}$$

与单层膜的全增透条件 $n = \sqrt{n_0 n_G}$ 相比,双层膜有两个折射率可供选择,因此更容易实现折射率匹配。

2. 多层高反膜

多层高反膜通常是由一系列的高折射率(ZnS) 1/4 膜层和低折射率(MgF_2) 1/4 膜层交替涂覆而成,整个膜系置于空气 A 中,可表示为

$$GHLHL\cdots LHA = G\,(HL)^p HA \tag{7-116}$$

式中,G 表示玻璃基底;A 表示空气;$2p+1$ 为膜数。按照前述膜系等效界面递推法,可求得反射率为

$$R_{正入} = \left(\frac{n_0 - \left(\dfrac{n_H}{n_L}\right)^{2p} \dfrac{n_H^2}{n_G}}{n_0 + \left(\dfrac{n_H}{n_L}\right)^{2p} \dfrac{n_H^2}{n_G}}\right)^2 \tag{7-117}$$

层数($2p + 1$)越大,正入射时的反射率 ρ 就越大,He-Ne 激光器 F-P 腔上的反射镜,膜层数可达 15~19 层,反射率 ρ 高达 99.6%。多层高反膜的结构见图 7-46。前面所有的讨论都是在 1/4 膜和正入射的条件下进行的。斜入射时根据菲涅尔公式,s 分量和 p 分量的反射系数不同,必须分别讨论。对 s 分量和 p 分量分别处理后,取其平均值,即为入射自然光的反射系数。还要注意的是,1/4 膜只是对某一波长而言的,对其他波长的光波面而言这个膜则不再是 1/4 膜。因此某个膜系对某一波长的光增透或增反,但对另外波长的光就不一定有增透或增反效果。

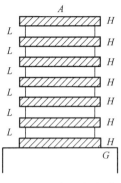

图 7-46　多层高反膜

习　题

1. 概念题

（1）干涉的必要条件为（　　　　　）、（　　　　　）、（　　　　　）。

（2）在杨氏实验中，干涉条纹是（　　　　　）。

（3）平行平板形成的圆条纹中央干涉级次（　　　　　），条纹间距（　　　　　）。

（4）若想观察到非定域干涉条纹，则首选（　　　　　）光源。

（5）平板的多光束干涉的形成条件为（　　　　　）。

（6）镀于玻璃表面的单层增透膜，选用膜层材料的折射率应该（　　　　　）。

2. 计算题

（1）双缝间距为 1mm，离观察屏 1m，用钠光灯作光源，它发出两种波长的单色光 $\lambda_1 = 589.0$nm 和 $\lambda_1 = 589.6$nm，问两种单色光的第十级亮条纹间的间距为多少？

（2）杨氏试验中，将一个长为 25mm 的充满空气的玻璃容器置于一小容器，在观察屏上得到稳定的干涉条纹。之后将容器中的空气抽出，注入某种实验气体，发现条纹系统移动了 21 个条纹。已知照明光波长为 656.2816nm，空气折射率 $n_0 = 1.000276$，求实验气体的折射率。

（3）直径为 1mm 的一段钨丝用作杨氏实验的光源，为使横向相干宽度大于 1mm，双孔必须与灯相距多远？

（4）在杨氏实验中，两小孔距离 1mm，观察屏和小孔距离 50cm，如图 7-47 所示。当用折射率 $n = 1.58$ 的透明薄片贴在其中一个小孔上时，发现接收屏上条纹移动了 0.5cm，请确定试件厚度。

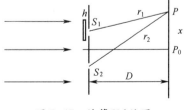

图 7-47　计算题（4）图

（5）一个 30mm 长充以空气的气室置于杨氏装置中的一个小孔前,在观察屏上观察到稳定干涉条纹,之后抽去空气,注入某种气体,发现条纹移动了 25 个条纹。已知照明光波波长 $\lambda = 653.28$nm,空气折射率 $n = 1.000276$,试求注入气室内气体折射率。

（6）在等倾干涉实验中,若照明光波波长 $\lambda = 600$nm,平板厚度 $h = 2$mm,折射率 $n = 1.5$,其下表面涂上某高折射率介质 $n_H > 1.5$,问:

① 在反射光方向观察到的圆条纹中心是亮还是暗。

② 由中心向外计算,第 10 个条纹半径是多少?（观察望远物镜焦距 20cm）

③ 第 10 个亮环处的条纹间距是多少?

（7）若光波波长为 λ ,波长宽度为 $\Delta\lambda$,相应的频率和频带宽度记为 ν 和 $\Delta\nu$,证明: $\left|\dfrac{\Delta\nu}{\nu}\right| = \left|\dfrac{\Delta\lambda}{\lambda}\right|$ 。对于 $\lambda = 632.8$nm 的氦氖激光,波长宽度 $\Delta\lambda = 2 \times 10^{-8}$nm ,求频率宽度和相干长度。

（8）在等倾干涉实验中,若平板厚度和折射率分别是 $h = 3$mm 和 $n = 1.5$,望远镜的视场角为 6°,光波长 $\lambda = 450$nm ,问通过望远镜能看到几个亮条纹?

（9）将一个波长稍小于 600nm 的光波与一个波长为 600nm 的光波在 F-P 干涉仪上比较,当 F-P 干涉仪两镜面间距改变 1.5mm 时,两光波的条纹就重合一次,试求未知光波长。

（10）F-P 标准具的间隔为 2.5mm,问对于 $\lambda = 500$nm 的光,条纹系中心的干涉级是多少? 如果照明光波包含波长 $\lambda = 500$nm 和稍小于 550nm 的两种光波,它们的环条纹间距为 1/100 条纹间距,问未知光波波长是多少?

（11）在玻璃基片上（$n_G = 1.52$）涂镀硫化锌薄膜（$n = 2.38$）,入射光波波长 $\lambda = 500$nm ,求正入射时给出最大反射比和最小反射比的膜厚及相应的反射比。

第8章 光的衍射

光的波动性的重要标志除了干涉现象外,还有光的衍射现象,这也是光波在传播光程中的重要属性之一,其广泛应用于现代光学技术中。本章将在衍射的基本概念和惠更斯-菲涅尔定理基础上,讨论菲涅尔衍射和夫琅禾费衍射,重点分析夫琅禾费衍射的应用,并介绍衍射光栅以及光学成像系统的分辨本领。

8.1 衍射的基本概念及惠更斯-菲涅尔原理

8.1.1 衍射的基本概念

如图 8-1 所示,从点光源 S 发出的光波,在传播过程中遇到遮光屏 M 时,按照几何光学的观点,光在均匀的介质中沿直线传播,在 M 之后的屏幕 E 上将形成清晰的几何影区,即在影区内(图中的 $P_0 P'$ 区域),一片黑暗,而在影区外(固中的 $P_0 P''$ 区域),有均匀的光强。然而,仔细观察发现:屏幕上的明亮区域比光的直线传播所估计的要大,而且在明亮区域的边缘处有明暗相间的光强分布。同时还发现,光在前进中遇到其他形状的障碍物如圆孔、圆盘、单缝、细丝、多缝时,都有类似的现象发生。更奇妙的是:当障碍物圆盘的半径足够小时,在屏幕上圆盘的几何影中心竟然出现一个亮点。以上这些现象表明:光在均匀介质传播过程中,遇到障碍或小孔时会产生偏离直线行进而绕过障碍物,进入几何影区内,并在几何影边缘出现明暗相间的光强分布,这种现象称为光的衍射现象。导致衍射现象产生的障碍物(如遮光屏 M)称为衍射屏。

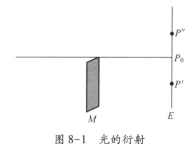

图 8-1 光的衍射

声波、水波、无线电波的衍射,人们早就习以为常。在房间内,人们即使不能直接看见窗外的发声物体,却能听到窗外传来的喧闹声。在一堵高墙两侧的人,也能听到对方的声音,这些均是声波的衍射现象。光的衍射现象与光的干涉现象实质上都是相干光波叠加引起的光强重新分布,而不同之处在于:干涉现象是有限个相干光波叠加,而衍射现象则是无限多相干光波叠加的结果。

衍射的发生,最初认为是由于光波在空间传播遇到障碍物(如狭缝、孔、屏)时,其波面(或波前)受到障碍物体的限制、分割而使波面发生破损造成的。但是,实际上波面的任何变形(通过相位物体)或者说波面(波前)上光场的复振幅分布受到任何空间调制,都将导致衍射现象的发生,而使障碍物后的光场的复振幅重新分布。

如图 8-2 所示,由光源、衍射屏和接收屏构成一个衍射系统的基本配置。假设光波在衍射屏前的复振幅分布为 $\widetilde{E}_0(x_1,y_1)$,刚刚透过衍射屏时的复振幅分布为 $\widetilde{E}(x_1,y_1)$,并且有

$$\widetilde{E}(x_1,y_1) = \widetilde{E}_0(x_1,y_1)t(x_1,y_1) \tag{8-1}$$

上式表明,被衍射屏调制的光场 $\widetilde{E}_0(x_1,y_1)$ 在传播中将发生衍射,在接收屏上得到完全不同于 $\widetilde{E}(x_1,y_1)$ 的新振幅分布 $\widetilde{E}(x,y)$。式中, $t(x_1,y_1)$ 称为衍射屏的复振幅透射系数,其反映了衍射屏对照射在屏面上光波的复振幅分布 $\widetilde{E}_0(x_1,y_1)$ 的分割、调制作用。通常情况下它是一个复值函数,可以表示为

$$t(x_1,y_1) = A(x_1,y_1)\exp[\mathrm{i}\varphi(x_1,y_1)] \tag{8-2}$$

式中, $A(x_1,y_1)$ 为振幅; $\varphi(x_1,y_1)$ 为相位。

实际中经常要处理的衍射问题分为以下三类:

第一类:已知照明光场的分布和衍射屏的特性,求接收屏上的衍射光场的分布。

第二类:已知衍射屏的特性和衍射光场的分布,去了解照明光场的某些特性。

第三类:已知照明光场的分布和接收屏上所需要的衍射光场的分布,设计、计算衍射屏的结构并制造出所需要的光学元件。此类也是最常见的一类。

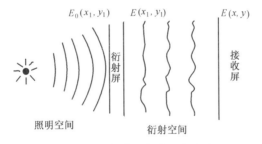

图 8-2　衍射系统中的三个波前

8.1.2　衍射与干涉的区别与联系

从物理意义上讲,衍射和干涉有什么联系和区别呢?下面将进行介绍。

当参与叠加的各束光本身的传播行为可近似用几何光学直线传播的模型描述时,这个叠加问题是纯干涉问题;若参与叠加的各束光本身的传播明显地不符合几何光学模型,则应该说,对每一光束而言都存在着衍射,而各光束之间则存在干涉关系,所以在一般问题中,干涉和衍射两者的作用是同时存在的。例如当干涉装置中的衍射效应不能略去时,则干涉条纹的分布要受到单缝衍射因子的调制,各干涉级的强度不再相等。

但从根本上讲,干涉和衍射两者的本质都是波的相干叠加的结果,只是参与相干叠加的对象有所区别,干涉是有限的几束光的叠加,而衍射则是无穷多个次波的相干叠加,前

者是粗略的叠加,后者是精细的叠加。其次,出现的干涉和衍射花样都是明暗相间的条纹,但在光强分布(函数)上有间距均匀与相对集中的不同。最后,在处理问题的方法上,从物理角度来看,考虑叠加时的中心问题都是位相差;从数学角度来看,相干叠加的矢量图由干涉的折线过渡到衍射的连续弧线,由有限项求和过渡到积分运算。总之,干涉和衍射是本质上统一,但在形成条件、分布规律和数学处理方法上略有不同而又紧密关联的同一类现象。

8.1.3 惠更斯-菲涅尔原理

1690 年惠更斯为了说明波在空间传播的规律,曾提出一种假设:波阵面上的每一点都可以看做一个发出球面波的次级波源,这些次级波源球面波的包络,就构成以后的传播过程中新的波球面。

菲涅尔吸收了惠更斯关于"次波"的假设,补充了对次波的位相和振幅的定量描述,增加了次波相干叠加的思想,从而发展成为著名的惠更斯-菲涅尔原理。具体表述如下:在给定时刻,波振面上的每一点都起着次级球面子波(频率与初波相同)波源的作用,在空间某一点 P 的振动是所有这些次波在该点相干叠加的结果。下面导出标量波对惠更斯-菲涅尔原理的数学表达式。

考察单色点光源 S 对空间任意一点 P 的作用。如图 8-3 所示,选取 S 和 P 之间一个波面 Σ' ,并以波面上各点发出的次波在 P 点相干叠加的结果代替 S 对 P 的作用。设单色点光源 S 在波面 Σ' 上任一点 Q 产生的复振幅为

$$\widetilde{E}_Q = \frac{A}{R}\exp(ikR) \tag{8-3}$$

式中,A 是离光源单位距离处的振幅;R 是波面 Σ' 的半径。

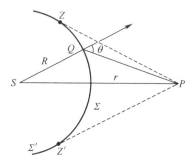

图 8-3　点光源 S 对 P 点的作用

为了利用式(8-3)计算具体的衍射过程,菲涅尔进一步假设:由波面 Σ 上任意处小面元 $d\sigma$ 发出的次波,在传到 P 点引起振动的振幅和位相将满足以下关系:

(1) 面元 $d\sigma$ 发出的次数波在 P 点产生的复振幅与入射光波在面元上的复振幅 $\widetilde{E}_Q$、面元的大小和倾斜因子 $K(\theta)$ 成正比。倾斜因子 $K(\theta)$ 表示次波在 P 点产生的复振幅随面元 $d\sigma$ 法线方向与 QP 之间的夹角 θ 的变化而变化,它表明由面元发出的次波不是各向同性的。随着夹角 θ 增大,则 $K(\theta)$ 值逐渐减小,当 $\theta = 0$ 时,$K(\theta) = 1$ 有最大值;当 $\theta \geq \pi/2$ 时,$K(\theta) = 0$,表示不存在向后退的次波。

(2) 光波在 P 点的位相相对波面 Σ 的滞后量为 $\varphi = 2\pi/\lambda\delta$ 。式中,$\delta = nr$ 。根据以上

假设,波面 Σ 上的面元发出的次波对点 P 产生的复振幅总和为

$$\widetilde{E}(P) = \frac{CA\exp(ikR)}{R}\iint\limits_{\Sigma}\frac{\exp(ikr)}{r}K(\theta)\mathrm{d}\sigma \tag{8-4}$$

这就是惠更斯-菲涅尔原理的数学表达式,式中,C 为一常数。

8.1.4 菲涅尔-基尔霍夫衍射公式

菲涅尔只是凭直觉对以上做出的假设,利用式(8-4)对一些简单形状孔径的衍射现象进行计算时,虽然计算出的衍射光强分布与实际的结果符合得很好,但是其理论本身并不十分严格,而且他也未能给出倾斜因子 $K(\theta)$ 和常数 C 的具体表达式。60 余年后,基尔霍夫从波动微分方程出发,利用场论中的格林(Green)积分定理及电磁场的边值条件,将齐次波动方程在场中任一点 P 的解用 P 点周围任一闭合曲面上所有各点的解及其一次微分来表示,给惠更斯-菲涅尔原理找到了较完善的数学表达式,确定了倾斜因子 $K(\theta)$ 的具体表达式。如图 8-4(a)所示,倾斜因子和比例常数分别为

$$K(\theta) = \frac{\cos(n,r) - \cos(n,l)}{2}, C = \frac{1}{\mathrm{i}\lambda} \tag{8-5}$$

式中,(n,r) 和 (n,l) 分别为孔径面 Σ 的法线与 l 和 r 方向的夹角。比例常数 C 中因子 $1/\mathrm{i} = \exp(-\mathrm{i}\pi/2)$ 表示次波振动相位超前于入射波 $80°$。有了倾斜因子和比例常数的表达式,则菲涅尔-基尔霍夫衍射公式可写为

$$\widetilde{E}(P) = \frac{A}{\mathrm{i}\lambda}\iint\limits_{\Sigma}\frac{\exp(ikl)}{l}\frac{\exp(ikr)}{r}\left[\frac{\cos(n,r) - \cos(n,l)}{2}\right]\mathrm{d}\sigma \tag{8-6}$$

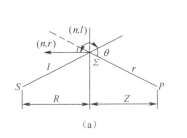 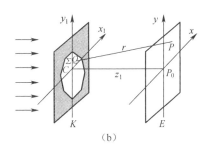

(a) (b)

图 8-4 平面衍射屏的衍射

当利用式(8-6)来计算衍射问题时,由于被积函数比较复杂,很难以解析形式求出积分,通常要根据具体情况作某些近似处理。如果点光源离开孔径足够远,则入射光可以看成垂直入射到孔径的平面波(图 8-4(b))。此时,$l = R$,$\exp(ikl)/l$ 可视为一常数,$\cos(n,l) = -1$;同时在傍轴近似的条件下,有 $\cos(n,r) = \cos\theta$,因此倾斜因子 $K(\theta) = (1 + \cos\theta)/2$。

菲涅尔-基尔霍夫衍射公式假设了衍射孔径由单个发散球面(波长为 λ)照明,显然对更普遍的孔径照明情况也是成立的。这种普遍性实际寓于上述较特殊的情况之中,因为任意照明的情况总是可以分解为(可能是无穷多个)点源(或波长)的集合,而由于波动方程的线性性质,可对每一个点源(或波长)应用这个公式。

8.1.5 巴比涅原理

基于基尔霍夫衍射理论,还可以得出关于互补屏衍射的一个有用原理。所谓互补屏,是指这样两个衍射屏,其一的通光部分正好对应另一个的不透光部分,反义亦然。如图 8-5(a)和(b)就是一对互补屏。图(a)表示一个开有圆孔的无穷大的不透明屏,图(b)表示一个大小与圆孔相同的不透明屏。

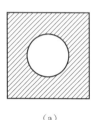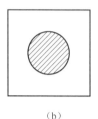

(a)   (b)

图 8-5 两个互补屏

设 $\widetilde{E}_a(P)$、$\widetilde{E}_b(P)$ 分别表示两个互补屏单独放在光源和考察点 P 之间时 P 点的复振幅,$\widetilde{E}(P)$ 表示两个屏都不存在时考察点 P 的复振幅。那么按照式(8-6),$\widetilde{E}_a(P)$、$\widetilde{E}_b(P)$ 可表示成两个互补屏各自通光部分的积分,而两个屏的通光部分合起来正好和不存在屏时一样,所以有

$$\widetilde{E}(P) = \widetilde{E}_a(P) + \widetilde{E}_b(P) \tag{8-7}$$

此式表示两个互补屏单独产生的衍射场的复振幅之和等于没有屏时的复振幅。这一结果称为巴比涅原理。

由巴比涅原理,如 $\widetilde{E}(P) = 0$,则有 $\widetilde{E}_a(P) = -\widetilde{E}_b(P)$。这表示在 $\widetilde{E}(P) = 0$ 的那些点,$\widetilde{E}_a(P)$ 和 $\widetilde{E}_b(P)$ 的相位差为 π。强度 $I_a = |\widetilde{E}_a(P)|^2$ 和 $I_b = |\widetilde{E}_b(P)|^2$ 相等。也就是在 $\widetilde{E}(P) = 0$ 的那些点,两个互补屏单独产生的衍射图样的强度相等。利用互补屏的衍射特性,可以用衍射方法方便地测量细丝的直径。

8.2 菲涅尔衍射

对于菲涅尔衍射,采用一些定性或半定量的方法可以较方便地得出衍射图样的某些特征,其中菲涅尔半波带法就是常用的一种方法。

8.2.1 菲涅尔半波带法

半波带法是处理次波相干叠加的一种重要方法。菲涅尔衍射式本身要求对波面做无限分割然后积分,而半波带法则用较粗糙的分割来代替,将菲涅尔衍射式中的积分转化为有限项求和,从而大大简化了求解过程。半波带法虽然是一种近似方法,但是,它简便、直观,对于定性分析衍射图样的特征十分适用。

首先介绍如何用半波带法分割波面。如图 8-6 所示，由单色点光源 S 发出的球面光波，被一个开有圆孔的遮光屏 BB 阻挡。设光在圆孔处露出的波面半径为 R，P_0 为光源 S 和圆孔的中心连线的延长线与屏幕 E 的交点（为轴上点），圆孔处的球波面顶点 b_0 到 P_0 的距离为 r_0，现在考虑轴上点 P_0 的光强，为此，则以 P_0 为公共顶点，以 $r_0 + 1/2\lambda$，$r_0 + 2/2\lambda$，$r_0 + 3/2\lambda$，$\cdots$，$r_0 + j/2\lambda$ 为半径，分别在圆孔露出的波面上截圆。

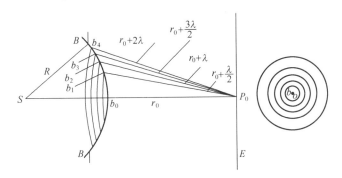

图 8-6 菲涅尔圆孔衍射

这样，圆孔处露出的波面被分割成一个球冠和若干个球带形面元（称为波带元）。由于各相邻面元上的对应点波源（如图中的 b_0 与 b_1、b_2 与 b_3，等等）在传播到 P_0 时的光程差均为半个波长，所以，用以上分割法得到的波带元，称为菲涅尔半波带，简称波带。显然 P_0 点复振幅就是各个波带发出的子波在 P_0 点产生的复振幅的叠加。如果知道各波带到 P_0 点的振幅和相位，就可以求出 P_0 点的光场。先考虑各波带在 P_0 点产生的振幅大小，由于使用均匀单色平面波照明开孔，所以各波带在 P_0 点产生的振幅 a_j 的大小与其面积成正比，反比于该波带到 P_0 点的距离 r_j，还与该波带相对 P_0 点的倾斜因子 $K(\theta)_j$ 有关。即

$$a_j \propto k(\theta)_j \frac{\Delta s_j}{r_j} \tag{8-8}$$

如图 8-7 所示，阴影部分为以 r_j 为半径截取的球冠，球冠面积为

$$s_j = 2\pi Rh = 2\pi R^2(1 - \cos\alpha) \tag{8-9}$$

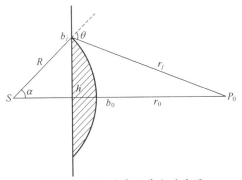

图 8-7 以 r_j 为半径截取的球冠

根据余弦定理，可得

$$\cos\alpha = \frac{R^2 + (R + r_0)^2 - r_j^2}{2R(R + r_0)} \tag{8-10}$$

由式(8-9)和式(8-10)可得

$$\frac{ds_j}{r_j} = \frac{2\pi R r_j}{R + r_0} \tag{8-11}$$

由于 $r_j \gg \lambda$,若令 $dr_j = \frac{\lambda}{2}$,则相应的 ds_j 可视为第 j 个波带的面积,用 Δs_j 表示。因此有

$$\frac{\Delta s_j}{r_j} = \frac{\pi R \lambda}{R + r_0} \tag{8-12}$$

从上式可以看出,比值 $\frac{\Delta s_j}{r_j}$ 与波带的序数 j 无关。则影响 a_j 大小的因素,就只剩下倾斜因子 $K(\theta)_j$ 。下面分析 $K(\theta)$ 对振幅 a_j 的影响。随着波带序数 j 的增大, θ 角缓慢地递增,根据菲涅尔假设, $K(\theta)_j$ 缓慢递减。因此,振幅 a_j 随波带序数 j 的增大缓慢递减。对于这个单调缓减的数列,可以近似认为

$$\begin{cases} a_2 = \frac{1}{2}(a_1 + a_3) \\ a_4 = \frac{1}{2}(a_3 + a_5) \\ \cdots \end{cases} \tag{8-13}$$

根据惠更斯-菲涅尔原理,波带所发射的次波都是相干波, P_0 点的光强取决于它们在该点的叠加结果。由于两相邻波带中各对应点波源到 P_0 点的光程差均为 $\lambda/2$,故位相差均为 π ,因此,振动的合成结果是彼此相消,也就是说它们对 P_0 点合振幅的贡献是一正一负。所以,光波在通过圆孔障碍屏后传到 P_0 点的合振动振幅可表示为

$$A(P_0) = a_1 - a_2 + a_3 - a_4 + \cdots \pm a_j \tag{8-14}$$

式中,最后一项的正负号,视分割波面所得的波带数目 j 而定。若 j 为奇数取正号, j 为偶数则取负号。将式(8-13)代入式(8-14),当 j 为奇数时,将奇数项都等分为两项,即

$$A_{P_0} = \frac{a_1}{2} + \left(\frac{a_1}{2} - a_1 + \frac{a_3}{2}\right) + \left(\frac{a_3}{2} - a_4 + \frac{a_5}{2}\right) + \cdots + \left(\frac{a_1}{2} - a_{j-1} + \frac{a_j}{2}\right) = \frac{a_1}{2} + \frac{a_j}{2} \tag{8-15}$$

同理,当 j 为偶数时

$$A_{P_0} = \frac{a_1}{2} + \left(\frac{a_1}{2} - a_1 + \frac{a_3}{2}\right) + \left(\frac{a_3}{2} - a_4 + \frac{a_5}{2}\right) + \cdots + \left(\frac{a_{j-3}}{2} - a_{j-2} + \frac{a_{k-1}}{2}\right) + \frac{a_{j-1}}{2} - a_j$$

$$= \frac{a_1}{2} - \frac{a_{j+1}}{2} \tag{8-16}$$

当 k 趋近于无穷大时, $a_{j+1} \approx a_j$,因此有

$$A_{P_0} = \frac{a_1}{2} - \frac{a_j}{2} \tag{8-17}$$

将式(8-15)与式(8-17)合在一起,有

$$A_{P_0} = \frac{a_1}{2} \pm \frac{a_j}{2} \tag{8-18}$$

这就是点 P_0 的振幅式。式中 j 为奇数时取正号，j 为偶数时则取负号。

下面用菲涅尔波带法和图解法讨论菲涅尔圆孔和圆屏衍射现象。

8.2.2 菲涅尔圆孔衍射

从式(8-18)可见，只要知道圆孔露出的半波带数目，就可以确定 P_0 点的振幅和光强，进而确定它是亮点或者暗点。当波带数 j 不大时，由于倾角 θ 的变化甚小，各次波在 P_0 点的振幅近似相等。因此 $a_1 \approx a_j$。代入式(8-18)，当 j 为奇数时，得

$$A_{P_0} = a_1 \ , \ I_{P_0} = a_1^2 \tag{8-19}$$

当 j 为偶数时，得

$$A_{P_0} = 0 \ , \ I_{P_0} = 0 \tag{8-20}$$

以上结果表明，当圆孔露出为数不多的奇数个波带时，P_0 是一个亮点，其光强相当于第一个波带在该点的作用效果；当圆孔露出的波带数 j 为不大的偶数时，P_0 是一个光强接近为零的暗点。若去掉障碍屏，光波以整个波面无遮蔽地传到 P_0 点，相当于障碍屏上圆孔的直径趋于无限大，或者可认为圆孔处露出的波带数 j 趋于无限大的情况。这时将 $a_j \to 0$ 代入式(8-18)，得

$$A_{P_0} = \frac{a_1}{2}, I_{P_0} = \frac{a_1^2}{4} \tag{8-21}$$

这表明，光波以整个波面无遮蔽地自由传播时，轴上任意点都是亮点，且光强度不变，相当于第一个波带在 P_0 点的光强的 1/4。由于一个波带的面积非常小，例如，波长为 5000×10^{-10} m 的绿光，当 R、r_0 均为 1m 时，一个波带的面积仅为 3/4 mm²，相当于光束的半径为 0.5mm。这时，光的传播实际上完全可看作是沿 SP_0 的直线进行。可见，光的直线传播只是波带数 j 趋无限大时衍射现象的一个极限情况。此时，几何光学和波动光学是统一的。

不在圆孔中心和光源 S 连线的任一点 P_0'（图 8-8(a)）的振幅，可以用菲涅尔半波带法分析。不过这时菲涅尔半波带的中心不在 b_0 而在 b_0'，这时 P_0' 点的振幅不仅取决于半波带的数目，而且还与各个带露出面积大小有关(图 8-8b)。精确计算 P_0' 点的合成振动的振幅是很复杂的，很显然，当 P_0' 逐渐离开 P_0 点时，有些地方的光强度较大，另一些地方的光强度较小。由于整个图形具有回转对称性，所以 P_0 点周围呈现出亮暗交替的圆形条纹。

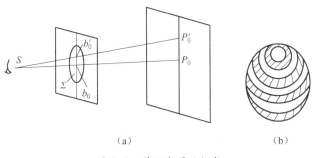

(a) (b)

图 8-8 菲涅尔圆孔衍射

8.2.3　菲涅尔圆屏衍射

如图 8-9 所示,若将障碍物换成一个小圆屏,其半径等于前述的小圆半径,设其为 ρ_j。将球面光波分成菲涅尔半波带,不过这时对 P_0 点起作用的是未被圆盘遮住的第 $(j + 1)$ 个半波带以后的所有半波带,即

$$A_{P_0} = a_{j+1} - a_{j+2} + a_{j+3} - \cdots \tag{8-22}$$

仿照前述的处理方法,可写成

$$A_{P_0} = \frac{a_{j+1}}{2} + \left(\frac{a_{j+1}}{2} - a_{j+2} + \frac{a_{j+3}}{2}\right) + \left(\frac{a_{j+3}}{2} - a_{j+4} + \frac{a_{j+5}}{2}\right) + \cdots \tag{8-23}$$

无论 j 为奇数还是偶数,在所讨论的情况下,注意到式(8-21),都会得到

$$A_{P_0} = \frac{a_{j+1}}{2} \tag{8-24}$$

可见,只要圆屏半径较小,$(j + 1)$ 为不大的有限值,从而 a_{j+1} 还有一定大小时,观察屏上 P_0 点永远是亮点。显然,这种现象是几何光学无法解释的。但并不表示在一切情况下几何光学与波动光学都是不一致的。当 $(j + 1)$ 为较大值时,它将遮住众多的半波带,而使第 $(j + 1)$ 个半波带在 P_0 点产生振动的振幅 a_{j+1} 接近于零。所以,P_0 点实际上是暗点,这又与几何光学的结论一致了。

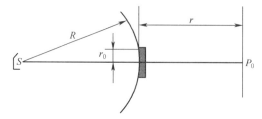

图 8-9　菲涅尔圆屏衍射

8.3　夫琅禾费衍射

菲涅尔圆孔和直边衍射都是不需要用任何仪器就能直接观察到的衍射现象。在这种情况下,观察点和光源(或其中之一)都与障碍物相隔一定的有限距离,在计算光程和叠加后的光强等问题时,都难免遇到复杂的数学运算。夫琅禾费在 1821—1822 年间研究了观察点和光源距障碍物都是无限远(平行光束)时的衍射现象。夫琅禾费衍射是远场衍射,需要把观察屏放置在离衍射孔径很远的地方。通常采用图 8-10 所示的系统作为夫琅禾费衍射实验装置。所谓光源在无限远,实际上就是把光源置于第一个透镜的焦平面上,使之成为平行光束;所谓观察点在无限远,实际上是在第二个透镜的焦平面上观察衍射花样。这里假设单色点光源 S 发出的光波经过透镜 L_1 准直后垂直地照射到孔径 Σ 上。孔径 Σ 紧贴透镜 L_2 的前表面放置,在透镜 L_2 的后焦面上观察孔径 Σ 的夫琅禾费衍射。在这种情况下计算衍射花样中光强的分布时,数学运算就比较简单。在使用光学仪器的多数情况中,光束总是要通过透镜的,因而这种衍射现象经常会遇到。而且由于透镜的会

聚,衍射花样的光强将比菲涅尔衍射花样的光强大大增加。

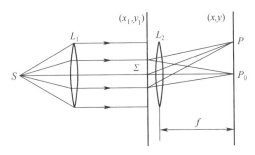

图 8-10　夫琅禾费衍射实验装置

8.3.1　夫琅禾费单缝衍射

夫朗禾费单缝衍射的实验装置如图 8-11 所示。单色线光源 S（其长度方向垂直于图面）置于透镜 L_1 的物方焦平面上。由线光源 S 上每一点发出的光,经 L_1 后以平行光投射在狭缝 K 上。通常,将透镜 L_2 紧靠狭缝之后放置,在 L_2 的像方焦平面上放置屏幕 E,当狭缝宽度适当时,屏幕 E 上将呈现一组平行于狭缝的明暗相间的直条纹。若将线光源换成单色点光源,屏上将出现 E' 上所示的衍射花纹。其条纹特点为屏的中央条纹较宽较亮,两旁则对称分布着明暗相间的条纹,其整体亮度比中央条纹暗得多。

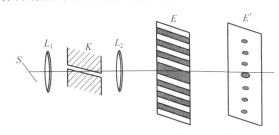

图 8-11　夫朗禾费单缝衍射的实验装置

8.3.1.1　单缝衍射的光强表达式

如图 8-12 所示,在平行光照射下,单缝露出的波面截面 AB 上的各点,都是发射次波的波源,这些次波将向各个方向传播。其中,沿平行于光轴方向的一组次波,在通过透镜 L_2 后,会聚于屏中央 P_0 点(即透镜 L_2 的像方焦点)。由于这组次波在 AB 上的相位相同,从 AB 传到 P_0 的光程也相等,因此,P_0 呈现为亮点。过 P_0 点的条纹称为中央明纹。屏幕 E 上其他点,例如 P 点,由于它位于透镜 L_2 的像方焦平面上,一组和光轴成 θ 角(称为衍射角)的次波经 L_2 后将会聚于该点。这组次波从 AB 传到 P 的光程显然不等,最大光程差 $\Delta_m = a\sin\theta$,其值随次波衍射角 θ 的增大而增大。因此,屏幕上各点的光强也随之改变。

先用振幅矢量合成法研究单缝衍射的光强分布规律。将单缝处露出的波面,沿平行子缝长方向划分成若干个宽度相等的平行窄条为波带元。假设相对 P 点,共划分成 j 个波带元,设 $a_1,a_2,a_3,\cdots,a_j$ 分别表示从单缝上边缘算起第一、第二、第三、……、第 j 个波带元在 P 点的振幅。由于这些波带元在 P 点的相位不同,故 P 点的合振幅 A_P 应通过振幅矢量合成法求得。

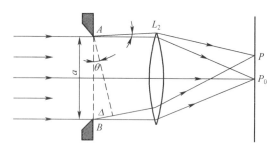

图 8-12　平行光入射单缝时产生的衍射

用振幅矢量合成法求 P 点的合振幅 A_P，首先需了解各分振幅矢量的大小和相位情况。根据惠更斯-菲涅尔原理可以分析各分振幅大小的变化趋势。在夫琅和费单缝衍射中，各波带元的面积相等，它们对 P 点的倾斜因子 $K(\theta)$ 也相同，因此，各分振幅大小的差异仅取决于各波带元到 P 点的距离是否相等。由图 8-13 可见，尽管距离各不相同，但是，即使单缝最上方与最下方两边缘处的波带元，它们到 P 点的距离之差 $a\sin\theta$ 也只是微小量。因此，距离之差对各分振幅的影响也可以忽略。综上分析可以认为：各波带元在 P 点的振幅相等，即

$$a_1 = a_2 = a_3 = \cdots = a_j = a$$

再分析各分振幅矢量在 P 点相位的变化规律。因为各波带元在单缝平面处的相位相同，它们在 P 点的相位差完全由各自经历不同的光程引起：由于波带被等分，且倾斜因子 $K(\theta)$ 也相等，故各相邻波带元在 P 点的相位差均相等。鉴于以上分析，在作振幅矢量合成时，可令各分振幅矢量的模长相等，相邻振幅矢量间的转角相等，而首尾两振幅矢量间的转角就等于单缝上下两边缘处波带元在 P 点的位相差，即最大相位差 δ_m。若整个装置位于空气中，由于

$$\Delta_m = a\sin\theta \tag{8-25}$$

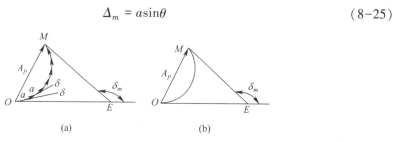

图 8-13　振幅矢量合成法求 P 点振幅

则

$$\delta_m = 2\pi \frac{\Delta_m}{\lambda} = 2\pi \frac{a\sin\theta}{\lambda} \tag{8-26}$$

若将单缝处波面等分成 8 个窄条波带元，其振幅矢量合成曲线如图 8-13(a)所示，合振幅 A_P 等于折线的首尾连线 OM 的长度。若将波面划分成无数多个无限窄的微波带元，则相应的振幅矢量合成曲线就演变成如图 8-13(b)所示的光滑圆弧线。

利用振幅矢量合成曲线，可以定性分析单缝衍射光强的分布规律。例如，对于屏幕中央 P_0 点，由于 $\theta = 0$，则 $\delta_m = 0$。因此，振幅矢量合成曲线为如图 8-14(a)所示的直线，P_0 点的合振幅 A_{P_0} 等于该直线的长度。显然 P_0 呈现为亮点，且光强最强。

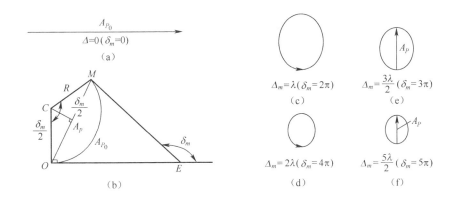

图 8-14　单缝衍射光强的分布

随着 θ 角的增大(屏幕上 P 点远离屏中央),振幅矢量合成曲线由直线弯曲成圆心角为 δ_m 的圆弧线。连接圆弧线两端点并指向其末端的有向线段 OM 即是 P 点的合振幅矢量,如图 8-14(b)所示。由图可见,随着 θ 角的增大,δ_m 也相应增大,圆弧就卷曲得厉害。当 θ 值增大到使 $\Delta_m = \lambda$,即 $\delta_m = 2\pi$ 时,首尾两分振幅矢量的方向再次取得一致,长度为 A_P 的矢量合成曲线刚好卷成一个封闭圆,如图 8-14(c)所示。这时 $A_P = 0$,$P(\theta)$ 处呈现暗点,对应屏幕上第一级暗纹。余下类推,当 θ 值增大到使 $\delta_m = 2\pi,6\pi,8\pi,\cdots$ 时,长度为 A_P 的矢量合成曲线依次被卷成二圈、三圈、四圈……半径愈来愈小的封闭圆,与这些 θ 值相对应的衍射光在屏幕上的会聚点 $P(\theta)$ 将依次呈现暗点,分别对应各级暗纹。同理,若屏幕上 $P(\theta)$ 处所对应衍射光的光程差分别为 $\Delta_m = 3/2\lambda,5/2\lambda,\cdots$,即位相差分别为 $\delta_m = 3\pi,5\pi,\cdots$ 时,长度为 A_0 的矢量曲线依次被卷成一圈半、二圈半、……半径愈来愈小的圆弧线,则合振幅 A_P 分别如图 8-14(e)、(f)所示。显然,与这些 θ 值相对应的衍射光在屏幕上 $P(\theta)$ 处会聚叠加,形成了其他各级明纹。显然,中央明纹的光强度最大,其他各级明纹的光强度随级次的增大而急剧下降。

下面利用图 8-14(b)的几何关系,导出单缝衍射花样的光强式。可以看出,合成曲线的圆弧线的长度 A_{P_0} 等于屏中央 P_0 点的振幅,而弦的长度 A_P 等于屏幕上 $P(\theta)$ 点的振幅。两者之比为

$$\frac{A_P}{A_{P_0}} = \frac{2R\sin\dfrac{\delta_m}{2}}{R\delta_m} = \frac{\sin\dfrac{\delta_m}{2}}{\dfrac{\delta_m}{2}} \tag{8-27}$$

令 $\alpha = \dfrac{\delta_m}{2}$ 为单缝宽度方向上两边线处波带元在 $P(\theta)$ 处的位相差之半,即

$$\alpha = \frac{\delta_m}{2} = \frac{a\pi\sin\theta}{\lambda} \tag{8-28}$$

则 $P(\theta)$ 处的振幅为

$$A_P = A_{P_0}\frac{\sin\alpha}{\alpha} \tag{8-29}$$

$P(\theta)$ 处的光强为

$$I_P = I_{P_0}\left(\frac{\sin\alpha}{\alpha}\right)^2 \tag{8-30}$$

式中，I_{P_0} 为屏中央 P_0 处的光强。式(8-30)就是夫琅禾费单缝衍射的光强表达式。对于屏幕上任意点 $P(\theta)$，只要将会聚在该处的衍射光所对应的 θ 值代入式(8-28)，求得相应的相位差参量 α 值，再把 α 值代入式(8-29)和式(8-30)，即可求得该点的合振幅 A_P 和光强度 I_P。

8.3.1.2 光强分布规律的讨论

为确定单缝衍射图样中光强的极大值与极小值位置，令 $\mathrm{d}I_P/\mathrm{d}\alpha = 0$，即

$$\frac{\mathrm{d}I_P}{\mathrm{d}\alpha} = 2I_{P_0}\left(\frac{\sin\alpha}{\alpha}\right)\left(\frac{\alpha\cos\alpha - \sin\alpha}{\alpha^2}\right) = 0 \tag{8-31}$$

可得极值方程

$$\begin{cases} \sin\alpha = 0 \\ \tan\alpha = \alpha \end{cases} \tag{8-32}$$

下面从极值方程出发导出各级明(暗)纹的位置。

1. 中央明纹位置

由式(8-32)可知，$\alpha = 0$ 为一极值点，将 $\alpha = 0$ 代入式(8-30)，由

$$\lim_{\alpha\to 0}\left(\frac{\sin\alpha}{\alpha}\right) = 1 \tag{8-33}$$

可得，$I_P = I_{P_0}$。光强取最大值的明纹位于屏中央处，P_0 处就是中央明纹的中心位置，光强最大值 $I_{P_0} = A_{P_0}{}^2$。

2. 各级暗纹位置

由式(8-32)可知，$\alpha = \pm k\pi, (k = 1,2,3,\cdots)$，也满足极值方程，此时把 α 值代入式(8-31)，得

$$I_P = I_{P_0}\left(\frac{\sin\alpha}{\alpha}\right)^2 = I_{P_0}\left(\frac{\sin k\pi}{k\pi}\right)^2 = 0 \tag{8-34}$$

这表明，屏幕上凡满足以上 α 值条件各点的光强均取极小值，称为各级暗纹。将相应的 α 值代入式(8-28)，求得各级暗纹的位置为

$$\sin\theta = \pm k\frac{\lambda}{a}, (k = 1,2,3,\cdots) \tag{8-35}$$

3. 各级次极大明纹位置

在两相邻的极小之间必有一个次极大，称为次极大明纹。它们的位置可由式(8-34)确定。式(8-32)是一个超越方程，通常用作图法求解。在同一坐标系下画出直线 $y = \alpha$ 和正切曲线 $y = \tan\alpha$，如图 8-15 中的

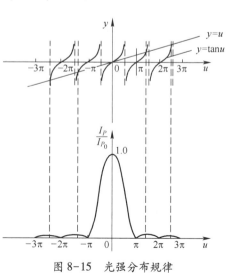

图 8-15　光强分布规律

上图所示两条图线的一系列交点在横坐标上的投影值为方程的解。即 $\alpha = \pm 1.430\pi$，$\pm 2.458\pi$，$\pm 3.471\pi$，$\cdots$ 将以上 α 值代入式(8-35)，求得各级次极大明纹的 $\sin\theta$ 值，再将 α 值代式(8-30)，求得各级次极大明纹的光强度，见表8-1。单缝衍射图样的光强分布曲线如图8-15中的下图所示，各级明(暗)纹所对应的 α 值、$\sin\theta$ 值以及相对光强值见表8-1。

表8-1　各级明(暗)纹所对应的 α 值、$\sin\theta$ 值以及相对光强值

条纹序号	$\alpha = \pi/\lambda\,a\sin\theta$	$\sin\theta$	I_P/I_{P_0}
中央亮纹	0	0	1
第一级暗纹	π	λ/a	0
第一级明纹	1.43π	$1.43\lambda/a$	0.0468
第二级暗纹	2π	$2\lambda/a$	0
第二级明纹	2.458π	$2.458\lambda/a$	0.0168
第三级暗纹	3π	$3\lambda/a$	0
第三级明纹	3.471π	$3.471\lambda/a$	0.0083
第四级暗纹	4π	$4\lambda/a$	0
第四级明纹	4.477π	$4.477\lambda/a$	0.005

利用表8-1的数据，可把单缝衍射各级明(暗)纹位置用一个统一的式子来表示，即

$$\sin\theta = \pm m\frac{\lambda}{a} \tag{8-36}$$

当 $m = 0$ 时，得中央明纹；当 $m = 1,2,3,\cdots$ 时，得各级暗纹；当 $m = 1.430, 2.458, 3.471, \cdots$ 时，得各级次极大明纹。接收屏上，若各级暗纹到屏幕中央 P_0 的距离用 x' 表示，则

$$x' = F'\tan\theta' \approx F'\sin\theta' = \pm m\frac{\lambda}{a}F', (m = 1,2,3,\cdots) \tag{8-37}$$

第一级暗纹到屏幕中央的距离，称为中央明纹的半宽度，用 e_{half} 表示，即

$$e_{half} = \frac{\lambda}{a}f' \tag{8-38}$$

式中，f' 为单缝后所置透镜 L_2 的焦距；a 为单缝的缝宽。综上所述，夫琅禾费单缝衍射花样的特征可归纳如下：

(1)衍射花样是以中央明纹为中心，对称分布着的各级明暗相间的平行直条纹；透过单缝的光能量绝大部分集中在中央明纹上，其他各级明纹的光强远小于中央明纹，且随级次的增大而迅速降低，即使第一级次最大值也不到中央最大值的5%。

(2)亮条纹到透镜中心所张的角度称为角宽度。中央亮条纹和其他亮条纹的角宽度不相等。中央亮条纹的角宽度等于 $2\lambda/a$，即等于其他亮条纹角宽度的二倍。这个结论可证明如下：屏上各级最小值到中心的角宽度在 θ 很小时它可近似地写为

$$\Delta\theta = k\frac{\lambda}{a} \tag{8-39}$$

由于在最小值的位置式(8-35)中，m 可取所有不为零的正负整数，而中央亮条纹以

$k = \pm 1$ 的最小值位置为界限,故近似地为

$$2\Delta\theta = 2\frac{\lambda}{a} \qquad (8-40)$$

光屏上所得中央亮条纹的线宽度为

$$\Delta l = f'(2\Delta\theta) = f'\frac{2\lambda}{\alpha} \qquad (8-41)$$

任何两相邻暗纹之间为一亮纹,故两侧亮纹的角宽度为

$$\Delta\theta = (k+1)\frac{\lambda}{a} - k\frac{\lambda}{a} = \frac{\lambda}{a} \qquad (8-42)$$

(3)各级暗纹为等间距分布。各级次极大明纹为非严格等间距,但随级次的增大,趋向等间距分布。中央明纹的宽度是其他明纹宽度的二倍。

(4)以上仅对单色光而言。如果用白光作光源,由于各级条纹的位置、宽度均与波长 λ 成正比。因此,除中央明纹中心处呈现白色外,明纹边缘及其他各级条纹均为伴有彩色的衍射光谱。

(5)由式(8-38)可知,中央明纹的半宽度与单缝的缝宽 a 成反比。当入射光波长一定时,缝愈窄,衍射花样扩展得愈宽,衍射效应就愈显著;反之,缝愈宽,衍射花样愈收缩,衍射效应就愈不明显。当缝宽增大到 $\lambda \ll a$ 时,衍射现象消失,屏幕上呈现的是被光源照亮了的单缝经透镜 L_1 和 L_2 所成的像。这时,可以认为光沿直线传播。

(6)中央明纹的宽度正比于波长 λ,反比于缝宽 a。这一关系称为衍射反比率,它包含着深刻的物理意义,首先它反映了障碍物与光波之间限制和扩展的辩证关系,限制范围越紧,扩展现象愈显著,在何方向限制,就在该方向扩展。其次,它包含着放大,因为缝宽减小,$\Delta\theta$ 就增大,不过这不是通常的几何放大,而是一种光学变换放大。这正是激光测径和衍射用于物质结构分析的基本原理。

例 8-1:波长为 $\lambda = 6328\text{Å}$ 的 He-Ne 激光垂直地投射到缝宽 $a = 0.0208\text{mm}$ 的狭缝上。现有一焦距 $f' = 50\text{cm}$ 的凸透镜置于狭缝后面,试求:

(1)由中央亮条纹的中心到第一级暗纹的角距离为多少?

(2)在透镜的焦平面上所观察到的中央亮条纹的线宽度是多少?

解 (1)根据单缝衍射的各最小值位置式

$$a\sin\theta_k = k\lambda \qquad (k = \pm 1, \pm 2, \cdots)$$

可知

$$\sin\theta_k = k\frac{\lambda}{a}$$

令 $k = 1$,将 $a = 0.0208\text{mm} = 2.08 \times 10^{-3}\text{mm}$,$\lambda = 6.328 \times 10^{-5}\text{cm}$ 代入上式,得

$$\sin\theta_1 = \frac{\lambda}{a} = \frac{6.328 \times 10^{-5}}{2.08 \times 10^{-3}} \approx 0.03$$

由于 θ 很小,可认为

$$\sin\theta_1 = \theta_1$$
$$\theta_1 = 0.03\text{rad} = 1°42'$$

（2）由于 θ_1 十分小，故第一级暗条纹到中央亮条纹中心的距离 x' 为

$$x' = f'\tan\theta_1 \approx 50 \times 0.03 = 1.5\text{cm}$$

因此中央亮条纹的宽度为

$$2x' = 2 \times 1.5 = 3\text{cm}$$

8.3.2 夫琅禾费圆孔衍射

一般光学系统中的光阑和透镜都是圆孔，因此，讨论圆孔的夫琅禾费衍射具有很重要的实用价值。光学系统中光阑夫琅禾费衍射斑的大小决定了一个成像系统的衍射分辨极限。圆孔的夫琅禾费衍射装置如图 8-16 所示。

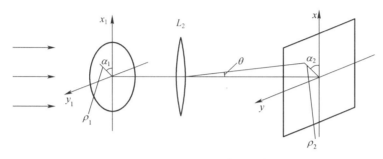

图 8-16　圆孔的夫琅禾费衍射装置

在直角坐标中对圆孔的积分求解通常是比较复杂的，而采用极坐标来表示则简单得多，因此需要引入直角坐标与极坐标的参数变换。在圆孔平面和观察屏平面上分别引入坐标变换

$$\begin{cases} x_1 = \rho_1\cos\alpha_1 \\ y_1 = \rho_1\cos\alpha_1 \end{cases}, \mathrm{d}x_1\mathrm{d}y_1 = \rho_1\mathrm{d}\rho_1\mathrm{d}\alpha_1, \begin{cases} x = \rho\cos\alpha \\ y = \rho\sin\alpha \end{cases} \tag{8-43}$$

以及

$$\frac{x}{f} = \frac{\rho\cos\alpha}{f} \approx \theta\cos\alpha, \frac{y}{f} = \frac{\rho\sin\alpha}{f} \approx \theta\sin\alpha \tag{8-44}$$

利用上述关系，夫琅禾费衍射积分式可表示为

$$\widetilde{E}(\rho,\alpha) = c\int_0^a\int_0^{2\pi}\exp[-\mathrm{i}k\rho_1\theta\cos(\alpha_1-\alpha)]\rho_1\mathrm{d}\rho_1\mathrm{d}\alpha_1 \tag{8-45}$$

在圆对称情况下，积分结果一定与方位角 α 无关，因此可令 $\alpha = 0$，式（8-45）变成

$$\widetilde{E}(\rho,\alpha) = c\int_0^a\int_0^{2\pi}\exp(-\mathrm{i}k\rho_1\theta\cos\alpha_1)\rho_1\mathrm{d}\rho_1\mathrm{d}\alpha_1 \tag{8-46}$$

利用贝塞尔函数的积分式和递推性质

$$I_0(x) = \frac{1}{2\pi}\int_0^{2\pi}\exp(-\mathrm{i}x\cos\varphi)\mathrm{d}\varphi \tag{8-47}$$

$$\frac{\mathrm{d}[xJ_1(x)]}{\mathrm{d}x} = xJ_0(x) \tag{8-48}$$

式（8-45）可以简化为

$$\widetilde{E}(\rho,\alpha) = c\int_0^a\rho_1J_0(k\rho_1\theta)\mathrm{d}\rho_1 = \pi ca^2\frac{2J_1(ka\theta)}{ka\theta} \tag{8-49}$$

相应的光强分布为

$$I = I_0 \left[\frac{2 J_1(ka\theta)}{ka\theta} \right]^2 = I_0 \left[\frac{2J_1(z)}{z} \right]^2 \tag{8-50}$$

式中, $I_0 = |\pi ca^2|^2$, 是观察屏中心的光强。

在上述推导和结果中, $J_0(x)$ 与 $J_1(x)$ 是特殊函数, 分别称为零阶贝塞尔函数和 1 阶贝塞尔函数。在此不对函数具体介绍, 只用曲线表示, 如图 8-17 所示。

下面根据圆孔衍射的强度分布式来分析圆孔衍射图样。 P 点的强度取决于它的衍射角 θ, 而 $\theta = r/f$, 因此 r 相等处的光强相等, 衍射图样是圆环条纹(图 8-18)。

由图 8-17 中的贝塞尔函数可知, 在 $x = 0$ 处(对应于 P 点)光强有极大值(中央极大), $I = I_0$。当 z 满足 $J_1(z) = 0$ 时, 光强有极小值 0, 这些 x 值决定了衍射暗环的位置。此外, 在相邻两极小值之间还有一个次极大值。

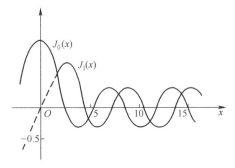

图 8-17　贝塞尔函数 $J_0(z)$ 和 $J_1(z)$

图 8-18　圆孔夫琅禾费衍射图样

表 8-2 列出了前几个亮环和暗环对应的 z 值和强度值。

表 8-2　圆孔衍射强度分布的前几个极大值和极小值

极大值(或极小值)	x	I/I_0
中央极大	0	1
极小	1.220π	0
次极大	1.635π	0.0175
极小	2.233π	0
次极大	2.678π	0.0042
极小	3.238π	0
次极大	3.688π	0.00112

可以看出, 圆孔夫琅禾费衍射相邻暗环之间的间距并不相等, 次极大的强度比中央主极大要小得多。因此, 圆孔衍射的光能量也是绝大部分集中在中央亮斑内, 这个亮斑通常称为艾里斑, 它的半径由对应于一个强度为 0 的 x 值(1.22π)决定, 其半径为

$$r_0 = 1.22f \frac{\lambda}{2a} \tag{8-51}$$

以角半径表示为

$$\theta_0 = \frac{r_0}{f} = \frac{0.61\lambda}{a} \tag{8-52}$$

式(8-51)表明,艾里斑的大小与圆孔半径成反比,与光波波长成正比,这与前面讨论的矩孔和单缝的夫琅禾费衍射完全类似。

8.3.3 夫琅禾费多缝衍射

所谓多缝是指在一块不透光的屏上,刻有 N 条等间距、等宽度的通光狭缝。夫琅禾费多缝衍射装置如图 8-19 所示。图中 S 是与图面垂直的线光源,位于透镜 L_1 的焦面上。G 是开有多个等间距狭缝的衍射屏,缝的宽度为 a,缝间距为 d,它能对入射光的振幅进行空间周期性调制。当缝间距小到一定程度,以致对观察屏的光强起到极大作用时,这样的衍射屏称为光栅。等间距狭缝光栅的通光情况是周期性地通过与不通过,是一种振幅性光栅,有时也称为黑白光栅。多缝的方向与光源平行,多缝的衍射图样在透镜 L_2 的焦平面上观察。假定多缝的方向是 y 方向,那么多缝衍射图样的强度分布沿 x 方向变化,衍射条纹是一些平行于 y 轴的亮暗条纹。

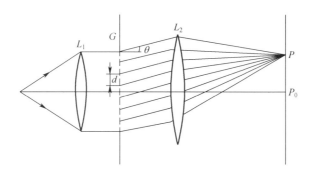

图 8-19　夫琅禾费多缝衍射装置

假设 S 是线光源,则衍射狭缝可以看做受到平面光波的照射,每个缝都是一个狭缝的夫琅禾费衍射。由于单狭缝衍射场之间是相干的,因此多缝夫琅禾费衍射的复振幅分布是所有单缝衍射的相干叠加。如果选取最下面的狭缝中心作为 x 的坐标原点,则该缝的夫琅禾费衍射图样在 P 点的复振幅为

$$\widetilde{E}(P) = A\left(\frac{\sin\alpha}{\alpha}\right)^2 \tag{8-53}$$

式中,$A = \dfrac{c}{r}\widetilde{E}(x,y)\,\mathrm{e}^{ikr}$ 为复常数。

$$\alpha = \frac{\pi}{\lambda}a\sin\theta \tag{8-54}$$

相邻两单缝在 P 点产生的相位差为

$$\delta = \frac{2\pi}{\lambda}d\sin\theta \tag{8-55}$$

则多缝在 P 点产生的复振幅是 N 个振幅相同、相邻光束程差相等的多光束干涉的结果。

$$\widetilde{E}(P) = A\left(\frac{\sin\alpha}{\alpha}\right)\left[1 + e^{i\delta} + e^{i2\delta} + \cdots + e^{i(N-1)\delta}\right] \tag{8-56}$$

此式为公比是 $e^{i\delta}$ 的几何级数,求和得

$$\widetilde{E}(P) = A\left(\frac{\sin\alpha}{\alpha}\right)\frac{1 - e^{iN\delta}}{1 - e^{i\delta}} = A\left(\frac{\sin a}{\alpha}\right)\left(\frac{\sin\frac{N\delta}{2}}{\sin\frac{\delta}{2}}\right)\exp\left[i(N-1)\frac{\delta}{2}\right] \tag{8-57}$$

因此 , P 点的光强为

$$I(P) = |\widetilde{E}(P)|^2 = I_0\left(\frac{\sin\alpha}{\alpha}\right)^2\left(\frac{\sin\frac{N\delta}{2}}{\sin\frac{\delta}{2}}\right)^2 \tag{8-58}$$

式中, I_0 为单缝在 P_0 点产生的光强。式(8-58)表明,多缝衍射的光强分布正比于两个因子的乘积,其中一个因子 $\left(\frac{\sin\alpha}{\alpha}\right)^2$ 表示单狭缝产生的衍射图样,称为衍射因子,第二个因子 $\left(\frac{\sin\frac{N\delta}{2}}{\sin\frac{\delta}{2}}\right)^2$ 表示间隔相等的 N 个点源所产生的多光束干涉图样,称为干涉因子。说明多缝衍射光强分布是多光束干涉光强分布受到单缝衍射光强分布的调制结果(图8-20)。单缝衍射因子取决于单缝本身的性质,多光束干涉因子来源于狭缝的周期性排列,与单缝

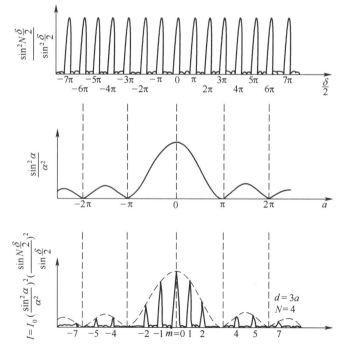

图 8-20 4 缝衍射的强度分布曲线

本身的性质无关。因此,如果有 N 个性质相同的孔径在一个方向上周期性排列,它们的夫琅禾费衍射图样的强度分布式中就必然出现这个因子。只要将单个缝或孔的衍射因子求出来,再乘以多光束干涉因子,便可得到这些周期性排列的缝或孔的衍射图样的光强分布。

1. 主极大

多缝衍射图样的明纹和暗纹位置可以通过分析多光束干涉因子和单缝衍射因子的极大值和极小值的条件得到。由干涉因子可知,当

$$\delta = \frac{2\pi}{\lambda}d\sin\theta = 2m\pi \quad m = 0, \pm 1, \pm 2, \cdots \tag{8-59}$$

或

$$d\sin\theta = m\lambda \quad m = 0, \pm 1, \pm 2, \cdots \tag{8-60}$$

时,光束干涉因子为极大值。因为

$$\lim_{\delta \to 2m\pi} \frac{\sin\frac{N\delta}{2}}{\sin\frac{\delta}{2}} = N \tag{8-61}$$

则多缝衍射的主极大强度为

$$I_M = N^2 I_0 \left(\frac{\sin\alpha}{\alpha}\right)^2 \tag{8-62}$$

它们是单缝衍射在各级大位置上产生的强度的 N^2 倍,其中零级主极大的强度最大,为 $N^2 I_0$。但是由于衍射因子的调制,各主极大的强度并不相等。可以说,主极大的位置决定于干涉因子,强度受限于衍射因子。式(8-60)常称为光栅方程。

2. 极小

在式(8-58)中,干涉因子或衍射因子为零时都会使 P 点光强为零。当

$$\frac{N\delta}{2} = (N_M + m')\pi \quad m = 0, \pm 1, \pm 2\cdots, m' = 1, 2, \cdots, N - 1 \tag{8-63}$$

或

$$\sin\theta = (N_m + m')\frac{\lambda}{d} \tag{8-64}$$

时,多缝衍射强度最小,为零。比较式(8-60)和式(8-64),可见在两个主极大之间,有 $(N-1)$ 个极小,分别对应于 $m' = 1, 2, \cdots, N-1$。由式(8-64),相邻两个极小值(零值)之间 $(\Delta m' = 1)$ 的角距离 $\Delta\theta$ 为

$$\Delta\theta = \frac{\lambda}{Nd\cos\theta} \tag{8-65}$$

3. 次极大

由多光束干涉因子可见,在相邻两个极小值之间,有一个次极大值,除了满足式(8-60)的那些主极大外,其余极大值的强度都弱得多,所以称为次极大。在两个主极大之间,有 $N-2$ 个次极大。次极大的位置可以通过对式(8-58)求极值确定。图8-21 就是一个 $N=4$ 的多缝衍射强度分布曲线。在相邻两个主极大之间有 3 个极小值点(零点),2 个

次极大值点。

4. 主极大角宽度

多缝衍射主极大和相邻极小值之间的角距离是 $\Delta\theta$，主极大的条纹角宽度为

$$2\Delta\theta = \frac{2\lambda}{Nd\cos\theta} \tag{8-66}$$

该式表明,狭缝数 N 越大,主极大的角宽度越小。

5. 缺级

由于多缝衍射是干涉和衍射的共同效应,所以式(8-68)产生多光束的主极大值的位置刚好与单缝衍射图样的某一级极小值重合,则主极大值就被调制为零,对应级次的主极大就消失了,这一现象称为缺级。在出现缺级的位置,相应的衍射角同时满足

$$d\sin\theta = m\lambda \quad m = 0,\ \pm 1,\ \pm 2,\cdots \tag{8-67}$$

$$a\sin\theta = n\lambda \quad n = 0,\ \pm 1,\ \pm 2,\cdots \tag{8-68}$$

因此,缺级的条件为

$$m = \frac{d}{a}n \tag{8-69}$$

从以上讨论可以看出,在多缝衍射中,随着狭缝数目 N 的增加,衍射图样有两个显著的变化:一是光的能量向主极大位置集中(为单缝衍射的 N^2 倍);二是明纹变得更加细而亮(约为双光束干涉线宽的 $1/N$),如图 8-21 所示。

图 8-21 双缝和多缝衍射图样
(a)2 缝;(b)3 缝;(c)6 缝;(d)20 缝。

8.4 衍 射 光 栅

对入射光波的振幅和相位(或二者之一)进行空间周期性调制的光学元件称为衍射光栅。通常,衍射光栅都是基于夫琅禾费衍射原理的。

衍射光栅的夫琅禾费衍射图样又称为光栅光谱,它是在焦面上一条条又细又亮的条纹,而且对不同波长这些条纹的位置也不同,因此包括有不同波长的复色光波经过光栅后,其中每一种波长都形成各自一套条纹,且彼此错开一定的距离,借此可以区分照明处光波的光谱组成,这就是光栅的分光作用。

8.4.1 衍射光栅的分类

衍射光栅的种类很多,分类的方法也不尽相同。根据工作方式可分为透射光栅、反射光栅(图 8-22)。根据对光波的调制方式可分为振幅性光栅、相位性光栅。根据光栅工作表面的形状可分为平面光栅、凹面光栅。根据对入射波调制的空间可以分为二维平面光栅、三维体积光栅。根据光栅制作方法分为机刻光栅、复制光栅和全息光栅等。

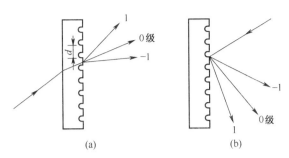

图 8-22　透射光栅与反射光栅

(a)透射光栅;(b)反射光栅。

透射光栅是在光学平玻璃上刻划出一道道等间距的刻痕,刻痕处不透光,未刻处则是透光的狭缝;反射光栅是在金属镜上刻划一道道刻痕,刻痕发生漫反射,未刻划在反射光方向发生衍射,相当于一组衍射狭缝。这两种光栅的透射系数或反射系数有周期性的分布,对入射光的振幅产生调制,改变了入射光波的振幅分布,是振幅型光栅。光栅的刻线通常很密,在光学光谱区采用的光栅刻线密度为 $0.2 \sim 2400$ 条 /mm ,目前在实验中通常用的刻线数为 600 条 /mm 和 1200 条 /mm ,一块光栅的条纹数可达 5×10^4 条 。

8.4.2　光栅的分布特性

8.4.2.1　光栅方程

在多缝夫琅禾费衍射光强分布式中,决定各级主极大位置的式称为光栅方程,它是正入射时设计和使用光栅的基本方程式。

$$d\sin\theta = m\lambda \quad m = 0, \ \pm 1, \ \pm 2,\cdots \qquad (8\text{-}70)$$

式中, d 为缝间隙,也称为光栅常数; θ 为衍射角。下面以反射光栅为例,导出更为普遍的斜入射情形的光栅方程。如图 8-23 所示,设平行光束以入射角 i 斜入射到反射光栅上,并且所考察的衍射光与入射光分别处于光栅法线的两侧(图 8-23(a))或同侧(图 8-23(b))。当光束到达光栅时,两支相邻光束的光程差为

$$\Delta = d\sin i \ \pm d\sin\theta \qquad (8\text{-}71)$$

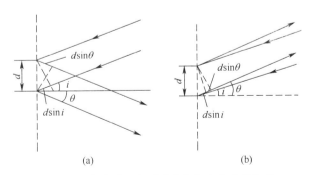

图 8-23　光束斜入射到反射光栅上发生的衍射

因此,光栅方程的普遍形式可写为

$$d(\sin i \pm \sin\theta) = m\lambda \quad m = 0, \ \pm1, \ \pm2, \cdots \tag{8-72}$$

当入射光与衍射光在法线的同侧时,上式取正号;在异侧时,取负号。

8.4.2.2 光栅的色散

由光栅方程式(8-60)可知,对同一衍射级次 m 和相同入射角 i,不同波长的同一级主极大对应不同的衍射角,这种现象称为光栅的色散。色散表示了光栅的分光能力。

光栅的色散可以用角色散和线色散来描述。相差单位波长的两条谱线通过光栅分开的角度为角色散。可由式(8-60)对衍射角 θ 取微分求得,即

$$\frac{d\theta}{d\lambda} = \frac{m}{d\cos\theta} \tag{8-73}$$

表明光栅的角色散与光栅常数 d 成反比,与级次 m 成正比。

光栅的线色散是聚焦物镜焦面上相差单位波长的两条谱线分开的距离。设物镜的焦距是 f,则线色散为

$$\frac{dl}{d\lambda} = f\frac{d\theta}{d\lambda} = f\frac{m}{d\cos\theta} \tag{8-74}$$

角色散和线色散是光谱仪的一个重要质量指标,色散越大,越便于观测。由于使用光栅通常每毫米有几百条刻线以至上千条刻线,亦即光栅常数 d 通常很小,所以光栅具有很大的色散本领。这一特性,使光栅光谱仪成为一种优良的光谱仪器。

8.4.2.3 光栅的色分辨本领

色分辨本领表征光栅对不同波长的谱线的分辨能力,即两个波长差很小的谱线的分辨能力。

若波长分别为 λ 和 $\lambda + \Delta\lambda$ 的两条同级谱线恰能被光栅分辨开,则这个波长差 $\Delta\lambda$ 就是光栅所能分辨的最小波长差,光栅的色分辨本领就定义为

$$A = \frac{\lambda}{\Delta\lambda} \tag{8-75}$$

式中,$\Delta\lambda$ 又称为光栅的分辨极限,$\Delta\lambda$ 越小,色分辨本领越高。

由式(8-70),$\lambda + \Delta\lambda$ 的 m 级主极大满足

$$d\sin\theta = m(\lambda + \Delta\lambda) \tag{8-76}$$

而 λ 的第 m 级主极大旁的第一极小应满足

$$\sin\theta' = \left(m + \frac{1}{N}\right)\lambda \tag{8-77}$$

根据瑞利判据,$\lambda + \Delta\lambda$ 的 m 级主极大应与 λ 的 m 级主极大的第一极小值位置重合,即 $\theta = \theta'$,因此由式(8-76)和式(8-77)可得

$$A = \frac{\lambda}{\Delta\lambda} = mN \tag{8-78}$$

即光栅分辨本领等于光谱级数与光栅总刻线数的乘积,而与光栅常数 d 无关。一般光栅使用的光谱级数 m 并不高,为 $1\sim3$ 级,但光栅的刻线总数却很大,所以有很高的分辨本领。将式(8-71)中的 m 代入式(8-78)可得

$$A = \frac{\lambda}{\Delta\lambda} = \frac{Nd(\sin i \pm \sin\theta)}{\lambda} \tag{8-79}$$

式中，N 为光栅的宽度。为保证光栅的分辨本领，使用光栅时，一定要使光全部照满光栅的刻线面。

8.4.2.4 光栅的自由光谱范围

如图 8-24 所示是一种光源在可见光区的光栅光谱。从图中可以看出，从 2 级光谱开始，发生了邻级光谱之间的重叠现象。这是容易理解的，因为衍射现象与波长有关。

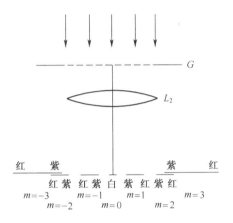

图 8-24 可见光的光栅光谱

由光栅方程(8-70)可知，$\lambda + \Delta\lambda$ 的第 m 级主极大与 λ 的 $m + 1$ 级主极大越级重叠时，波长在 λ 和 $\lambda + \Delta\lambda$ 之间的不同级谱线不会重叠，有

$$m(\lambda + \Delta\lambda) = (m + 1)\lambda \tag{8-80}$$

因此光谱的不重叠区 $\Delta\lambda$ 为

$$\Delta\lambda = \frac{\lambda}{m} = \frac{\lambda^2}{d\sin\theta} \tag{8-81}$$

由于光栅使用的光谱级数 m 很小，所以它的自由光谱范围 $\Delta\lambda$ 比较大，在可见光范围内可达几百纳米，这一点和 F-P 标准具形成鲜明的对照。

8.5 光学成像系统的分辨本领

光学成像系统的分辨本领是指能分辨开两个靠近物点或物体细节的能力，它是光学成像系统的重要性能指标。从几何光学的观点看，一个无像差的光学系统的分辨本领是无限的。但是，实际上任何光学元件的光孔都起着限制光束的光阑的作用。即使所用元件的相差已经充分校正，由于衍射效应，点物也不可能生成点像，而是生成一个夫琅禾费衍射图样。这样，对于两个非常靠近的点物，它们的衍射图样就有可能分辨不开，因而也无从分辨两个点物，这样就限制了仪器的分辨本领。通常由于光学成像系统具有光阑、透镜外框等圆形孔径，所以讨论它们的分辨本领时，都是以夫琅禾费圆孔衍射为理论基础。

8.5.1 瑞利判据

如图 8-25 所示,设 S_1 和 S_2 为两个非相干光源,间距为 ε,它们到直径为 D 的圆孔的距离为 R,则 S_1 和 S_2 对圆孔的张角 $\alpha = \varepsilon/R$。由于圆孔的衍射效应,S_1 和 S_2 将分别在观察屏上形成各自的衍射图样。假设其艾里斑理论关于圆孔的张角为 θ_0,则有强度的第一极小暗环半径 $\rho_0 = 0.61 f\lambda/a$ (a 为圆孔半径)知

$$\theta_0 = \frac{\rho_0}{f} = 1.22 \frac{\lambda}{D} \tag{8-82}$$

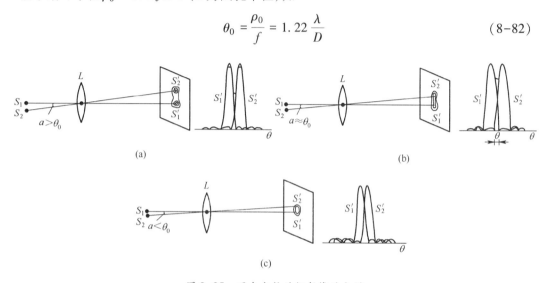

图 8-25　两个点物的衍射像的分辨

当 $\alpha > \theta_0$ 时,两个艾里斑完全分开,即 S_1 和 S_2 可以分辨;当 $\alpha < \theta_0$ 时,两个艾里斑分不开,S_1 和 S_2 不可分辨;当 $\alpha \approx \theta_0$ 时,情况比较复杂,不同的人或仪器对相对重叠的艾里斑的分辨感觉不同,因此,为了定量地表征分辨本领,需要给出一个简单、公正的标准,这就是目前采用的瑞利判据。

根据瑞利判据,两物点恰可分辨指的是一个物点衍射图样中央极大位置与另一个物点衍射图样的第一个极小位置重合的状态。此时,两物点衍射图样的中央极大之间的角度 θ_0 即为光学成像系统的分辨极限角。

使用瑞利判据时应当注意:两光源 S_1 和 S_2 是非相干的,若 S_1 和 S_2 是相干光源,它们的衍射图样的合成图样不能用强度直接相加方法求得;两个点光源亮度应相等,如果不等,即使 S_1 和 S_2 更加接近,也能将它们分开;瑞利判据不是表示分辨极限的物理量,而只是一个大致的判断标准。根据瑞利判据,当衍射孔为圆孔时,合成强度曲线的鞍形值约为其两侧峰值的 74%,即强度的峰值和鞍值有 26% 的差异。而当衍射孔为单缝时,合成强度曲线的鞍值峰值之比为 0.81。可是在照明条件良好的条件下,即鞍值峰值之比为 0.87 时,也有人能将这两点分开。

8.5.2　几种光学成像系统的分辨本领

8.5.2.1　人眼的分辨本领

人眼的光学系统可以看做一个凸透镜,眼睛的瞳孔直径约为 1.5~6mm,对于普通光

强入射的情况下,取 $D_e = 2\text{mm}$,并取人眼最敏感的可见光波长为 $0.55\mu\text{m}$,可算出人眼的最小分辨角为

$$\alpha_e = \theta_0 = 1.22\frac{\lambda}{D_e} = 3.4 \times 10^{-4}\text{rad} \approx 70'' \tag{8-83}$$

通常由实验测得的人眼最小分辨角为 $1'$(等于 $2.8 \times 10^{-4}\text{rad}$)。

8.5.2.2 望远镜的分辨率

望远镜用于对远处物体成像,如图 8-26 所示,设望远镜物镜的圆形通光孔径的直径为 D ,则它对远处点物所成像的艾里斑角半径为 $\theta_0 = 1.22\lambda / D_e$ 。如果两点物恰好为望远镜所分辨,根据瑞利判据,两物点对望远镜的张角为

$$\alpha = \theta_0 = 1.22\frac{\lambda}{D} \tag{8-84}$$

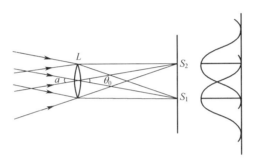

图 8-26　望远镜的最小分辨角

这就是望远镜的最小分辨率式。该式表明,望远镜的直径 D 越大,分辨率越高,这时像的光强也增加了。例如,天文望远镜物镜的直径做得很大(当今世界上最大最先进的天文望远物镜的直径可达 16m,安装在智利北部的帕纳尔山上),原因之一就是为了提高分辨率,以观察空间中靠的非常近的星体。对于 6mm 直径的物镜孔径,$\lambda = 0.55\mu\text{m}$ 的单色光而言,$\alpha = 0.023' \approx 1.12 \times 10^{-7}\text{rad}$,优于人眼的分辨本领近 3000 倍。通常在设计望远镜时,为了充分利用望远镜的分辨本领,应使望远镜的放大率在保证物镜的最小分辨角经望远镜放大后等于人眼的最小分辨角。即放大率应为

$$\Gamma = \frac{\alpha_e}{\alpha} = \frac{D}{D_e} \tag{8-85}$$

式中,D_e 为人眼瞳孔直径。

例 8-2:物镜直径 $D = 5.0\text{cm}$ 和 50cm 的望远镜对可见光平均波长 $\lambda = 5500\text{Å}$ 的最小分辨角为多少?两个望远镜的放大率各为多少为宜?(人眼的最小分辨角为 $\alpha_\varepsilon = 1' = 2.8 \times 10^{-4}\text{rad}$)

解:
$$\alpha = 1.22\frac{\lambda}{D}$$

当 $D = 5.0\text{cm}$ 时,

$$\alpha = 1.22 \times \frac{0.55 \times 10^{-4}}{5.0} = 1.3 \times 10^{-5}\text{rad}$$

213

视角放大率应选择为

$$\Gamma = \frac{\alpha_\varepsilon}{\alpha} = \frac{2.8 \times 10^{-4}}{1.3 \times 10^{-5}} = 22.5 \text{ 倍}$$

当 $D = 50\text{cm}$ 时,有

$$\alpha = 1.22 \times \frac{0.55 \times 10^{-4}}{50} = 1.3 \times 10^{-4}\text{rad}$$

视角放大率应选择为

$$\Gamma = \frac{\alpha_\varepsilon}{\alpha} = \frac{2.8 \times 10^{-4}}{1.3 \times 10^{-6}} = 225 \text{ 倍}$$

8.5.2.3 照相物镜的分辨率

照相物镜一般用于对较远的物体成像,并且所成的像由感光底片记录,底片的位置与照相物镜的焦面大致重合。若照相物镜的孔径为 D ,则它能分辨的最靠近的两直线在感光底片上的距离为

$$\varepsilon' = f\theta_0 = 1.22f\frac{\lambda}{D} \tag{8-86}$$

式中,f 是照相物镜的焦距。照相物镜的分辨率以像面上每毫米能分辨的直线数 N 表示,易见

$$N = \frac{1}{\varepsilon'} = \frac{D}{1.22f\lambda} \tag{8-87}$$

若取 $\lambda = 550\text{nm}$,则 N 又可以表示为

$$N = 1480\frac{D}{f} \tag{8-88}$$

式中,D/f 是物镜的相对孔径。可见,照相物镜的相对孔径愈大,其分辨率愈高。

在照相镜和感光底片所组成的照相系统中,为了充分利用照相物镜的分辨能力,所使用的感光底片在分辨率应大于或等于物镜的分辨率。

8.5.2.4 显微镜的分辨率

显微镜的特点是物镜焦距短,被观测的小物放在物镜焦点附近的齐明点上,中间像面离镜头较远。根据显微镜的性能,它的分辨本领不用最小分辨角而用最小分辨距离来衡量。σ 值越小,说明显微镜分辨率越高。

通常情况下,显微镜与望远镜一样,物镜边框即为入瞳,系统成像的孔径即为物镜框。显微镜的成像如图 8-27 所示。点物 S_1 和 S_2 发出的光波以很大的孔径角入射到物镜,而它们的像 S_1' 和 S_2' 则离物镜较远。虽然 S_1 和 S_2 离物镜很近,但它们的像也是物镜边框(孔径光阑)的夫琅禾费衍射图样,其中艾里斑的半径为

$$r_0 = l'\theta_0 = 1.22\frac{l'\lambda}{D} \tag{8-89}$$

式中,l' 是像距;D 是物镜直径;λ 为真空波长。显然,如果两衍射图样的中心 S_1' 和 S_2' 之间的距离 $\varepsilon' = r_0$,则按照瑞利判据,两衍射图样刚好可以分辨,此时的两物点间距 ε 就是

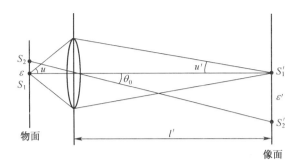

图 8-27 显微镜的分辨本领

物镜的最小分辨距离。由于显微镜物镜的成像满足阿贝正弦条件

$$n\varepsilon\sin u = n'\varepsilon'\sin u' \qquad (8\text{-}90)$$

式中，n 和 n' 分别为物方和像方折射率。对显微镜有 $n'=1$，并且 $\sin u'$ 近似地可以表示为（因为 $l' \gg D$）

$$\sin u' \approx u' = \frac{D}{2l'} \qquad (8\text{-}91)$$

故

$$\varepsilon = \frac{n'\varepsilon'\sin u'}{n\sin u} = \frac{n'r_0 u'}{n\sin u} = \frac{n'u'}{n\sin u} \times l' \times \frac{1.22\lambda}{D}$$

最后得到

$$\varepsilon = \frac{0.61\lambda}{n\sin u} \qquad (8\text{-}92)$$

式中，$n\sin u$ 称为物镜的数值孔径，通常以 NA 表示。由上式可见，提高显微镜分辨率的途径是增大物镜的数值孔径，减小波长。增大数值孔径有两种方法，一是减小物镜的焦距，使孔径角 u 增大；二是用油浸物镜以增大物方折射率。但只能把数值孔径增大到 1.5 左右。所以光学显微镜的分辨本领有一个最高限度，即 $\varepsilon \geqslant 0.61/1.5\lambda = 0.4\lambda$，其量级为半个波长。在可见光波段，$\varepsilon \geqslant 0.2\mu m$，与此相应地，光学显微镜的放大率也有个最高限度，约为数百倍，比这数值再放宽一些，也不过 1000 倍左右。光学显微镜的放大倍数不能再提高，这不是技术上的问题，而是考虑到衍射效应以后所采取的一种合理的设计，因为放大率再高，除造价更高外，并不会使我们看清比 $0.2\mu m$ 更小的物体细节。要得到有效放大率很高的显微镜，唯一的途径是减小波长的方法，如果被观察的物体不是自身发光的，只要用短波长的光照明即可。一般显微镜的照明设备附加一块紫色滤光片，就是这个原因。近代电子显微镜利用电子束的波动性来成像，由于电子束的波长比光波要小得多，比如在几百伏的加速电压下电子束的波长可达 $10^{-3}mm$ 的数量级，因而电子显微镜的分辨率比普通光学显微镜提高千倍以上，放大率可达几万倍乃至几百万倍（电子显微镜的数值孔径较小不到 10°）。

8.5.2.5 显微镜的有效放大率

为了使显微镜分辨出来的细节能被眼睛看清楚，显微镜需要有合适的放大率，人眼分

辨的角距离为 $2' \sim 4'$,则在明视距离 250mm 能分辨两点之间的距离 σ' 为

$$2 \times 250 \times 0.00028\text{mm} \leqslant \sigma' \leqslant 4 \times 250 \times 0.00028\text{mm}$$

将 σ' 换算到显微镜的物空间,取分辨率 $\sigma_0 = 0.5\lambda/NA$,则可得到

$$2 \times 250 \times 0.00028\text{mm} \leqslant \sigma' \leqslant 4 \times 250 \times 0.00028\text{mm}$$

设光线的波长为 550nm,可得

$$523NA \leqslant \Gamma \leqslant 1046NA$$

近似地可以写为

$$500NA \leqslant \Gamma \leqslant 1000NA \tag{8-93}$$

满足式(8-93)的视觉放大率称为显微镜的有效放大率,显微镜有多大的放大率取决于物镜的分辨率或者数值孔径。当放大率低于 $500NA$ 或者高于 $1000NA$ 时,是无效的。一般浸液物镜的最大数值孔径为 1.5,显微镜能够达到的有效放大率不超过 $1500^\times$。

习 题

1. 概念题

(1) 相同半径的一个圆盘和一个圆孔的夫琅禾费衍射图样中心处强度分布规律(　　)。

(2) 在圆孔的夫琅禾费衍射中,艾里斑的大小与(　　)有关。

(3) 单缝的夫琅禾费衍射图样是(　　)条纹。

(4) 比较 F-P 干涉仪和衍射光栅分光特性的异同点。

(5) 在双缝衍射实验中,若保持双缝 S_A 和 S_B 的中心之间的距离 d 不变,而把两条缝的宽度 a 略微加宽,则单缝衍射的中央主极大变窄,其中所包含的干涉条纹数目可能变少。

(6) 在单色光波的照射下,衍射光栅能够起到(　　)作用,衍射光波按(　　)在空间分开,在白光照射下,衍射光栅能够起到(　　)作用,衍射光波按(　　)在空间分开。

2. 计算题

(1) 波长 $\lambda = 563.3$nm 的平行光射向直径 $D = 2.6$nm 的圆孔,与孔相距 $r_0 = 1$m 处放一屏。

① 屏幕上正对圆孔中心的 P 点是亮点还是暗点?

② 要使 P 点变成与(1)相反的情况,至少要把屏幕向前(同时求出向后)移动多少距离?

(2) 用波长为 0.63μm 的一束平行光照射一单缝,用焦距为 50cm 透镜将衍射图样汇聚后测得零级衍射斑的宽度为 1cm,求单缝宽度。

(3) 在不透明细丝的夫琅和费衍射图样中,测得暗条纹间距为 1.5mm,所用透镜焦距为 30mm,光波波长为 632.8nm。问细丝直径多少?

(4) 在双缝夫琅禾费衍射实验中,所用光波波长 $\lambda = 632.8$nm,透镜焦距 $f = 50$cm,观察到两相邻亮条纹之间的距离 $e = 1.5$nm,并且第四级亮纹缺级。试求:

① 双缝的缝距和缝宽;

② 第1,2,3级亮纹的相对强度。

（5）用望远镜观察远处两个等强度的发光点 S_1 和 S_2。当 S_1 的像（衍射图样）中央和 S_2 的像的第一个强度零点相重合时，两像之间的强度极小值与两个像中央强度之比是多少？

（6）用物镜直径为 4cm 的望远镜来观察 10km 远的两个相距 0.5m 的光源。在望远镜前置一可变宽度的狭缝，狭缝方向与两光源连线平行，让狭缝宽度逐渐减小，发现当狭缝宽度减小到某一宽度时，两光源产生的衍射像不能分辨，问这时狭缝宽度是多少？（设光波波长 $\lambda = 500nm$）。

（7）若望远镜能分辨距离为 $3 \times 10^{-7}rad$ 的两颗星，它们物镜的最小直径是多少？同时为了充分利用望远镜分辨率，望远镜应有多大的放大率？

（8）若要使照相机感光胶片能分辨 $3\mu m$ 的线距，(1)感光胶片的分辨率至少是每毫米多少线？(2)照相机镜头的相对孔径 D/f 至少有多大？（设光波波长为 550nm）。

（9）一台显微镜数值孔径为 0.85，问

① 它用波长 $\lambda = 400nm$ 的光源时的最小分辨距离是多少？

② 若利用油浸物镜使孔径增大到 1.45，分辨力提高了多少倍？

③ 显微镜的放大率应设计成多大？（设人眼的最小分辨角为 $1'$）。

（10）黄光包含了 588.6nm 和 588nm 两种波长，问要在光栅的一级光谱中分辨开这两种波长的谱线，光栅至少应有多少条缝？

（11）为在一块每毫米 600 条刻线的光栅的 2 级光谱中分辨波长为 632.8nm 的一束氦氖激光的模结构（两个模之间的频率差为 450MHZ），光栅需要有多宽？

（12）以波长为 650nm 的光照射双缝，将衍射图样经一焦距为 80cm 的透镜汇聚后测得两亮纹的中心间距为 1.04mm，且第 5 个最大值缺级，试求缝宽度和两缝间距。

（13）设计一块光栅，要求：

① 使波长 $\lambda = 600nm$ 的第 2 级谱线的衍射角 $\theta \leqslant 30°$；

② 色散尽可能大；

③ 第 3 级谱线缺级；

④ 在波长 $\lambda = 600nm$ 的 2 级谱线处能分辨 0.02nm 的波长差。

在选定光栅的参数后，问在透镜的焦面上只可能看到波长 600nm 的几条谱线？

第9章 光 的 偏 振

光的干涉和衍射现象说明了光具有波动性。光的偏振和光学各向异性晶体中的双折射现象进一步证实了光的横波性。振动方向对于传播方向的不对称性叫做偏振,它是横波区别于纵波的一个最明显的标志,只有横波才有偏振现象。本章讨论双折射现象的产生和规律、光在单轴晶体中的传播、介绍晶体偏振光学器件、偏振光的干涉和磁光、电光效应及其应用。

9.1 偏振光概述

从光的偏振性出发,光一般可以分为偏振光、自然光和部分偏振光。自然光也称为完全非偏振光,其振动在方位的取向和大小的取值上都处于均势,如图 9-1(a)所示。自然光在传播过程中受外界干扰,自然光模型中的均势被破坏,在各个方向上的振动大小不再相等,出现了如图 9-1(b)所示的情况,即在某个瞬间迎着光的传播方向去观察它的振动状态,在某一方向出现了强势振动,从而在该方向振动分量之和表现出最大光强 I_{max},而在与其正交的方向出现了弱势振动,从而在该方向振动分量之和表现出最小光强 I_{min}。这种光称为部分偏振光,它可以等效地看成是线偏振光和自然光的组合。其中线偏振光的强度 $I_p = I_{max} - I_{min}$,它在部分偏振光总强度 $I_n = I_{max} + I_{min}$ 中所占的比重 P 叫做偏振度,即

$$P = \frac{I_p}{I_p + I_n} = \frac{I_{max} - I_{min}}{I_{max} + I_{min}} \tag{9-1}$$

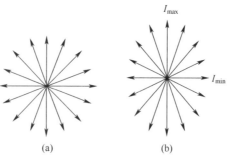

图 9-1 自然光和部分偏振光
(a)自然光;(b)部分偏振光。

振动方向对于传播方向的不对称性叫做偏振,而把大小和方向有规则变化的光称为偏振光。在传播过程中,电矢量的振动只限于某一确定的平面内,光矢量的方向不变,大

小随相位变化的光是线偏振光,这时在垂直于传播方向的平面上,光矢量端点的轨迹是一条直线。圆偏振光在传播过程中,光矢量的大小不变、方向规则变化,端点的轨迹是一个圆。椭圆偏振光的光矢量的大小和方向在传播过程中均规则变化,光矢量端点的轨迹是一个椭圆。任一偏振光都可以用两个振动方向互相垂直、相位有关联的线偏振光来表示。线偏振光、圆偏振光都可以看成是椭圆偏振光,而所有这些状态的光都称为完全偏振光。

显然,对于自然光 $P = 0$,对于完全偏振光 $P = 1$,对于部分偏振光情况 $0 < P < 1$,前两种都是理论上的极端情况,实际的光通常是部分偏振光,偏振度越接近于 1 的光束,其偏振化程度就越高。

在光波的偏振态分析和测量中,采用合适的偏振态表示法非常重要。琼斯矢量法是常用的偏振态表示方法。1941 年,琼斯(R. C. Jones)在垂直于传播方向的平面(xy 平面)上利用一个列矩阵来表示电场的 x、y 分量,即

$$\begin{bmatrix} E_x \\ E_y \end{bmatrix} = \begin{bmatrix} a\exp(\mathrm{i}\,\varphi_x) \\ b\exp(\mathrm{i}\,\varphi_y) \end{bmatrix} \tag{9-2}$$

这个矩阵通常称为琼斯矢量,它表示一般的椭圆偏振光。琼斯矢量通常仅仅用于描述完全偏振光,此时只考虑电场矢量末端随时间的变化。琼斯矢量为光波偏振态描述提供了一种简便的数学语言,在实际工程中经常被使用。

设电场矢量端点 E_y 和 E_x 的初始相位差为 $\delta = \varphi_y - \varphi_x$,则琼斯矢量式(9-2)可以改写成

$$\begin{bmatrix} \widetilde{E}_x \\ \widetilde{E}_y \end{bmatrix} = \begin{bmatrix} a \\ b\exp(\mathrm{i}\delta) \end{bmatrix} \exp(\mathrm{i}\varphi_x) \tag{9-3}$$

当 $\delta = m\pi$ 且 m 为整数时,椭圆的矢量末端运动轨迹退化为一条直线,琼斯矢量为

$$\begin{bmatrix} \widetilde{E}_x \\ \widetilde{E}_y \end{bmatrix} = \begin{bmatrix} a \\ (-1)^m b \end{bmatrix} \exp(\mathrm{i}\varphi_x) \tag{9-4}$$

此时表示线偏振光。若 m 为偶整数,表示位于 I、III 象限中的线偏振光;若 m 为奇整数,则表示位于 II、IV 象限中的线偏振光;若电场 y 分量的振幅 $b = 0$,则表示 x 方向振动的线偏振光;若电场 x 分量的振幅 $a = 0$,则表示 y 方向振动的线偏振光。在工程应用中,x 和 y 方向振动的线偏振光分别称为 0° 和 90° 线偏振光。

当 $\delta = m\pi/2$, m 为奇整数,且电场分量 E_x 和 E_y 的振幅相等($a = b$)时,椭圆的矢量末端运动轨迹退化为一个圆,琼斯矢量为

$$\widetilde{E} = \begin{bmatrix} \widetilde{E}_x \\ \widetilde{E}_y \end{bmatrix} = \begin{bmatrix} 1 \\ \exp(\mathrm{i}\delta) \end{bmatrix} a\exp(\mathrm{i}\varphi_x) \tag{9-5}$$

此时,表示圆偏振光。显然,当 δ 值取零和 π 时,对应了前述直线偏振光;而当 δ 取值非零非 π 的 $\pi/2$ 值时,$\widetilde{E}$ 为一个长短半轴在 x 和 y 轴方向长度分别为 a 和 b 的椭圆偏振光(称

为正椭圆偏振光），这个椭圆偏振光当 $b/a=1$ 时变成圆偏振光；还有若 δ 取值非零非 π 又非 $\pi/2$ 时，E 为斜椭圆偏振光（通称椭圆偏振光）。椭圆偏振光和圆偏振光有左旋和右旋之分，通常情况下，逆着光传播的方向看，光振动矢量随着时间的变化而顺时针旋转时为右旋偏振光，反之为左旋偏振光。它们完全决定于初始相位差 δ。当 $\sin\delta > 0$ 时，为右旋圆偏振光；当 $\sin\delta < 0$ 时，为左旋圆偏振光。各种偏振态的图解和数学表达式如图 9-2 所示。其中，图（b）、图（c）、图（d）所示的情况都是右旋椭圆偏振光；反之则为左旋椭圆偏振光。如图 5-22 中（f）、（g）、（h）所示的情况都是左旋椭圆偏振光。

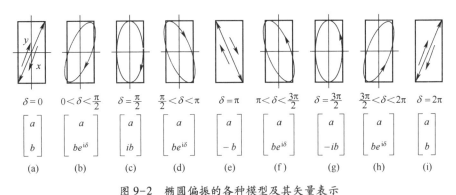

图 9-2 椭圆偏振的各种模型及其矢量表示

如果不考虑光场强度的绝对值，而仅仅考虑光场的偏振状态，则可以将琼斯矢量的每一个分量对光强 I（$I=\sqrt{E_x{}^2+E_y{}^2}$）进行归一化，并且省略比例常数，此时琼斯矢量被称为标准的归一化矢量。几种典型的偏振状态，如 $0°$、$45°$、$90°$、$135°$ 线偏振光及右旋和左旋圆偏振光的归一化矢量为

$$\begin{bmatrix}1\\0\end{bmatrix},\ \frac{\sqrt{2}}{2}\begin{bmatrix}1\\1\end{bmatrix},\ \begin{bmatrix}0\\1\end{bmatrix},\ \frac{\sqrt{2}}{2}\begin{bmatrix}1\\-1\end{bmatrix},\ \frac{\sqrt{2}}{2}\begin{bmatrix}1\\-i\end{bmatrix},\ \frac{\sqrt{2}}{2}\begin{bmatrix}1\\i\end{bmatrix}$$

需要强调的是，琼斯矢量的共同复数因子只会影响光强的绝对值，而不会改变两个振动分量的相位差，也就不会改变光波偏振状态。因此，在只关心偏振态时，琼斯矢量可以采用最合适、最简单的形式，而不用理会共同复数因子的大小。

9.2 晶体的双折射

一束单色光在各向同性界面折射时，按照折射定律，折射光只有一束。但当一束单色光在各向异性晶体界面上折射时，通常要产生两束折射光，这种现象叫做双折射。

9.2.1 晶体的双折射现象

下面以常用的方解石晶体为例，讨论晶体中的双折射现象。

方解石又叫冰洲石，它的化学成分是碳酸钙（$CaCO_3$），这是一种双折射现象非常显著的天然晶体。天然方解石晶体的外形为平行六面体（见图 9-3（a）），每面都是菱形，且每个菱面都具有 $92°$ 和 $78°$ 的一对角度。由三面钝角组成的一对钝顶角称为钝隅。由于方解石的双折射特性，晶体中的折射光分成两支，所以通过方解石观察物体时可以看到两个像。如果把钝隅的两个顶磨成垂直于光轴的平面,使入射光垂直于该平面入射如图9-3(b)中所示,在该平面上折射入晶体的光和各向同性介质一样,只有一支折射光,因此光轴是晶体的各向同性轴。即在晶体内,沿光轴方向传播的光不产生双折射。方解石晶体只有一个光轴方向,称为单轴晶体。除方解石外,石英、红宝石、电气石等也属单轴晶体。自然界还存在双轴晶体,如云母、蓝宝石、硫磺等,它们有两个方向的各向同性轴(或说有两个光轴),其双折射更加复杂,我们只讨论单轴晶体的双折射。

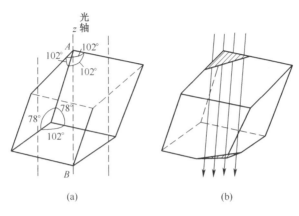

图9-3 方解石晶体及其光轴

9.2.1.1 寻常光和非常光

对方解石的双折射现象研究表明,晶体中的两条折射光线中,一条的折射行为遵循折射定律,即不论入射光线方位如何,折射光总在入射面内,且入射角的正弦与折射角的正弦之比为常数,因此称这束折射光为寻常光或o光;另一束折射光则不同,一般情况下,入射角的正弦与折射角的正弦之比不是常数,且折射光往往不在入射面内,即不遵守折射定律,称它为非常光或e光。进一步用检偏器来检验这两束光的偏振态,发现均为线偏振光。

9.2.1.2 晶体的光轴、主平面和主截面

光轴是晶体中存在的一个特殊方向,当光在晶体中沿此方向传播时不产生双折射现象。显然,在晶体中凡是与此方向平行的任何直线都是晶体的光轴。实验表明,当方解石的各棱等长时,相对的两个钝隅的连线就是光轴的方向(见图9-3(a)),当光在方解石内沿这一方向传播时,o光和e光的传播方向相同,其传播速度也相同,不产生双折射。

通常把光束在晶体中的传播方向与光轴组成的平面称为该光束的主平面。称光轴和晶面法线组成的面称为晶体的主截面。它由晶体自身结构决定,如图9-4所示为方解石和石英的主截面。当光束在主截面内反射,即入射面与主截面重合时,此时o光和e光都在该平面内,该面也是o光和e光的共同主平面。一般情况下,两主平面并不重合。实际使用时,有意选取入射面与主截面重合的情况。

9.2.2 晶体的各向异性和介电张量

光在晶体中出现的双折射现象,说明晶体中在光学上的各向异性,表现在对不同方向

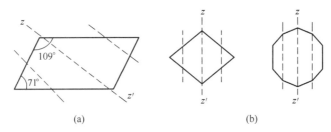

图 9-4　方解石和石英的主截面

(a)方解石;(b)石英。

的光振动,在晶体中有不同的传播速度或折射率,实质上表示晶体物质对入射光电磁场相互作用的各向异性。应该指出,一些非晶物质的分子、原子的排列也具有不对称性,但由于它们在物质中的无序排列,呈现出宏观的各向同性,但在外界场(应力、电场或磁场)作用下,会出现规则排列而呈现各向异性,这就是人为的各向异性。

晶体光学也是以麦克斯韦方程和物质方程为基础的。已经知道,各向同性物质中,电感强度 D 与电场强度 E 的关系由下式给出

$$D = \varepsilon E = \varepsilon_0 \varepsilon_r E \tag{9-6}$$

式中,ε 是个标量常数,因此 D 和 E 的方向一致。但在各向异性晶体中,极化是各向异性,因而 ε 的取值与电场的方向有关,此时介电常数应有介电张量 $[\varepsilon]$ 代替,ε 用张量表示时,有

$$[\varepsilon] = [\varepsilon_{ij}] \tag{9-7}$$

用 $i,j = 1,2,3$ 分别对应着直角坐标系的三个方向,则 D 与 E 的关系可写成

$$D_i = \sum_{j=1}^{3} \varepsilon_{ij} E_i \tag{9-8}$$

当介质无吸收和无旋光性时,在正交坐标系 x,y,z 中 $[\varepsilon]$ 是一对称张量,即 $\varepsilon_{ij} = \varepsilon_{ji}$。对称张量具有以下形式

$$[\varepsilon] = \begin{bmatrix} \varepsilon_x & 0 & 0 \\ 0 & \varepsilon_y & 0 \\ 0 & 0 & \varepsilon_z \end{bmatrix} \tag{9-9}$$

式中,x,y,z 三个相互垂直的方向称为晶体的主轴方向,$\varepsilon_x,\varepsilon_y,\varepsilon_z$ 称为晶体的主介电常数。在主轴坐标系中,D 能用简单的形式表示

$$D_x = \varepsilon_x E_x , \quad D_y = \varepsilon_y E_y , \quad D_z = \varepsilon_z E_z \tag{9-10}$$

由以上讨论得出如下重要结论:各向异性晶体中,由于一般地,$\varepsilon_x \neq \varepsilon_y \neq \varepsilon_z$,因此 D 和 E 有不同的方向,仅当电场 E 的方向沿着三主轴 (x,y,z) 之一方向时,D 与 E 才平行。

晶体就其光学性质分为三类。一类是三个主介电常数相等,即 $\varepsilon_x = \varepsilon_y = \varepsilon_z$,这时晶体中任一方向上,$D$ 与 E 才平行,这类晶体是光学各向同性;第二类晶体中有两个主介电常数相等,例如 $\varepsilon_x = \varepsilon_y \neq \varepsilon_z$,此时光轴方向平行与 z 轴,称这类晶体为单轴晶体;第三类晶体对应 $\varepsilon_x \neq \varepsilon_y \neq \varepsilon_z$ 的情况,一般有两个光轴方向,称为双轴晶体。

9.2.3　平面波在晶体中的传播

由光学的傅里叶变换可知,任意一个复杂的光波都可以看做由许多不同频率、沿不同

方向传播的单色平面波的叠加。而且光波的传播特性可以通过麦克斯韦方程和物质方程求解。

9.2.3.1 单色平面波在晶体中传播

下面从麦克斯韦方程和物质方程出发,可以得到单色平面波在晶体中传播的以下特点。

（1）在晶体中,波矢量方向即波法线方向 k（波前的传播方向）与光线方向 S（能量的传递方向）一般不同向。D 与 E 的夹角 α 就是 k 与 S 间的夹角。如图 9-5 所示,由于 D 垂直于 H 和 k , H 垂直于 E 和 k ,因此,D 、E 、k 组成右手螺旋正交系。又 E 垂直于 H 和 S , E 、H 、S 也构成右手螺旋正交系,可知,D 、E 、k 和 S 在同一垂直于 H 的平面内;又由于一般情况下 D 和 E 不同向,所以 k 与 S 也不同向。易见,光线速度 v_s 与波面法线速度（即相速度）v_k 间的关系为

$$v_k = v_s \cos\alpha \tag{9-11}$$

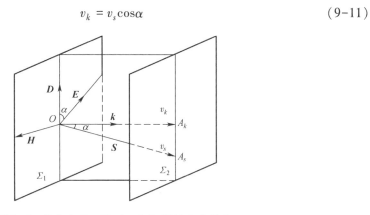

图 9-5　晶体中 D , E , k , S 与 H 的方向关系

参照相速度 v_k 与折射率 n 的关系,在形式上可以定义与光线速度对应的光线折射率 n_s 为

$$n_s = c/v_s = n\cos\alpha \tag{9-12}$$

（2）当光波沿 z 轴传播时,o、e 光波有相同的折射率 n_o 和相同的法线速度 v_o ,不发生双折射。因此,把 z 轴方向称为光轴方向。

（3）在晶体中对应于给定的波法线方向 k ,产生两束振动方向相互垂直的线偏振光（o 光和 e 光）。o 光的 E 和 D 相互平行并垂直于波法线与光轴组成的面,且折射率不依赖于波面传播方向 k ,光线方向与波法线方向一致,类同于各向同性煤质中的传播。而 e 光的 E 和 D 在光轴与波法线 k 所组成的平面内,但一般 E 、D 不一致,其光线方向与波法线方向不重合,且其折射率随波面传播方向 k 而变（见图 9-6）。即

$$n'^2 = n_o^2, \quad n''^2 = \frac{n_o^2 n_e^2}{n_o^2\sin^2\theta + n_e^2\cos^2\theta} \tag{9-13}$$

式中, θ 为波法线 k 与光轴 z 的夹角。

（4）对于晶体中的一点,o 光以相同速度 v_o 沿各方向传播,其波面为球面;而 e 光随不同传播方向,其传播速度不同,其波面是在光轴方向与 o 光波面相切的回转椭球面,光

轴方向为回转轴(见图 9-7)。e 光在垂直于光轴方向上的传播速度为 v_e。

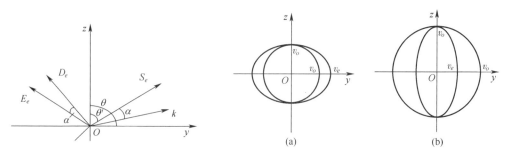

图 9-6　单轴晶体中 o,e 光各矢量的方向

图 9-7　单轴晶体的光波面
(a)负晶体;(b)正晶体。

根据 v_o、v_e 的相对大小,单轴晶体分为两类。一类晶体(如方解石)$v_e > v_o$,这类晶体称为负晶体。另一类晶体(如石英)$v_o > v_e$,这类晶体称为正晶体。它们的波面见图 9-7。另外,已知介质的折射率 $n = c/v$。因此,晶体中 o 光的折射率为 $n_o = c/v_o$。而对于 e 光,在两个主轴方向(光轴方向垂直于光轴方向上),其折射率分别为 $n_o = c/v_o$ 与 $n_e = c/v_e$,一般称其为晶体的主折射率。表 9-1 给出了几种单轴晶体的主折射率。

表 9-1　几种单轴晶体的主折射率

方解石(负晶体)			KDP(负晶体)			石英(正晶体)		
波长/nm	n_o	n_e	波长/nm	n_o	n_e	波长/nm	n_o	n_e
653.6	1.6544	1.4846	1500	1.482	1.458	1964	1.52184	1.53004
589.3	1.6584	1.4864	900	1.498	1.463	589.3	1.54424	1.55335
486.1	1.6679	1.4908	546.1	1.512	1.47	340	1.56747	1.57737
404.7	1.6864	1.4969	365.3	1.523	1.484	185	1.65751	1.68988

设晶体中传播的单色平面波为

$$\boldsymbol{E}、\boldsymbol{D}、\boldsymbol{H} = (\boldsymbol{E}_0、\boldsymbol{D}_0、\boldsymbol{H}_0) \exp\left[-\mathrm{i}\omega\left(t - \frac{n}{c}\boldsymbol{k}_0 \cdot \boldsymbol{r} \right) \right] \tag{9-14}$$

式中,$\boldsymbol{E}_0$、$\boldsymbol{D}_0$、$\boldsymbol{H}_0$ 分别表示场量 $\boldsymbol{E}$、$\boldsymbol{D}$、$\boldsymbol{H}$ 的振幅矢量;$\boldsymbol{k}_0$ 是波矢方向 $\boldsymbol{k}$ 的单位波矢量;$\boldsymbol{r}$ 是空间位置矢量;c 是真空中的光速;n 是描述光波传播特性的折射率,即与波矢量 $\boldsymbol{k}$ 相对应的折射率。对非磁性晶体,相对磁导率 $\mu_r = 1$。将式(9-14)代入麦克斯韦方程组,并且利用物质方程式可以得到

$$\boldsymbol{H} \times \boldsymbol{k}_0 = \frac{c}{n}D \tag{9-15}$$

$$\boldsymbol{E} \times \boldsymbol{k}_0 = -\frac{\mu_0 c}{n}\boldsymbol{H} \tag{9-16}$$

消去式(9-15)和式(9-16)中的 $\boldsymbol{H}$,并且利用矢量恒等式 $\boldsymbol{A} \times (\boldsymbol{B} \times \boldsymbol{C}) = \boldsymbol{B}(\boldsymbol{A} \cdot \boldsymbol{C}) - \boldsymbol{C}(\boldsymbol{A} \cdot \boldsymbol{B})$ 可以得到

$$\boldsymbol{D} = \varepsilon_0 n^2 [\boldsymbol{E} - (\boldsymbol{E} \cdot \boldsymbol{k}_0)\boldsymbol{k}_0] = \frac{\varepsilon_0 c^2}{v_k^2}[\boldsymbol{E} - (\boldsymbol{E} \cdot \boldsymbol{k}_0)\boldsymbol{k}_0] \tag{9-17}$$

式中,利用了关系式 $k = |k| \boldsymbol{k}_0 = \frac{\omega}{c}n\boldsymbol{k}_0$,$\omega$ 是角频率,$n(= c/v_k)$ 是折射率。由图 9-8 知,

利用关系式(9-12),可写出 E 的表达式

$$E = \frac{1}{\varepsilon_0 n_S^2}\left[D - (D \cdot S_0)S \right] = \frac{v_s^2}{\varepsilon_0 c^2}\left[D - (D \cdot S_0) S_0 \right] \qquad (9\text{-}18)$$

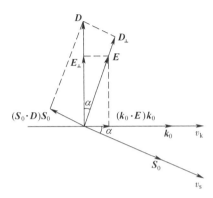

图 9-8　晶体中 E , D , H , S_0 , k_0 间的关系

式中 , S_0 是光线方向 S 的单位矢量。式(9-17)给出了波传播方向 k_0 与法线速度 v_k 和折射率 n 的关系;式(9-18)则给出了光线(能量)传播方向 S_0 与光线速度 v_s 和光线折射率 n_s 的关系。它们是晶体光学性质的基本方程,决定着电磁波在晶体中传播的性质。写出式(9-7)在晶体主轴坐标系中的分量,并代入关系 $\varepsilon_i = \varepsilon_0 \varepsilon_{ri}(i = x, y, z$ 。 ε_{ri} 是相对介电常数),得

$$D_i = \frac{\varepsilon_0 k_{0i}(E \cdot k_0)}{\dfrac{1}{\varepsilon_{ri}} - \dfrac{1}{n^2}}(i = x, y, z) \qquad (9\text{-}19)$$

利用 $D \cdot k_0 = 0$,由式(9-19)可以得到

$$\frac{k_{0x}^2}{\dfrac{1}{n^2} - \dfrac{1}{\varepsilon_{rx}}} + \frac{k_{0y}^2}{\dfrac{1}{n^2} - \dfrac{1}{\varepsilon_{ry}}} + \frac{k_{0z}^2}{\dfrac{1}{n^2} - \dfrac{1}{\varepsilon_{rz}}} = 0 \qquad (9\text{-}20)$$

若利用 $v_k = c/n$,再定义沿三个主轴方向的主传播速度 v_i ,则

$$v_i = c/\sqrt{\varepsilon_{ri}} \quad (i = x, y, z) \qquad (9\text{-}21)$$

式(9-20)可写成

$$\frac{k_{0x}^2}{v_k^2 - v_x^2} + \frac{k_{0y}^2}{v_k^2 - v_y^2} + \frac{k_{0z}^2}{v_k^2 - v_z^2} = 0 \qquad (9\text{-}22)$$

式(9-20)和式(9-22)均称为菲涅尔方程,它们给出了单色平面波在晶体中传播时,光波折射率 n 或波法线速度 v_k 与波法线方向 k_0 的函数关系,表示波的传播速度与传播方向有关。显然,菲涅尔方程是关于 n^2 或 v_k^2 的一个二次方程,对应晶体中一个已知的波法线方向 k_0 ,一般有两个独立的实根 n' 和 n''(另外两个负根没有意义而略去)或 v_k' 和 v_k'' ,即可以有两种不同的光波折射率或两种不同的光波法线速度。利用式(9-19),分别代入 n' 和 n'' ,得到 n' 、 n'' 对应的两个光波的 E' 和 E'' ,这是两个线偏振光;再由式(9-9)和式(9-19),能够求出相应的两个光波的 D' 和 D'' ,并证明 D' 和 D'' 正交。

于是,得到光于晶体光学性质的又一重要结论:对于晶体中既定的一个波法线方向,可以有两束特定振动方向的线偏振波传播,它们有两种不同的光波折射率或两种不同的波发现速度,且这两个波的振动面相互垂直;并且,一般情况下,这两个光波的 E 和 D 不平行,因而两个光波有不同的光线速度和光线方向(见图9-9)。

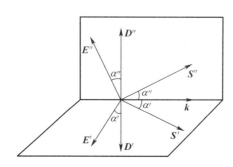

图9-9 对应 k_0 方向的 D、S、E 的两个可能方向

根据式(9-18),利用关系 $E \cdot S_0 = 0$,类似地可以得到光线菲涅尔方程

$$\frac{S_{0x}^2}{v_S^2 - v_x^2} + \frac{S_{0y}^2}{v_S^2 - v_y^2} + \frac{S_{0z}^2}{v_S^2 - v_z^2} = 0 \tag{9-23}$$

上式给出了晶体中光线速度与光线方向的关系。可以知道,对应于晶体中一个给定的光线方向,允许有两个不同线速度的线偏振波传播,并且其波的振动面相互垂直;一般情况下,这两个波的法线速度和法线方向也不同。需要指出,在一定的晶体中,由于波法线方向与光线方向之间的投影关系,一般只要知道光波法线的传播规律就能推得相应光线的传播规律。

9.2.3.2 晶体的惠更斯作图法

惠更斯原理指出,任一时刻波前上的每一点都可以看作是发出球面次波的波源,新的波前是这些次波的包络面。据此原理,可以用作图法直接求出折射光线或反射光线的方向,这就是惠更斯作图法。它同样也适用于晶体。此时在晶体中次波源发出的波面就是光线面。惠更斯作图法的基本步骤归纳如下(见图9-10):

(1)画出平行的入射光束,设两边缘光线与界面的交点分别为 A、B;

(2)由先到界面的 A 点作另一边缘入射线的垂线 AB,它便是入射线的波面。求出 B 到 B' 的时间 $t = \overline{BB'}/c$,c 为真空或空气中的光速;

(3)以 A 为中心、vt 为半径(v 为光在折射媒质中的波速)在折射媒质内作半圆(实际上是半球面),这就是另一边缘入射线到达点 B' 时由 A 点发出的次波面;

(4)通过 B' 点作上述半圆的切线(实际上为切面),这就是折射线的波面;

(5)从 A 连接到切点 A' 的方向便是折射线的方向。

现在把这一方法应用到单轴晶体上(图9-10(b)),这里情况唯一不同之处是从 A 点发出的次波面不简单地是一个半球面,而有两个,一是以 $v_o t$ 为半径的半球面(o 光的次波面),二是与它在光轴方向上相切的半椭球面,其另外的半主轴长为$v_e t$(e 光的次波面)。作图法的(1)和(2)两步同前,第(3)步中应根据已知的晶体光轴方向作上述复杂的次波面。第(4)步中要从 B' 点分别作 o 光和 e 光次波面的切面,这样得到两个切点 A'_o 和 A'_e,从而在第(5)步中得到两条折射线 AA'_o 和 AA'_e,它们分别是 o 光和 e 光的光线。

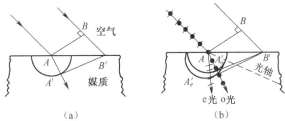

图 9-10　用惠更斯作图法求折射线

(a)各向同性煤质;(b)单轴晶体。

应当注意,在图 9-10(b)中给的主截面与入射面重合(即纸平面),从而切点 A'_o 和 A'_e 和两折射线都在此同一平面内。根据定义,此平面也是两折射线的主平面。这样,我们就可以判知两折射光的偏振方向:o 光的振动垂直纸面,e 光的振动在纸平面内。

9.3　晶体偏振器件

在工程光学中常常需要获取、检验和测量光的偏振特性和改变偏振态,以及利用偏振特性进行一些物理量的测量等,这就需要用到产生和检验光的偏振性,以及改变光的偏振性的器件。偏振器件通常分成偏振棱镜和玻片两类,前者用来制作偏振器,即可用来从自然光获得线偏振光或者用来获得两个直线偏振光;后者用来获得偏振光的两个正交分量之间的一个相对的位相延迟。众多偏振器件都是利用晶体的双折射特性制作的,它们是光学技术应用中的重要光学元件。

9.3.1　偏振棱镜

偏振棱镜是利用晶体的双折射特性制成的偏振器,它通常是由两块晶体按一定的取向组合而成的。利用晶体的双折射现象,可以制成各种偏振棱镜。

9.3.1.1　用作偏振器的偏振棱镜

这类器件名目繁多,但从功能上看,就是用作起偏器或检偏振器。所以表征这一类器件特性的是它的透光轴方向。结构上通常由晶体材料做成的两个直角棱镜组合而成(两个直角棱镜材料的光轴方向一般相同)。原理上由一个棱镜产生双折射,由第二个棱镜的表面将双折射光束中的一支光全反射而只让另一支直线偏振光透过,从而让自然光获得线偏振光。下面介绍几种常用的偏振起偏棱镜。

(1)格兰-汤姆逊(Glan-Tompason)棱镜。如图 9-11 所示,格兰-汤姆逊棱镜由两块方解石直角棱镜沿斜面相对胶合而成,光轴取向垂直于图面并相互平行。当光垂直于棱镜端面入射时,o 光和 e 光均不发生偏折,它们在斜面上的入射角就等于棱镜斜面与直角面的夹角 θ_o。制作时应使胶合剂的折射率 n_g 大于并接近非常光的折射率但小于寻常光折射率,并选取 θ 角大于 o 光在胶合面上的临界角。这样,o 光在胶合面上将发生全反射,并被棱镜直角面上涂层吸收;而 e 光,由于折射率几乎不变而无偏折地从棱镜出射。

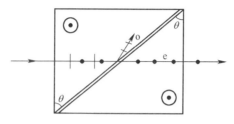

图 9-11　格兰棱镜

当入射光束不是平行光或平行光非正入射偏振棱镜时,镜的全偏振角或孔径角受到限制。如图 9-12 所示,当上偏振角 i 大于某一值时,o 光在胶合面上的入射角将会小于临界角,因此不发生全反射而部分地透过棱镜。当下偏振角 i' 大于某值时,由于 e 光折射率增大而与 o 光均发生全反射,结果没有光从棱镜射出。因此这种棱镜不宜用于高度会聚或发散的光束。对于给定的晶体,孔径角与使用波段、胶合剂折射率和棱镜底角有关。例如,对于 $\lambda = 589.3\text{nm}$ 的钠黄光,方解石的 $n_o = 1.6548$, $n_e = 1.4864$,加拿大树胶的 $n_B = 1.55$。在方解石 - 树胶界面上 o 光的临界角为 $69°$,若选取棱镜的的底角 $\theta = 73°(> 69°)$,则由 $\tan\theta = 3.27$,可定出棱镜的长宽比为 $3.27:1$,求得相应的孔径角约为 $13°$;若选 $\theta = 81°$,则棱镜长宽比为 $6.31:1$,孔径角接近 $40°$。表明较大的孔径角需以增加棱镜材料为代价。若方解石棱镜改用甘油($n_B = 1.474$,近紫外波段也透明)胶合,对于 He-Ne 激光,在大致相同的棱镜长宽比($\tan\theta = \tan72.90° = 3.25$)时,可获得孔径角约为 $32°$。

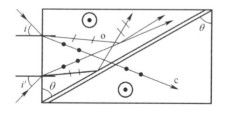

图 9-12　孔径角的限制

（2）格兰-付科(Glan-Foucault)棱镜。若直接用空气层代替格兰-汤姆逊棱镜的加拿大树胶胶合层,便得到格兰-付科棱镜。这种棱镜在 $0.23 \sim 5\mu\text{m}$ 光谱范围内工作,所承受的功率密度高达 $90\text{W}/\text{cm}^2$,避免了树胶强烈吸收紫光的缺点,所以在激光技术中被广泛应用。

格兰-付科棱镜如图 9-13 所示,它是格兰-汤姆逊棱镜的一种改进型。用空气层代替胶合面的加拿大树胶,这样可以减小加拿大树胶引起的吸收损耗,并可用于真空紫外波段。只要我们适当地选取棱镜的锐角 θ,就可以使第一个棱镜与空气隙所形成的界面上的入射角:对于 o 光,大于临界角;而对于 e 光来说,又小于临界角。于是,在空气隙界面上 o 光将发生全反射,而 e 光将穿过空气隙从 CD 边直接透射出去,我们将在透射侧获得一线偏振光。

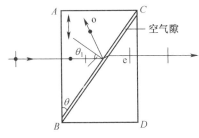

图 9-13　格兰-付科棱镜

9.3.1.2　用作分束器的偏振棱镜

这类器件通常由两块直角棱镜构成(两个直角棱镜材料的光轴方向一般互相垂直),它的特点是通过偏振棱镜后得到两个分离开的直线偏振光。下面介绍几种常用的偏振起偏棱镜。

(1)渥拉斯顿(Wollaston)棱镜。沃拉斯顿棱镜能产生两束相互分开的、光矢量相互垂直的线偏振光,如图 9-14 所示。它由两个直角的方解石(或石英)棱镜胶合而成,且这两个光轴方向相互垂直,又都平行于各自的表面。

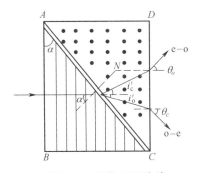

图 9-14　渥拉斯顿棱镜

当一束自然光垂直入射到 AB 面上时,由第一块棱镜产生的 o 光和 e 光方向均保持不变,但是传播速度不同。由于第二块棱镜相对于第一块棱镜转过了 90°,因此在界面 AC 处,o 光和 e 光发生了转化。先看光矢量垂直于纸面的这束偏振光,它在第一块棱镜里是 o 光,在第二块棱镜里却成了 e 光,由于方解石的 $n_o > n_e$,这束光在通过界面时是由光密介质入射到光疏介质,因此将远离法线方向传播。而光矢量平行于纸面的这束光,在界面 AC 上的折射则是由光疏介质到光密介质,因此靠近法线方向传播。从 AC 界面处折射后进入第二块棱镜的两束偏振方向垂直的线偏振光在 CD 界面处的折射都是从光密介质入射到光疏介质,所以远离法线方向偏折,彼此再次分开。这样沃拉斯顿棱镜射出的是两束有一定夹角且光矢量相互垂直的线偏振光。

不难证明,当棱镜顶角 α 不很大时,这两束光基本上对称地分开,它们与出射面 CD 的法线的夹角为

$$\theta_0 = \arcsin[(n_o - n_e)\tan\alpha] \tag{9-24}$$

若入射光是白光,则出射的是彩虹光斑。出射光束间的夹角取决于方解石两主折射率之

229

差和棱镜的折射顶角。同样,制造沃拉斯顿棱镜的材料也可以用水晶(即石英)。水晶比方解石容易加工成完善的光学平面,但是分出的两束光的夹角要小得多。

(2)洛匈(Rochon)棱镜。图 9-15 所示是洛匈棱镜的一种。当平行自然光垂直入射棱镜时,光在第一棱镜中沿着光轴方向传播,因此不产生双折射,o、e 光都以 o 光速度沿同一方向行进。进入第二块棱镜后,由于光轴转过 90°,所以平行于图面振动的 e 光在第二棱镜中变为 o 光,这支光在两块棱镜中速度不变,故无偏折地射出棱镜;垂直于图面振动的 o 光在第二棱镜中则变为 e 光,由于石英的 $n_e > n_o$,故在斜面上折射光线偏向法线,最后得到两束分开的振动方向相互垂直的线偏振光。

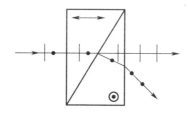

图 9-15　洛匈棱镜(石英)

洛匈棱镜只允许光从左方射入棱镜。这种棱镜能使 o 光无偏折地出射,因此白光入射时,能得到无色散的线偏振光(把另一支光挡掉),这是非常有利的。洛匈棱镜也可用方解石制成,也有用玻璃-晶体制成的。

9.3.2　波片

波片也称为相位延迟器,它能使偏振光的两个相互垂直的线偏振光之间产生一个相对的相位延迟,从而改变光的偏振态。它们在偏振技术中有很重要的作用。

如图 9-16 所示,晶片的光轴与其表面平行,设其为 y 轴。由起偏器获得的线偏振光垂直入射到由单轴透明晶体制成的平行平面薄片上。这时入射的线偏振光在波片中分解成沿原方向传播但振动方向相互垂直的 o 光和 e 光,对应的折射率为 n_o、n_e。由于两光在晶片中的速度不同,即它们在晶体内所通过的光程不同,两束光通过晶片后产生了一定的光程差或相位差。

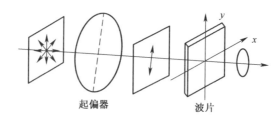

起偏器　　　　波片

图 9-16　线偏振光通过晶片

设晶片得厚度为 d,那么它们通过晶片后的光程差为

$$\Delta = | n_o - n_e | d \tag{9-25}$$

相位差 σ 为

$$\delta = \frac{2\pi}{\lambda} | n_o - n_e | d \tag{9-26}$$

这样,两束振动方向相互垂直且有一定相位差的线偏振光相互叠加,一般得到椭圆偏振光。

需要指出,波片制造时通常标出快(或慢)轴,称晶体中波速快的光矢量的方向为快轴,与之垂直的光矢量方向即为慢轴。显然,负单轴晶体时,e 光比 o 光速度快,因此快轴在 e 光光矢量方向,即光轴方向,o 光光矢量方向为慢轴;正晶体时正好相反。波片产生的相位差 δ 是慢轴方向光矢量相对于快轴方向光矢量的相位延迟量。常用的波片如下。

1. 1/4 波片

这种波片产生的相位延迟为

$$\delta = \frac{2\pi}{\lambda} \mid n_o - n_e \mid d = (2m + 1)\pi/2, d = \frac{(2m + 1)}{\mid n_o - n_e \mid} \frac{\lambda}{4} (m \text{ 取整数}) \qquad (9-27)$$

容易分析,1/4 波片通常能使入射线偏振光转换成椭圆偏振光。特殊情况下得到圆偏振光或线偏振光,前者对应了入射线偏振光的振动方向与快慢轴方向夹角不为零或者不为 45° 的情况。后者对应了偏振光的振动与快(慢)轴夹角为 45° 或者重合的情况。自然,线偏振光的方向若与快(慢)轴方向线一致,出射光还是线偏振光。

2. 半波片

半波片对应的位相延迟量为

$$\delta = (2m + 1)\pi/2, d = \frac{(2m + 1)}{\mid n_o - n_e \mid} \frac{\lambda}{2} (m \text{ 取整数}) \qquad (9-28)$$

半波片产生 π 奇数倍的相位延迟,线偏振光通过 λ/2 片后仍是线偏振光。若入射线偏振光的振动方向与波片快(慢)轴夹角为 α,则出射线偏振光的振动方向向着快(慢)轴方向转过 2α 角。圆偏振光入射时,出射光是旋向相反的圆偏振光。

3. 全波片

全波片对应的相位延迟量为

$$\delta = 2m\pi, d = \frac{m}{\mid n_o - n_e \mid}\lambda \qquad (m \text{ 取整数}) \qquad (9-29)$$

全波片产生 2π 整数倍的相位延迟,故一般不影响光的偏振态的分析。全波片一般用于应力仪中,以增大应力引起的光程差值,使干涉色随内应力变化变得灵敏。

需要指出,波片都只对某一特定波长的入射光产生某一确定的相位变化。同时,入射在波片上的光必须是偏振光。自然光经波片后的出射光仍是自然光。为了达到改变偏振态的目的,应该使波片的快(慢)轴与入射光矢量有一定夹角,以便在两个相互垂直的光矢量间引入一定的相位延迟。波片只能改变入射光的偏振态,而不改变其光强。

制造波片最常用的材料是云母,云母容易被理解成各种所需厚度的薄片。一般云母的 1/4 波片(对黄绿光)厚度约为 0.035mm。云母不易在整片上得到相同的消光比,对此有要求时,可选用石英波片,一块 λ/4 石英波片(对 λ = 632.8nm)厚度约为 0.017mm,由于太薄不易加工,通常用两块厚度适当的石英片按快轴相互垂直粘合在一起进行抛光,直到两板厚度差等于 λ/4 波片的厚度,这样做还可以消除材料的旋光性和二向色性影响。在需要消色差的场合,可选用具有正、负双折射材料制成的复合波片,也可以用经过拉伸的聚乙烯醇薄膜等非晶体材料制造,这对大面积波片的制造有利。

9.3.3 偏振态的实验检定

偏振光可以具有不同的偏振态,这些偏振态包括部分偏振光、线偏振光、圆偏振光和椭圆偏振光。对于人眼来说,自然光以及所有这些偏振态看起来都是一样的。因此,要鉴别自然光以及各种不同的偏振光,必须借助检偏器。

9.3.3.1 平面偏振光的检定

如果在一束线偏振光传播的路径上插入一片偏振片,并且绕传播方向转动它,就可以发现透射光的强度随着偏振片的取向不同而发生变化。当偏振片处于某一位置时,透射光的强度最大,由此位置转过90°后,透射光的强度为0,这种现象叫做消光。若继续将偏振片转过90°,透射光又变为最强,再转过90°,又出现消光,如此等等。

如果用一块偏振片来观察椭圆偏振光,那么当偏振片处于某一位置时透射光的强度最大。由此位置转过90°后,透射光的强度最小,但不会出现消光现象。这一特点与线偏振光不同,但与部分偏振光相似。

如果入射光是圆偏振光,转动检偏器时,透射光的强度不变,其特点与自然光相似。

由此可见,利用一块偏振片可以将线偏振光区分出来,但对于自然光和圆偏振光,部分偏振光和椭圆偏振光则不能区分。为了判别这四种状态,可以再加一块1/4波片。

9.3.3.2 圆偏振光和椭圆偏振光的检验

首先单用偏振片进行观察,若光强随偏振片转动没有变化,那么这束光是自然光或是圆偏振光。这时可在偏振片之前放一块1/4波片,然后再转动偏振片,如果强度仍然没有变化,那么入射光束就是自然光。如果转动偏振片一圈出现两次消光,那么入射光束就是圆偏振光,因为1/4波片能把圆偏振光转变成线偏振光。

如果单用偏振片进行观察,光强随偏振片转动有变化但没有消光,那么这束光是部分偏振光或者椭圆偏振光。这时可将偏振片停留在透射光强度最大的位置。在偏振片前插入1/4波片,使它的光轴与偏振片的透射方向(即椭圆主轴)平行,这样,椭圆偏振光就转变成线偏振光。这是因为椭圆偏振光总可以认为是由相位差 $\Delta\varphi = \pi/2$ 的两束沿椭圆主轴振动的线偏振光合成的,当1/4波片的光轴和椭圆的一个主轴平行时,这两束光又产生了 $\Delta\varphi' = \pi/2$ 的相位差,结果透射出来的这两束光之间相位差总共是 $\Delta\varphi + \Delta\varphi' = 0$ 或 π,所以它们最后仍合成线偏振光。因此,再转动偏振片,如果这时出现两次消光,那么原光束就是椭圆偏振光。如果不出现消光,而且强度最大的方位同原先一样,那么原光束就为部分偏振光。

综上所述,把偏振片和1/4波片两者结合起来使用就可以把上述五种光区分开。

9.4 偏振光干涉

从起偏器射出的线偏振光进入晶片后,一般在晶体中产生的两个光波具有相同的频率,从晶片出射时保持恒定的相位差,但这两个光波的振动方向相互垂直,因此不能产生干涉现象。必须使从晶片出射的这两个光波同时通过一个检偏器,在检偏器透光轴上投影的两个分量,此时具有相同的振动方向,满足光波干涉的条件。因此偏振光干涉装置的基本元件应包括起偏器、晶片和检偏器。偏振光的干涉可分为两类:平行偏振光的干涉和会聚偏振光的干涉。本节介绍偏振光干涉的原理、特点及应用。

9.4.1　平行偏振光的干涉

如图 9-17 所示的平行偏振光干涉装置中,晶片的厚度为 d ,起偏器 P_1 将入射的自然光变成线偏振光,检偏器 P_2 则将有一定的相位差、振动方向互相垂直的线偏振那个引到同一振动方向上,使其产生干涉。

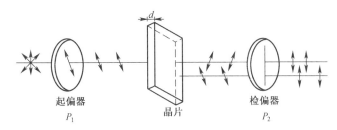

图 9-17　平行偏振光的干涉光路

让一束单色平行光垂直通过放在两偏振器之间的平行平面晶片。设晶片的快轴、慢轴分别沿 x 轴和 y 轴,起偏器 P_1 和检偏器 P_2 的透光轴与 x 轴的夹角分别为 α 和 β 。透过 P_1 的线偏振光的振幅为 E_0 ,如图 9-18 所示,它在晶片快、慢轴上的投影为

$$\begin{cases} E_x = E_0\cos\alpha \\ E_y = E_0\sin\alpha \end{cases} \tag{9-30}$$

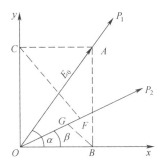

图 9-18　平行偏振光的干涉

则 E_x 和 E_y 通过晶片后得相位差为

$$\delta = \frac{2\pi}{\lambda}|n_o - n_e| \tag{9-31}$$

式中, $|n_o - n_e|$ 为晶片的双折射率。此时两分量的复振幅分别为

$$\widetilde{E}_x = E_0\cos\alpha \ , \ \widetilde{E}_y = E_0\sin\alpha \cdot e^{i\delta}$$

叠加后的合成光一般是椭圆偏振光,让此合成光通过检偏器 P_2 ,则 $\widetilde{E}_x$ 和 $\widetilde{E}_y$ 沿 P_2 的透光轴的分量分别为

$$\widetilde{E}' = \widetilde{E}_x \cos\beta = E_0 \cos\alpha\cos\beta$$

$$\widetilde{E}'' = \widetilde{E}_y \sin\beta = E_0 \sin\alpha\sin\beta e^{i\delta}$$

自检偏器 P_2 透射的这两个分量有相同的振动方向和频率,且相位差恒定,能够产生干涉现象。其干涉强度为

$$I = |\widetilde{E}' + \widetilde{E}''|^2$$

$$I = E_0^2 \cos^2(\alpha - \beta) - E_0^2 \sin2\alpha\sin2\beta\sin^2\left(\frac{\pi|n_o - n_e|d}{\lambda}\right) \tag{9-32}$$

式中已代入式(9-46)。上式就是平行偏振光干涉的强度分布公式。其中的第一项与晶片性质无关,仅取决于 P_1、P_2 之间的相对方位,形成干涉场的背景光;第二项表明干涉强度与偏振器 P_1、P_2 相对于晶片快、慢轴的方位有关,同时取决于晶片的性质。对于单色光照明的不均匀晶片,一般将出现等厚线状干涉条纹。现在分析几种常用情况。

1. 正交偏振系统

设起偏器 P_1 与检偏器 P_2 的透光轴相互垂直,即 $\beta = \alpha + \pi/2$,由式(9-32)得到强度分布为

$$I_\perp = I_0 \sin^2 2\alpha\sin^2\left(\frac{\pi|n_o - n_e|d}{\lambda}\right) = I_0 \sin^2 2\alpha \sin^2\frac{\delta}{2} \tag{9-33}$$

式中,$I_0 = E_0^2$。分析式(9-33),若 δ 为定值情况下,当 $\alpha = 0, \pi/2, \pi, 3\pi/2, \cdots, m\pi/2$($m$ 为整数)时,因为 $\sin2\alpha = 0$,则 $I_\perp = 0$。表面偏振器透光轴与晶片的快(慢)轴方向一致时,干涉光强有极小值。此时绕 z 轴转动晶片一周,可看到有四次光强为零的位置。当 $\alpha = \pi/4, 3\pi/4, \cdots, (2m + 1)\pi/4$ 时,即晶片快(慢)轴与偏振器透光轴成 45° 时,有 $I_\perp = I_0\sin^2\delta/2$,光强有极大值。此时转动晶片一周,出现四个最亮的位置。在研究晶片时,一般都采用这种取向状态。

当 $\delta = 0, 2\pi, \cdots, 2m\pi$ 时,$I_\perp = 0$,得暗纹,晶片起着全波片的作用。当 $\delta = \pi, 3\pi, \cdots, (2m + 1)\pi$ 时,$I_\perp = I_0\sin^2 2\alpha$,得亮纹,晶片起着半波片的作用。当 $\delta = (2m + 1)\pi$,且 $\alpha = (2m + 1)\pi/4$ 时,有最大的干涉光强 $I_\perp = I_0$。

2. 平行偏振系统

设起偏器和检偏器的透光轴相互平行,即 $\alpha = \beta$。由式(9-32)得光强分布为

$$I_\parallel = I_0\left(1 - \sin^2 2\alpha \sin^2\frac{\delta}{2}\right) \tag{9-34}$$

显然,光强极大、极小的条件与垂直偏振器系统时正好相反。

3. 白光干涉

当光源是包含各种波长成分的白光时,光强应是各种单色光干涉强度的非相干叠加。例如 $P_1 \perp P_2$ 时,有

$$I_\perp = \sum_i (I_0)_i \sin^2 2\alpha \sin^2\frac{\delta_i}{2} \tag{9-35}$$

式中,脚标 i 代表不同波长的单色光成分;$(I_0)_i$ 表示光源中波长为 λ_i 的成分透过起偏器 P_1 后的线偏振光的强度。可知,不同的 λ_i,其 δ_i 不同,对总光强 $I_\perp$ 的贡献也不同。对于

满足

$$\lambda_i = \left| \frac{2(n_o - n_e)}{(2m + 1)} \right| d \qquad (9-36)$$

的单色光,其干涉光强最大。这时透射光不再是白光,而是色泽鲜艳的色彩(干涉色)。易知,平行偏振器时干涉场的色彩与垂直时详述成互补色。这种干涉现象称为色偏振。显然干涉色与一定的光程差或相位差相对应,对于单轴晶体,则与晶片双折射率 $|n_o - n_e|$ 和晶片厚度 d 有关。反之,由干涉色可求取光程差或双折射率或厚度。色偏振现象是检验双折射现象的极灵敏的方法,在光测弹性学和应力分析中得到应用。

9.4.2 会聚偏振光的干涉

图 9-19 中,入射到晶片 Q 上的是会聚光,除了沿光轴的方向传播的光不发生双折射外,其余方向的光线与光轴有一定的夹角,会产生双折射。通过厚度为 d 的晶片时两束出射光之间的相位差可表示为

$$\delta = \frac{2\pi}{\lambda} |(n_o - n_e')| \frac{d}{\cos\phi} \qquad (9-37)$$

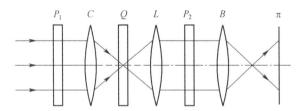

图 9-19　会聚光偏振光干涉系统

式中,n_o、n_e' 是与折射角为 ϕ 的波法线相应的 o、e 光的折射率;ϕ 是 o、e 光相应的折射角的平均值;$\dfrac{d}{\cos\phi}$ 表示此折中光线在晶体中走过的几何路程。在 $P_1 \perp P_2$ 的情况下,偏振光干涉的强度分布为

$$I_\perp = I_0 \sin^2 2\alpha \sin^2 \frac{\pi |(n_o - n_e')| d}{\lambda \cos\phi} \qquad (9-38)$$

由上式可知:

(1) 干涉强度与入射角方向有关,入射角相同的光线在晶体中经过的距离相同,光程差相等,形成同一干涉色的圆条纹。且光程差随倾角非线性增大,形成以居中光线为中心的里疏外密的同心干涉圆环(等色线)。

(2) 干涉强度同时还与入射面相对于正交偏振器透光轴的方位 α 有关。这是由于同一圆周上,由光线和光轴构成的主平面的方位是逐点改变的(图 9-20(a))。

由于任何一条入射光的折射光波法线都在入射面内,又因为晶体光轴方向就是表面法线方向,因而每一对折射光线所在的入射面就是主截面,对照图 9-20,例如 OS 平面表示圆条纹上任一点 S 所对应的入射面即主截面。因而,参与干涉的 o、e 光在检偏器透光轴上的投影随着主截面相对于 P_1 的方位 α 而变,由强度分布式(9-38)易知,当 $\alpha = \pm 45°$ 时,能得到最鲜明的干涉条纹;当 $\alpha \to 0$ 或 $\pi/2$ 时,即当入射面趋近于起偏器或检偏器透

光轴时,晶体中只有一个 o 光或 e 光,入射光通过晶体后的偏振态没有改变,因而不能通过检偏器,此时不论 δ 为何值,光强均为零,相应的干涉图样将呈现暗十字刷状(图 9-21)。

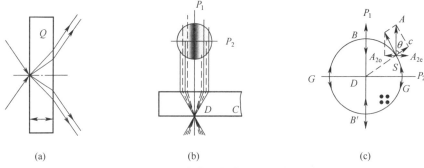

图 9-20　会聚偏振光通过晶片

(a)光通过晶体的示意图;(b)会聚光通过晶体后的干涉示意图;(c)干涉图中暗十字线的成因。

图 9-21　会聚偏振光干涉图

将正交偏振器($P_1 \perp P_2$)变为平行偏振器($P_1 \parallel P_2$),这时暗十字刷变为亮十字刷,两种情况的干涉图互补。白光干涉时各圆环的干涉色变成它的互补色。如果晶片光轴与表面不垂直,随着晶片的旋转,十字刷中心随之打圈,偏离透镜光轴,据此可判断晶体光轴是否与表面垂直、测定光轴倾斜的方位和角度。所以,会聚偏振光的干涉除了由相位差变化测定双折射率以外,还能判断光轴倾斜及晶体光性,用于矿物极性研究中。

9.5　磁光、电光效应

由电场、磁场和应力作用产生的双折射或双折射性质的变化与外界作用的性质和大小密切联系,测定所产生的磁光效应和电光效应中的双折射大小或变化可以推断外界作用的大小和方向;反之,通过控制外界作用,产生所需要的双折射,可以实现对透射光的相位、强度或偏振态的调制。这些效应近些年在激光技术、光学信息处理和光通信等领域的应用更加广泛。

9.5.1　旋光和磁光效应

9.5.1.1　固有旋光现象

人们发现,某些晶体(光轴垂直于表面切取),当入射平行线偏振光在晶体内沿着光轴方向传播时,线偏振光的光矢量随传播距离逐渐转动,这种现象称为旋光现象。具有这种性质的媒质称为旋光物质。它们以双折射晶体(如石英、酒石酸等)、各种同性晶体(如砂糖晶体、氯化钠晶体等)和液体(如砂糖晶体、松节油等)等各种形态存在着。

实验表明,线偏振光通过旋光物质时,光矢量转过的角度 θ 与通过该物质的距离 l 成正比,即

$$\theta = \alpha l \tag{9-39}$$

式中, α 为该物质中 1mm 长度上光矢量旋转的角度,称为旋光系数。

表 9-2　几种物质的旋光系数(对 D 光)

物质	$\alpha/(') \cdot mm^{-1}$	物质	$\alpha/(') \cdot mm^{-1}$
辰砂 HgS	+32.5	尼古丁菸碱(液态)9~30℃	-16.2
石英 SiO_2	+21.75	胆甾相液晶	1800

表 9-2 给出几种物质的旋光系数。实验发现,旋光系数与波长平方成反比,即不同波长的光波在同一旋光物质中其光矢量旋转的角度不同,这种现象称为旋光色散。对于旋光液体,转角 θ 还与溶液的浓度成正比,据此,通过测定转角 θ 可以测定溶液的浓度。

实验还发现,旋光物质有左旋和右旋之分:对着光的传播方向观察,使光矢量顺时针方向旋转的物质为右旋物质,逆时针旋转的物质为左旋物质。大多数旋光物质都具有这两种状态,例如石英、糖溶液等。它们的旋光本领在数值上相等,但旋向相反;它们的分子组成相同,当成镜对称结构排列。

菲涅尔曾对旋光现象作出解释。菲涅尔假设沿晶体光轴传播的线偏振光可以看作由两个等频率、不同传播速度的左旋和右旋的圆偏振光组成。右旋物质中,右旋圆偏振光的传播速度大于左旋圆偏振光的传播速度;左旋物质中,则正好相反。据此,当通过厚度为 l 的旋光物质时,这两个圆偏振光之间产生一个相位差,则

$$\delta = \frac{2\pi}{\lambda}l(n_{左} - n_{右}) \tag{9-40}$$

容易知道,线偏振光相应的转过的角度为

$$\theta = \frac{\delta}{2} = \frac{\pi}{\lambda}l(n_{左} - n_{右}) \tag{9-41}$$

可知,当 $n_{左} > n_{右}$,即 $v_{右} > v_{左}$ 时,光矢量顺时针旋转 θ 角,对应右旋物质;当 $n_{左} < n_{右}$,即 $v_{右} < v_{左}$ 时,光矢量逆时针旋转 θ 角,对应左旋物质;同时偏转角 θ 与深入晶体的厚度 l 、波长 λ 及两圆偏振光的传播速度 $v_{左}$ 、$v_{右}$ 有关。菲涅尔同时在实验上证实了这种假设。

利用同一种旋光物质有右旋、左旋两种状态,且物质的这种固有旋光的旋向与光的传播方向有关,提出了采用由右旋、左旋物质制作的组合光学元件。图 9-22 为用左、右旋石英做成的组合棱镜,可以消除旋光的影响,并在光谱仪器中得到应用。图 9-23 是大型石英自准摄谱仪光路图,光经 30° 自准棱镜 P ,相当于通过 60° 的科纽棱镜,由于光在其中两次通过时传播方向相反,使得在光谱面上不产生旋光影响。石英是一种在晶体光学中用得十分普遍的双折射材料,又是一种旋光材料。我们发现,石英晶体沿光轴方向只表现旋光性而无双折射性,而在垂直光轴方向只表现双折射性而无旋光性。这是因为沿光轴方向两种圆偏振光的折射率 $n_{左}$ 和 $n_{右}$ 之差比之沿垂直光轴方向传播的 o、e 光的折射率

n_o 和 n_e 之差要小得多,因此,除了晶体切面在垂直光轴的一个很小范围外,石英晶体的作用基本上与普通单轴晶体相同。

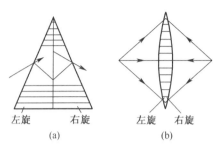

图 9-22　旋光光学元件(石英晶体)

(a)科纽棱镜;(b)科纽透镜。

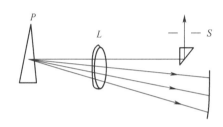

图 9-23　大型石英自准摄谱仪光路图(用于紫外波段)

另外,旋光晶体能使入射线偏振光的振动面发生偏转,这一点似乎与半波片的作用相同,但两者是有区别的。首先,晶片的取向不同,半波片时光轴平行于晶面,而旋光晶片的光轴取向垂直于晶面,光在晶体中沿光轴方向传播;其次,半波片只对某一波长,其出射光是线偏振光,而旋光晶片对任何波长均为线偏振光,只是转角不同而已;再者,对于半波片,入射光振动面旋转的角度与振动面相对于波片快、慢轴夹角有关,可以左转也可以右转;而对于旋光晶片,对于确定旋向的晶片,光的振动面只向一个方向转动一定的角度,这在使用时必须注意。当只需把线偏振光的振动面转过一个角度时,通常用旋光晶片比用半波片更优越。

9.5.1.2　磁致旋光效应

所谓磁光效应就是在强磁场的作用下,物质的光学性质会发生变化。这里介绍主要的磁致旋光效应。

1864 年,法拉第发现在强磁场作用下,本来不具有旋光性的物质产生了旋光性,即线偏振光通过加有外磁场的物质时,其光矢量发生旋转。这就是磁致旋光效应或法拉第效应。在图 9-24 的系统中,将样品(例如玻璃)放进螺线管的磁场中,并置于正交偏振器 P、A 之间。使光束顺着磁场方向通过玻璃样品,此时检偏器 PA_2 能接收到通过样品的光,表明光矢量的方向发生了偏转。旋转的角度可以由检偏器重新消光的位置测出。实验发现,入射光矢量旋转的角度 θ 与沿着光传播方向作用在非磁性物质上的磁感应强度 B 及光在磁场中所通过的物质厚度 l 成正比,即

$$\theta = VBl \qquad (9-42)$$

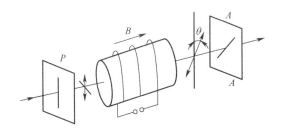

图 9-24 法拉第效应

式中,V 为物质常数,称为维尔德常数,它与波长有关,且非常接近该材料的吸收谐振,故不同的波长应选取不同的材料。大多数物质的 V 值都很小,见表 9-3。今年出现了一些具有极强磁致旋光能力的新型材料,这些材料属于铁磁性物质,线偏振光通过在磁场中被磁化的材料时,振动面会发生旋转。当磁化强度未达到饱和时,振动面旋转角度 θ 与磁化强度 M 及通过距离成正比,即

表 9-3　几种材料的维尔德常数

物质	($20°$, $\lambda = 589.0\text{nm}$) $V/[(') \cdot (9^{-4}\text{T} \cdot \text{cm})^{-1}]$	物质	($20°$, $\lambda = 589.0\text{nm}$) $V/[(') \cdot (9^{-4}\text{T} \cdot \text{cm})^{-1}]$
冕玻璃	0.015~0.025	金刚石	0.012
火石玻璃	0.030~0.050	水	0.013
稀土金属	0.13~0.27	TGG	0.12 ($\lambda = 1064\text{nm}$)
氯化钠	0.036		

$$\theta = F \frac{M}{M_0} l \tag{9-43}$$

式中,M_0 为饱和磁化强度;F 称为法拉第旋光系数,表示磁化强度达到饱和后光振动面每通过单位距离所转过的角度。这些材料中的强磁性金属合金及金属化合物(如 Fe,Co 及 Ni)有极高的 F(单位°/cm)值,但同时吸收系数 α(单位 cm^{-1})的值也非常大;强磁性化合物由于一般存在 α 极小的波长区域,使得它具有很高的旋光性能指数(即每衰减 1dB 所转过的角度,单位为°/dB),例如强磁性化合物 YIG 在 $\lambda = 1.2\mu\text{m}$ 时其性能指数高达 10^3(°/dB),是磁光器件的理想材料。实验指出,磁致旋光的方向只与磁场的方向有关,而与光的传播方向无关,光束往返通过磁致旋光物质时,旋转角度往往在同一方向累加。

9.5.2　电光效应

在外界强电场的作用下,某些本来是各向同性的介质会产生双折射现象,而本来有双折射性质的晶体,它的双折射性质也会发生变化,这就是电光效应。

9.5.2.1　泡克耳斯效应(一级电光效应)

泡克耳斯效应又称一级电光效应,此时外加电场引起的双折射只与电场的一次方成正比。用作电光晶体的有 ADP(磷酸二氢铵)和 KDP(磷酸二氢钾)。新近使用的 K·DP(磷酸二氘钾)晶体,它所需的外界电压低于 KDP 的一半,但产生与 KDP 相同的相位延

迟。此外还有铌酸锂、钛酸钡、铌酸钡钠等也纷纷进入电光晶体的行列。根据外加电场与传播方向平行还是垂直,泡克耳斯效应分为纵向和横向两种。现以 KDP 单轴晶体为例,对于电场平行于光轴加入的情况讨论这两种效应的特点。KDP 晶体是负单轴晶体,取垂直于 z 轴(光轴)切割情况。在与晶轴方向一致的主轴坐标系中,据晶体光学理论,当平行于 z 轴加入电场时,KDP 晶体的折射率椭球方程为

$$\frac{x^2}{n_o^2} + \frac{y^2}{n_o^2} + \frac{z^2}{n_e^2} + 2\gamma E_z xy = 1 \tag{9-44}$$

式中,γ 为 KDP 晶体的电光系数,一般为 $9^{-12}\,\mathrm{m/V}$ 量级。上式表明,z 轴仍是主轴,但 x、y 轴已不再是新椭球的主轴了。分析式(9-44)可知,因为方程中 x、y 可以互换,所以新椭球的另外两个主轴 x' 和 y' 必定是 x、y 轴的角分线,即在 $z=0$ 的平面内 x、y 轴转过 $45°$ 的方向上(见图 9-25)。在新的主轴系 $x'y'z'$ 中,式(9-44)变成

$$\left(\frac{1}{n_o^2} + \gamma E_z\right)x'^2 + \left(\frac{1}{n_o^2} - \gamma E_z\right)y'^2 + \frac{z^2}{n_e^2} = 1 \tag{9-45}$$

于是,得到新椭球主轴方向的三个主折射率为

$$n_x' = n_o - \frac{1}{2}n_o^3\gamma E_z,\ n_y' = n_o + \frac{1}{2}n_o^3\gamma E_z,\ n_z = n_e \tag{9-46}$$

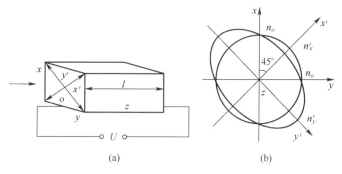

图 9-25 KDP 晶体的纵向泡克尔斯效应

(a)纵向应用;(b)KDP 晶体的折射率椭球($z=0$ 的截面)。

可以知道,平行光光轴方向的电场使 KDP 晶体从单轴晶体变成了双轴晶体,折射率椭球在 $z=0$ 平面内的截面由圆变成椭圆(见图 9-25(b)),其椭圆主轴长度与外加电场 E_z 大小有关。分析式(9-46)可知,外加电场引起的双折射与光的传播方向有关。

在纵向电光效应中,外加电场的方向与光的传播方向(沿 z 轴)一致,则在感应主轴 x' 和 y' 方向振动的二束等振幅的线偏光有着不同的传播速度,由此引起的相位差为

$$\delta = \frac{2\pi}{\lambda}(n_{y'} - n_{x'})l = \frac{2\pi}{\lambda}n_o^3\gamma E_z l = \frac{2\pi}{\lambda}n_o^3\gamma U \tag{9-47}$$

式中,λ 为真空中波长;l 为光在晶体中通过的长度;U 为外加电压。由式(9-47)可知,纵向电光效应产生的相位延迟与光在晶体中通过的长度 l 无关,仅由晶体的性质 γ 和外加电压 U 决定。在电光效应中,使相位差 δ 达到 π 所需施加的电压称为半波电压,常用 U_π 或 $U_{\lambda/2}$ 表示。半波电压与电光系数是表示晶体电光性能的重要参数。显然,γ 越大,$U_{\lambda/2}$ 就越小,这是所希望的。表 9-4 给出某些电光晶体的半波电压和电光系数。

表 9-4　某些电光晶体的半波电压和电光系数(室温下, $\lambda = 546.1\text{nm}$)

晶体	$\gamma/(\text{m} \cdot \text{V}^{-1})$	n_o	$U_{\lambda/2}/\text{kV}$
ADP($NH_4H_2PO_4$)	8.5×9^{-12}	1.52	9.2
KDP(KH_2PO_4)	9.6×9^{-12}	1.51	7.6
KDA(KH_2AsO_4)	约 13.0×9^{-12}	1.57	约 6.2
KD * P(KD_2PO_4)	约 23.3×9^{-12}	1.52	约 3.4

在横向电光效应中,光沿垂直于电场(z 向)的 x' 方向传播(见图 9-26),此时沿着两主振动方向 z 和 y' 方向上振动的线偏振光有不同的传播速度,利用式(9-46)可知,通过长度为 l 的晶体后产生的相位差为

$$\delta = \frac{2\pi}{\lambda}(n_{y'} - n_e)l = \frac{2\pi}{\lambda}|n_o - n_e|l + \frac{\pi}{\lambda}n_o^3\gamma E_z l = \frac{2\pi}{\lambda}|n_o - n_e|l + \frac{\pi}{\lambda}n_o^3\gamma\left(\frac{l}{h}\right)U$$

$$(9-48)$$

式中, h 为晶体在电场方向(z 向)的厚度; U 为外加电压。

式(9-48)第一项表示自然双折射的影响,第二项是外加电场引起的双折射。由式(9-48)第二项可以看到,此时电场引起的相位差 δ 与外加电压 U 成正比,同时与晶体的长度和厚度有关,可以通过增加比值 l/h (纵横比)使半波电压比纵向运用时大大降低。同时,纵向运用时必须有低光损耗的透明电极,因此除了有大视场、大口径要求的情况外,一般都利用横向电光效应。但横向运用中,总存在一项自然双折射的影响,此项对环境温度敏感。实验表明,长 30nm 的 KDP 晶体,相位差随温度的变化 $\Delta\delta = \pi/℃$,如要求 $\Delta\delta < 20 \times 9^{-3}\text{rad}$,则温度变化 $\Delta T < 0.05℃$ 。为此,通常采用光学长度严格相等、光轴方向相互垂直的两块晶体并联形式(图 9-27(b))。 z 加电场时,前一块的 o、e 光在后一块中变成 e、o 光,光先后通过两块晶体时,自然双折射及温度变化产生的相位延迟被抵消,而电光延迟累积相加。

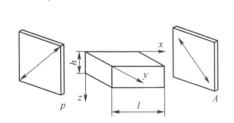

图 9-26　KDP 晶体的横向电光效应

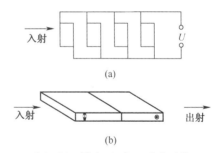

图 9-27　横向、纵向运用的形式
(a)纵向运用的串联形式;(b)横向运用的并联形式。

纵向运用时,为改善外加电压高的缺点,可以采用多块晶体串接的形式(图 9-27(a)),各晶体上电极并联(即光学上串联),此时电光相位延迟累加,而电压可将为单块晶体时的 $1/N$(N 为块数)。

9.5.2.2　克尔效应(二次电光效应)

克尔效应的实验装置如图 9-28 所示,装有一对平行板电极的克尔盒放在正交偏振

器 P_1、P_2 之间,盒内装有硝基苯($C_6H_5NO_2$)或二硫化碳(CS_2)等电光液体。当两极板间加上强电场时,盒内的各向同性液体变成了各向异性介质,表现出如图单轴晶体的光学性质,光轴的方向沿着外加电场的方向。实验发现,线偏振光沿着与电场垂直的方向通过液体时,被分解成沿着电场方向振动和垂直于电场方向振动的二束线偏振光,其折射率差(Δn)与外加电场强度 E 的平方成正比,即

$$\Delta n = n_{\parallel} - n_{\perp} = K\lambda E^2 \tag{9-49}$$

相应的电光延迟为

$$\delta = \frac{2\pi}{\lambda}(\Delta n)l = 2\pi Kl\frac{U^2}{h^2} \tag{9-50}$$

式中,K 为物质的克尔常数;h 为极板间距;l 为光在电光介质中经过的长度;$U = Eh$ 是外加电压。克尔效应的特点是弛豫时间极短,约 10^{-9}s 量级,是理想的高速电光开关;加上调制信号后能改变光的强度,故也作为电光调制器,用于高速摄影和激光通信等方面。但一般克尔效应的半波电压高达数万伏,使用不便,已逐渐被利用泡克尔斯效应的固体电光器件所替代。

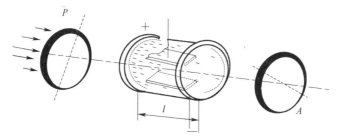

图 9-28　克尔效应实验装置

习　题

1. 概念题

(1) 从自然光中获得偏振光的方法有(　　　)、(　　　)、(　　　)和(　　　)。

(2) 电气石能获得线偏振光是利用电气石对 o 光和 e 光的(　　　)作用不同,这种现象称为晶体的(　　　)。

(3) 波片快轴的定义为(　　　)。

(4) 晶体的旋光现象为(　　　)。

(5) 什么是 1/4 波片?有何应用?

(6) 什么是电光效应和声光效应?分别有何应用?

2. 计算题

(1) 通过检偏器观察一束椭圆偏振光,其强度随着检偏器的旋转而改变。当检偏器在某一位置时,强度极小,此时在检偏器前插入一块 $\lambda/4$ 片,转动 $\lambda/4$ 使它的快轴平行于检偏器的透光轴,再把检偏器沿顺时针方向转过 20° 就完全消光。试问:

① 该椭圆偏振光是右旋还是左旋?

② 椭圆的长短轴之比?

（2）一束线偏振光垂直入射到一块光轴平行于界面的方解石英晶体上,若光矢量方向与晶体主截面成①30° ②45° ③60° 的夹角,求 o 光和 e 光从晶体透射出来后的强度比。

（3）一束汞绿光在 60° 角下入射到 KDP 晶体表面,晶体的 $n_o = 1.512$, $n_e = 1.470$,若光轴与晶体表面平行且垂直于入射面,试求晶体中 o 和 e 光的夹角。

（4）一束线偏振的钠黄光($\lambda = 589.3\text{nm}$)垂直通过一块厚度为 $1.618 \times 10^{-2}\text{mm}$ 的石英晶片。晶片折射率为 $n_o = 1.54424$, $n_e = 1.55335$,光轴沿 x 轴方向(见图 9-37),试求以下三种情况,决定出射光的偏振态。

① 入射线偏振光的振动方向与 x 轴成 45° 角;

② 入射线偏振光的振动方向与 x 轴成 $-45°$ 角;

③ 入射线偏振光的振动方向与 x 轴成 30° 角。

（5）如图 9-29 中并列放有两组偏振片,偏振片 A 透光轴沿铅直方向,偏振片 B 透光轴与铅直方向成 45° 方向。试求:

① 若垂直偏振光从左边入射,求输出光强 I ;

② 若垂直偏振光从右边入射,I 又为多少? 设入射光强为 I_0 。

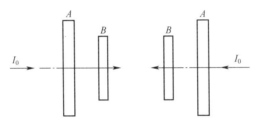

图 9-29 第(5)题图

（6）两块理想偏振片 P_1 和 P_2 前后放置,用强度为 I_1 的自然光和强度 I_2 的线偏振光同时垂直入射到偏振片 P_1 上;从 P_1 透射后又入射到偏振片 P_2 上,问:

① P_1 放置不动,将 P_2 以光线方向为轴转动一周,从系统透射出来的光强如何变化?

② 欲使从系统透射出来的光强最大,应如何设置 P_1 和 P_2 ?

（7）方解石晶片的厚度 $d = 0.013\text{nm}$,晶片的光轴与表面成 60° 角,当波长 $\lambda = 632.8\text{nm}$ 的氦氖激光垂直入射晶片时(见图 9-30),求:

① 晶片内 o、e 光线的夹角;

② o 光和 e 光的振动方向;

③ o、e 光通过晶片后的相位差。

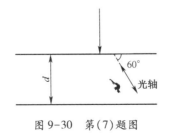

图 9-30 第(7)题图

习题参考答案

第1章

2. 计算题

（1）$2.250 \times 10^8 \, \text{m/s}, 1.987 \times 10^8 \, \text{m/s}, 1.818 \times 10^8 \, \text{m/s}, 1.966 \times 10^8 \, \text{m/s}, 1.241 \times 10^8 \, \text{m/s}$

（2）300mm

（3）358.77mm

（4）$\sqrt{n_1^2 - n_2^2}$

（5）$l_2' = 255.88 \text{mm}$

（6）$-0.8 \text{m}, 7.76 \text{mm}$（向左或向前）

（7）像的位置距透镜组后表面右方 57.2476mm，大小为 -5mm，成缩小的倒像。

（8）$f' = 216 \text{mm}$

（9）$f' = 100 \text{mm}$

（10）$f' = 600 \text{mm}$

（11）$d = n(r_1 - r_2)/(n - 1)$

（12）-56.52mm

（13）$f' = 109.09 \text{mm}; l_H' = -15.8 \text{mm}, l_F' = 93.29 \text{mm}$

（14）第二个面右侧 $R/2$ 处，反射面左侧 $2.5R$ 处。

（15）$d = 100 \text{mm}$

第2章

2. 计算题

（1）$f' = 100 \text{mm}$，位于物与平面之间

（2）890mm

（4）① 像的位置沿轴向远离物镜移动 20mm，大小不变；② 14.478°

第3章

2. 计算题

（1）① -0.5m，② -0.1m，③ -1m，④ -1m，⑤ -0.11m

（2）54mm

（3）$2\omega_M = 11.33°, 2\omega = 9.08°$

（4）① $\Gamma=-93.75^{\times}$；② $50<\Gamma_{适用}<100$

（5）$D=645\text{mm}$，$\Gamma=280$

（6）$\Gamma_物=-2^{\times}$，$\Gamma_目=5^{\times}$，$d=200\text{mm}$

（7）① $\Gamma=8^{\times}$，② $f'_物=88.9\text{mm}$ $f'_目=11.1\text{mm}$ $l'_z=12.5\text{mm}$，④ $x=\pm0.62\text{mm}$，⑤ $2\omega'=58.4°$

（8）$NA=0.99$

（9）① $\Gamma=10^{\times}$时，$L=1100\text{mm}$；$\Gamma=20^{\times}$时，$L=2100\text{mm}$；

② $\Gamma=10^{\times}$时，$D=40\text{mm}$；$\Gamma=20^{\times}$时，$D=80\text{mm}$

（10）① $\Gamma=-30^{\times}$；② $l'_z=1.67\text{mm}$；③ $D'=29.6\text{mm}$；④ $D_物=9\text{mm}$；⑤ $D_目=21.33\text{mm}$

（11）① $\Gamma=190^{\times}$；② $NA=0.38$

（12）16.67mm，36.73mm，−51.43mm，128.57mm，−37.5，−6.67mm

第 5 章

2. 计算题

（1）① $\Phi_{480}=2848.11\text{lm}$，$\Phi_{580}=1184.2\text{lm}$；② $K=294.65\text{lm/W}$

（2）① $K=151\text{m/W}$；② $I=71.6\text{cd}$

（3）$L=7000\text{ cd}/\text{m}^2$

（4）① $I_{60°}=0.577\text{cd}$；② $L=366\text{cd}/\text{m}^2$；③ $\Phi=0.242\text{lm}$；④ $\Phi_总=3.613\text{lm}$

（5）$E=10.79\text{lx}$

（6）① $\Phi=0.813\text{lm}$，$I=1.03\times10^6\text{cd}$；② $L=1.3\times10^{12}\text{cd/m}^2$

（7）① $\Phi_e=15.13\text{W}$；② $Q=907.8\text{J}$

第 6 章

2. 计算题

（1）① $\lambda=0.67\mu\text{m}$，$\nu=4.5\times10^{14}\text{ Hz}$，$A=2\text{V/m}$，$\phi=\dfrac{\pi}{2}$；

② 波沿 z 方向传播，电矢量在 y 方向上振动；

③ $B_X=-\dfrac{2}{3}\times10^{-8}\cos\left[\pi(3\times10^6z-9\times10^{14}t)+\dfrac{\pi}{2}\right]$

（2）$\Delta=0.05\text{mm}$，$\delta=20\pi$

（3）$A=10^3\text{V/m}$

（4）$-0.3034,0.6966$

（5）0.83

（6）① $\alpha=-80°20'$；② $\alpha=84°18'$

（7）① $\nu=5\times10^{14}\text{Hz}$，$\lambda=0.39\mu\text{m}$；② $n=1.538$

（8）$E=10\cos(0.927-2\pi\times10^{15}t)$

（9）$E=-2a\sin kz\sin\omega t$

245

（10）$I = 0.92I_0$

（11）$\Delta\lambda = 5.2 \times 10^4 \text{nm}$ $\Delta\nu = 4.3 \times 10^8 \text{Hz}$

第7章

2. 计算题

（1）$6 \times 10^{-3}\text{mm}$

（2）1.000827

（3）$D = 182\text{mm}$

（4）$1.72 \times 10^{-2}\text{ mm}$

（5）1.000823

（6）① 亮；② 13.4mm；③ 0.67mm

（7）$\Delta\nu = 1.5 \times 10^4 \text{Hz}$；$\Delta_{max} = 2 \times 10^4 \text{Hz}$

（8）11

（9）599.88nm

（10）10^4；499.9995nm

（11）$h = 52.52\text{nm}$，$\rho_{max} = 0.33$；$h = 105\text{nm}$，$\rho_{max} = 0.04$

第8章

2. 计算题

（1）① 亮点；② 前移 250mm，后移 500mm

（2）$63\mu\text{m}$

（3）0.0126mm

（4）① $d = 0.21\text{mm}$，$b = 0.05\text{mm}$；② 分别为零级条纹的 0.81，0.4，0.09

（5）0.748

（6）1.1cm

（7）$D_{min} = 2.24\text{m}$；$M \geqslant 900$

（8）① 500mm^{-1}；② $D/f = 0.34$

（9）① 287mm；② 1.7 倍；③ 430 倍

（10）982

（11）87.8cm

（12）缝宽度 0.1mm，间距 0.5mm

（13）五条谱线

第9章

2. 计算题

（1）① 右旋椭圆偏振光；② 2.747

（2）① 1：3；② 1：1；③ 3：1

（3）1°10′

（4）① 右旋圆偏振光；② 左旋圆偏振光；③ 右旋椭圆偏振光

（7）① 5°42′；③ $\approx 2\pi$

参 考 文 献

[1] 安连生. 应用光学第三版[M]. 北京:北京理工大学出版社,2002.

[2] 姚启钧. 光学教程(第二版)[M]. 北京:高等教育出版社,1989.

[3] 郁道银,谈恒英. 工程光学(第三版)[M]. 北京:机械工业出版社,2011.

[4] 张凤林,孙学珠. 工程光学[M]. 天津:天津大学出版社,1988.

[5] 赵凯华,钟锡华. 光学[M]. 北京:北京大学出版社,1984.

[6] 李晓彤. 几何光学和光学设计[M]. 杭州:浙江大学出版社,1997.

[7] 顾培森. 孟啸廷、顾振昕. 应用光学例题与习题集[M]. 北京:机械工业出版社,1985.

[8] 李湘宁. 工程光学[M]. 北京:科学出版社,2005.

[9] 郁道银,谈恒英. 工程光学基础教程[M]. 北京:机械工业出版社,2007.

[10] 刘钧,高明. 光学设计[M]. 西安:西安电子科技大学出版社,2006.

[11] 胡玉禧. 应用光学(第二版)[M]. 合肥:中国科学技术大学出版社,2009.

[12] 孙圣和,王廷云,徐影. 光纤测量与传感技术[M]. 哈尔滨:哈尔滨工业大学出版社,2002.

[13] 毕卫红,张燕君,齐跃峰. 光纤通信与传感技术[M]. 北京:电子工业出版社,2008.

[14] 李小亭. 胡金敏. 计量光学[M]. 北京:中国计量出版社,2003.

[15] 吴健,严高师. 光学原理教程[M]. 北京:国防工业出版社,2007.

[16] 萧泽新. 工程光学设计[M]. 北京:电子工业出版社, 2008.

[17] 叶玉堂,肖峻,饶建珍. 光学教程(第二版)[M]. 北京:清华大学出版社, 2011.

[18] 许世文. 计量光学[M]. 哈尔滨:哈尔滨工业大学出版社,1988.

[19] 袁旭沧. 现代光学设计方法[M]. 北京:北京理工大学出版社, 1995.

[20] 李林. 应用光学(第四版)[M]. 北京:北京理工大学出版社, 2010.

[21] 洪佩智. 计量光学[M]. 北京:兵器工业出版社, 1992.

[22] 王志坚,王鹏,刘智颖. 光学工程原理[M]. 北京:国防工业出版社,2010.

[23] 蔡怀宇. 工程光学复习指导与习题解答[M]. 北京:机械工业出版社,2009.

[24] 李林,黄一帆. 应用光学概念题解与自测[M]. 北京:北京理工大学出版社,2006.

[25] 韩军,段存丽. 物理光学学习指导[M]. 西安:西安工业大学出版社,2005.

[26] 王朝辉,焦斌亮,徐朝鹏. 光学系统设计教程[M]. 北京:北京邮电大学出版社,2013.

[27] 陈万金, 光学教程[M]. 长春:吉林大学出版社,2010.

[28] 蔡履中,王成彦,周玉芳. 光学(修订版)[M]. 济南:山东大学出版社,2002.